5G 新技术丛书

5GtoB 从理论到实践

宋 梁 陈铭松 主 编

蒋林华 王 廷 王春峰 何飞鹏 蒋 龙 副主编

U0218089

電子工業出版社·

Publishing House of Electronics Industry

北京·BEIJING

内 容 简 介

本书全面、系统地介绍了 5GtoB 相关技术及行业应用场景等内容。全书共 8 章，主要包括绪论、5G 端到端网络架构与关键技术、5G 终端生态产业链、5GtoB 基础业务能力与应用、5G+新技术融合创新应用、5G 局域专网场景及解决方案、5G 广域专网场景及解决方案、总结与展望等内容；其中重点介绍了 5G 在钢铁、港口、煤炭、制造、电力、警务、轨交、教育和医疗等行业场景应用及解决方案。

本书介绍 5GtoB 的理论与实践，案例丰富、内容新颖、深入浅出、实用性强，是少有的专注于 5GtoB 的 5G 论著，可作为高等院校的应用型本科教材，也可作为华为 HCIA-5G 认证的培训教材，还可作为网络通信、计算机科学、软件工程、电子工程等领域涉及 5G 网络应用的研发与从业人员的参考书。

图书在版编目（CIP）数据

5GtoB 从理论到实践 / 宋梁，陈铭松主编. —北京：电子工业出版社，2022.7
（5G 新技术丛书）
ISBN 978-7-121-43748-9

Ⅰ. ①5… Ⅱ. ①宋… ②陈… Ⅲ. ①第五代移动通信系统—研究 Ⅳ. ①TN929.53

中国版本图书馆 CIP 数据核字（2022）第 099676 号

责任编辑：李树林
印　　刷：三河市君旺印务有限公司
装　　订：三河市君旺印务有限公司
出版发行：电子工业出版社
　　　　　北京市海淀区万寿路 173 信箱　　邮编：100036
开　　本：787×1 092　1/16　印张：18　　字数：461 千字
版　　次：2022 年 7 月第 1 版
印　　次：2023 年 1 月第 5 次印刷
定　　价：79.00 元

凡所购买电子工业出版社图书有缺损问题，请向购买书店调换。若书店售缺，请与本社发行部联系，联系及邮购电话：（010）88254888，88258888。

质量投诉请发邮件至 zlts@phei.com.cn，盗版侵权举报请发邮件至 dbqq@phei.com.cn。

本书咨询和投稿联系方式：（010）88254463，lisl@phei.com.cn。

编 委 会

序（一）
Preface

2022 年是 5G 商用的第三年，是年 4 月我国 5G 用户数量已达 4.13 亿户，占移动通信用户总量的 24.83%。5G 提升了移动通信的宽带下载速率，2021 年年底我国移动宽带用户平均下载速率达到 59.34 Mbps，接近同期固网用户平均下载速率（66.55 Mbps），5G 用户下载速率达到 146.34 Mbps，为同期 4G 用户下载速率（36.33 Mbps）的 4 倍左右，但这并未体现 5G 速率的真正水平，5G 的超宽带、广覆盖、低时延、大连接的优势目前尚未充分发挥。一方面，在消费互联网中的应用，因缺乏超高清视频内容而难以体现与 4G 的差异，5G 虽拥有 VR/AR 可消耗超宽带，但因鲜有相应节目，也没有成熟方便的头盔而难以打开局面。另一方面，产业互联网被视为互联网的"下半场"，5G 的关键性能指标（KPI）是面向产业互联网应用而设计的，但原有工业企业的工控系统标准碎片化、协议欠开放等，抬高了 5G 的进入门槛，在消费互联网中行之有效的 5G 网络架构、终端功能、业务应用、商业模式等很难直接搬到产业互联网中，虽然现在 5G 已经在机器视觉和远程控制等方面有一些应用，但其在工业的应用尚未形成体系，在产业链的核心环节还未发挥显著作用。

从 5GtoC 到 5GtoB，不仅是应用领域的扩展，而且是能力的提升。消费互联网用户的应用基本是共性的，但产业互联网的应用个性化明显，一些应用对性能有很高的要求。通常，5GtoC 的超宽带主要指下行带宽，而 5GtoB 应用要求高达 Gbps 级的大上行带宽；5GtoC 应用的低时延主要指空中接口的时延，但 5GtoB 应用期待端到端低时延，甚至要求确定性时延；5GtoC 利用多基站可实现室内外高精度定位，但 5GtoB 应用希望在单基站环境下也能实现高精度定位，而且需要快速响应；5GtoC 基于多基站协同就可提供足够的可靠性，但 5GtoB 的一些应用场景可能只有单基站信号可用，其产业应用甚至需要 99.9999% 的超高可靠性保证；5GtoB 比 5GtoC 有更高的网络与信息安全要求，其中企业对内部数据的保护更为敏感；5GtoB 在扩展物联网的应用方面更能体现大连接的需要，会用到接入回传一体化（IAB）和终端间直接通信（D2D）等技术。虽然 5GtoB 有很多严格的要求，但其应用场景与 5GtoC 相比也有很多特殊性，可以用来对网络架构进行改进。例如，5GtoB 的核心网下沉，甚至其基站可集成部分核心网功能，从而使得网络扁平化，有利于低时延的实现；与 5GtoC 终端相比，对于 5GtoB 终端，通常对其功耗和多频多模通用性并无强制要求，而更看重其连接设备的数量与覆盖范围，计算、存储和可编程能力，嵌入边缘计算和智联网功能，以及更严格的工作环境和防爆等本安要求，如果 5GtoB 能集成 PLC 等工控设备的功能而成为新型工控网关，就可实现 IT 与 OT 融合，从而解决标准不兼容的难题，并进一步简化企业网的层级；与 5GtoC 的应用关注切换、漫游和信道效益及计费管理相比，5GtoB 将可靠性摆在信道的经济效益之上，可以多信道冗余并发甚至永远在线以确保安全可靠。可以说，5GtoB 是针对产业应用的特点与要求而对现有 5G 与企业网技术结合的一次影响深远的变革，为 5G 与 IPv6、云计算、人工智能等技术融合开创新空间，是互联网"下半场"的技术突破口。

　　本书以 5GtoB 为主题，结合华为在推动 5G 行业应用的实践与体会，从创新链、产业链和行业应用等方面多层次地介绍了 5GtoB 的理论与实践，案例丰富、内容新颖、深入浅出、实用性强，是少有的专注于 5GtoB 的 5G 论著，同时还兼具教学用书与工程技术参考书的作用，对推动 5G 创新与行业应用有重要参考意义。由于 5GtoB 的应用现在还处于起步阶段，不同企业的体量与数字化基础千差万别，从数字化、网络化到智能化和低碳化有多维度的要求，数字化转型不仅需要技术创新，还将面临管理创新与流程再造的挑战，随着应用的广度与深度拓展，可以说需要更多的创新，而本书难以全面涉及，期待本书起到抛砖引玉的作用，以鼓励更多科技工作者投身到 5GtoB 的研究开发和应用推广中。

中国工程院院士

邬贺铨

2022 年 5 月

移动通信系统标准从 1G 到 5G、从模拟系统到数字系统、从窄带语音业务到宽带移动互联业务的发展过程中，5G 是第一个真正意义上面向行业应用的移动通信系统。如果说从 1G 到 4G，全球电信行业还是在孜孜以求地修建信息高速公路，提高移动通信的带宽和覆盖能力，降低移动通信成本，那么 5G 标准从 3GPP Rel-15 开始，在其制定的过程中首先考虑的是如何满足千行百业应用的综合业务需求。不论是最初的 eMBB（增强型移动宽带）、mMTC（海量机器类通信）、URLLC（超高可靠低时延通信），还是 5.5G 增加了 UCBC（上行超宽带）、RTBC（实时宽带交互）、HCS（通信感知融合）的六边形，无一不体现出新一代移动通信系统面向行业应用可灵活定制的发展趋势。

5G to Business（5GtoB）不仅意味着移动通信系统要按照行业应用的需求灵活定制，也给各个行业应用本身的发展带来了巨大的机遇与挑战。无论是自动驾驶还是无人工厂，无论是远程医疗、未来教育还是电力电缆、轨道交通，5G 给行业带来的创新应用都意味着对整个行业的赋能转型。移动通信系统和行业应用系统的协同优化将网络与计算融为一体，不论是对电信行业本身还是对赋能千行百业都是一件前所未有的大事，正在为整个电子信息世界的技术革新和产业升级带来新一轮原生驱动力。

5GtoB 将同时对现有电信服务和运营模式产生深远的影响，传统企业的 IT 部门需要向 ICT 方向转型，也就是一些行业企业逐步需要自有员工来负责维护企业的 5G 网络，这对企业的人才培养和管理提出了新的挑战。在这个大的时代背景下，本书深入浅出地总结了当前 5GtoB 涉及的网络架构与关键技术、智能终端与业务能力、主要行业应用场景与成功案例；对于 5GtoB 产业生态发展，本书面向 5G 创新应用的企业 ICT 人才培训，能起到积极而关键的推动作用。同时，也推荐各个相关行业科技工作者及研究人员阅读和参考本书。

　　本书好在内容涉及从理论到实践，而且现在出版正当时。制造业的工程技术人员需要新知识，企业的升级改造需要新技术，希望相关人员能早日阅读本书。在这里寄希望 5GtoB 相关理论与应用技术的普及，能不断滋润 5G 赋能千行百业的万物生长。

中国工程院院士

黄维祺

2022.4.16

随着工业互联网、云计算、大数据、人工智能等新一代信息技术的发展和应用逐渐走向成熟，人类社会进入了数字时代。在数字时代，数据成为最重要的生产要素，数据科学提供的"数据+机器信息"的数据挖掘方法，成为人类认识世界的新武器。数字经济正在成为重组全球要素资源、重塑全球经济结构、改变全球竞争格局的关键力量。

因此，数字化转型势在必行。我们必须推动数字经济和实体经济融合发展，把握数字化、网络化、智能化方向，推动制造业、服务业、农业等产业数字化，实现企业资源优化配置。这样就可以把正确的数据，在正确的时间，以正确的方式，传递给正确的人和机器，即实现数据流动的自动化。从数据流动的视角来看，数字化解决了"有数据"的问题，网络化解决了"能流动"的问题，智能化解决了"自动流动"的问题。

网络化能够实现工业互联网内部单元之间，以及与其他网络系统之间的互联互通，在应用到工业生产场景时，对网络连接的时延、可靠性等网络性能和组网灵活性、功耗都有特殊要求，除此之外，还必须解决异构网络融合、业务支撑的高效性和智能性等挑战。构成工业互联网的各器件、模块、单元、企业等实体都要具备泛在连接能力，并实现跨网络、跨行业、异构多技术的融合与协同，以保障数据在系统内的自由流动。泛在连接通过对物理世界状态的实时采集、传输，以及信息世界控制指令的实时反馈下达，提供无处不在的优化决策和智能服务。

钢铁行业为大型复杂流程工业，全流程各工序均为"黑箱"，实时信息极度缺乏；钢铁生产过程具有多变量、强耦合、非线性和大滞后等特点；各单元采用孤岛式控制策略，尚未做到单元间界面无缝、精准衔接。这些严重的不确定性是钢铁生产面临的重大挑战。但是钢铁行业具有丰富的应用场景资源和数据资源。钢铁行业良好的信息化基础，发达的数据采集系统、自动化控制系统和研发设施，可以产生大量的实验数据（实验室实验、中试实验和生产线实验的历史数据、现实数据和生产大数据）。这些海量数据中蕴含着企业生产过程的全部规律，它们是最宝贵的资源，是关键生产要素。在充分合理地利用丰富的数据资源、实现数字产业化方面，钢铁行业具有巨大潜力。

5G是先进的信息通信技术，它有三个特性，增强型移动宽带（eMBB）适用于应对互联网流量爆炸式增长；超高可靠低时延通信（URLLC）适用于对时延和可靠性具有极高要求的垂直行业应用需求；海量机器类通信（mMTC）面向以传感和数据采集为目标的应用需求。这些特性特别适用于钢铁行业的各种特殊需求。

作为典型的流程工业，在钢铁生产过程中要将每一道工序都作为一个垂直行业来处理，从底层到边缘，再到上层的云平台。为处理海量数据，海量机器类通信是重要的硬需求。在垂直方向上，可以将生产线底层产生的海量数据，利用大数据/机器学习平台进行处理，并建立起高保真度数字孪生模型用于代替传统的机理模型。边缘侧进行高精度设定计算，完成高精度、低时延的高精度快速实时控制。而高可靠、低至数毫秒的时延通信，则为各边缘与生产线的实时控制提供了强力支撑。在基础设施云端的平台层，利用来自车间底层的生产计划、调度管理、物流、能源、设备、安全等海量数据信息，进行极其复杂的企业资源部署与管理，确保企业整体的稳定、高效、安全、优质运行。

5G 为增强型的移动互联网，峰值传输速率可达 20 Gbps。各制造单元之间在流程方向上的海量数据传输与处理、非结构化数据传输处理、虚拟现实与增强现实的传输处理等，都将依赖于增强型移动带宽。钢铁生产过程中存在大量环境恶劣、高温危险、重复性的现场操作岗位，亟须实现远程和自动化的操作与运维。通过手机/巡检仪等音视频采集的非结构化数据，可应用于对设备运行状态的实时分析、运算、监测、管理。在远程装配场景中，技术专家依托 AR 的实时标注、音视频通信、桌面共享等技术，远程指导生产线装配工作。5G 的应用，推动了图像、声音、视频等非结构化数据的检测、处理、传输和控制技术的发展，为复杂工况的分析、决策和控制提供了强大的发展动力。

近年来，基于创新性所提出的 5G 切片方案，确保统一基础设施能够适应差异化业务需求，是进入垂直行业的关键。5G 的多接入边缘计算（MEC）功能，将多种接入形式的功能、内容、应用等一同部署到靠近接入侧的网络边缘，将核心网用户面与应用下沉至离用户更近的位置，可以将时延降低到毫秒级，从而确保垂直方向上边缘与底层的低时延实时交互。全新的智能边缘云与 5G 结合，能够赋能新的应用与服务，网络性能、安全性和隐私保护能力也能够得到提升。5G 低时延大数据传输、切片网络架构、多接入边缘计算、智能化的边缘云，为钢铁行业互联网的应用和发展提供了强大的驱动力。

华为公司总结了在行业企业进行"5G+工业互联网"的工程实践，组织相关领域专家学者编写了《5GtoB 从理论到实践》，本书系统地介绍了 5G 最新技术理论和在行业的应用成果。对于进一步发挥 5G 优势与价值、持续深化拓展行业应用、开阔高等院校相关专业学生知识视野、增强自主技术自信心等具有非常重要的价值。

是为序。

中国工程院院士

2022 年 5 月 27 日

前言
Preface

　　随着数字孪生、智慧城市、工业互联网等技术的蓬勃发展，第五代移动通信系统（5G）作为我国自主可控并领先于世界的技术，在数字化转型中扮演着越来越重要的角色。作为智慧经济时代新型基础设施建设（简称新基建）的重要组成部分，5G 具有高速率、低时延和大连接的特点，已被应用于增强移动宽带、超高可靠低时延通信与海量机器类通信等业务场景，逐步实现面向"人-机-物"融合的万物智联互通。截至 2021 年年底，我国累计建成并开通 5G 基站 142.5 万个。加快 5G 等新型基础设施建设，积极丰富 5G 技术应用场景，已成为大势所趋。

　　目前，5G 技术已在多个领域陆续实现大规模商业化部署，覆盖了研发设计、生产制造、运营管理和产品服务等诸多工业环节，在大幅降低人工成本的同时，也提高了生产效率与商业价值。放眼望去，5G 已在全国范围内开始与工业经济深度融合，为我国工业乃至产业数字化、网络化、智能化发展赋能。当前，我国已经涌现出了一大批 5G+智能工厂、5G+智能电网、5G+智慧港口等一系列融合创新应用，加速助力千行百业数字化转型。鉴于 5G 对经济的重要性，工业和信息化部等十部委联合印发了《5G 应用"扬帆"行动计划（2021－2023年）》，为强化企业在 5G 应用发展中的主体地位提供了政策保障。这些利好信号将进一步释放消费市场、垂直行业、社会民生等方面对 5G 应用的需求潜力，激发 5G 应用创新活力。在可预见的未来，5G 技术将在工业、交通、能源、教育、医疗、文旅、信息消费、金融、农业、警务等行业领域赋能新的生产和经营方式，使能 IT（信息技术）、CT（通信技术）、OT（运营技术）深度融合，有力推动行业转型升级。

　　随着我国新基建等通信与算力基础设施的快速发展，5G 与人工智能（AI）等技术相结合将成为新基建服务生产力的国家重大需求。未来的通信网络将与 AI 融为一体，形成"网络即 AI 系统，AI 即网络系统"的智联网络系统新生态。"人-机-物"多元智能终端联成一个整体，共同赋能人类社会的发展，最终形成物理世界、网络空间和人类社会融为一体的智联社会，即人工智能网络与人类智能的泛在融合系统。面向产业发展趋势与国家重大需求的结合，5GtoB 的理论与实践正是迈向未来智联社会的坚实第一步。

目前，市面上的大部分 5G 相关书籍主要侧重于 5G 基础技术的介绍，导致读者很难深刻理解 5G 的特点，大部分读者在学习完 5G 知识后很难自己去动手部署实现各种差异化的业务场景。本书可作为高等院校的应用型本科教材或 5G 相关认证的培训教材，面向工程科技类普通读者，尽可能地避免与传统计算机网络相关知识的重复，聚焦 5G 全新的服务化架构与设计方法，结合场景化方案设计和行业案例，使得读者能够充分理解 IT 技术与 5G 网络通信各自的潜力；还可作为网络与通信、计算机科学、软件工程、电子工程等领域涉及 5G 网络应用的研发与从业人员的参考书。读者除需要具备基本的数学知识、计算机网络知识外，无须预修其他课程。

本书共八章，内容主要涵盖了两部分。第一部分（前五章）重点介绍了 5G 相关的基础知识，主要阐述了 5G 端到端网络架构、5GtoB 软硬件技术与基础业务能力，涉及 5G 技术在物联网、云计算、人工智能等新兴领域的应用。第二部分（后三章）结合前面介绍的知识点，着重介绍了 5G 技术在行业领域的规模化应用。本书通过介绍 5G 核心理论与技术以及典型案例，旨在帮助读者从理论到实践全方位地了解 5G 技术，助力读者高效合理地构建适合自身领域的 5G 应用场景。

最后，感谢复旦大学、华东师范大学、华为技术有限公司等团队对于本书撰写工作做出的巨大贡献，感谢浙江华为通信技术有限公司在本书写作过程中提供的资源与支持。感谢邬贺铨院士、黄崇祺院士和王国栋院士百忙之中审阅书稿，并为本书作序。感谢华为技术公司运营商 BG 总裁丁耘、中国宝武工程科学家钱卫东、中国电信天翼物联科技有限公司总经理钟平审阅书稿并为本书做推荐。感谢本书编委会各位同事的辛勤工作，如果没有他们，本书很难及时完成。除此以外，本书的顺利出版离不开电子工业出版社、赞伟信息科技等团队的大力支持，没有他们的辛勤付出，本书不能如此高效付梓。还有很多给予过编写帮助的幕后益友，无法一一罗列，在这里一并致谢！

特别说明，需要本书教学课件和习题答案的读者，可以从华信教育资源网（https://www.hxedu.com.cn）上下载。

由于成书时间有限，书中难免存在不足与疏漏，恳请读者批评指正！

编　者

2022 年 6 月

目录
Contents

Chapter

1

Communication

第 1 章
绪论

经过不断地发展，移动通信系统已经演进到了第五代。每一代移动通信系统都彰显出了科技的进步，给人类带来了更好的移动通信业务体验，更助力了全球范围内诸多行业的飞速发展。和历代移动通信系统不同，第五代移动通信系统（5G）具备超高速率、超低时延、超大连接等多维度的强大网络能力，主要面向行业应用。

本章主要介绍历代移动通信系统的演进历程、5G 发展的驱动力、5G 协议标准化进展、5G 产业链和全球商用进展。

课堂学习目标

- 了解历代移动通信系统的演进历程
- 理解 5G 的发展背景和主要应用场景
- 掌握 5G 协议标准化进展
- 了解 5G 产业链和全球商用进展

1.1　移动通信系统发展演进

自 20 世纪 80 年代以来，移动通信技术一直在飞速发展，同时人类对移动通信业务的需求也在持续提升。如图 1-1 所示，为了应对人们日益增长的业务需求，移动通信系统经历了五代变革。

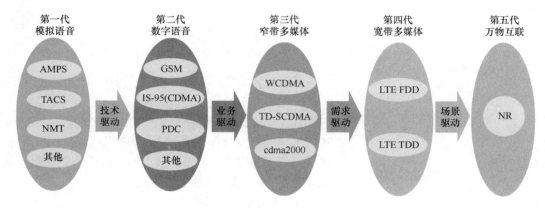

图 1-1　移动通信系统发展演进历程

第一代移动通信系统（1st Generation，1G）于 20 世纪 80 年代开始商用，该系统采用基于无线电波的模拟通信技术，通过可移动的终端（当时俗称"大哥大"）实现模拟语音通话业务。人类终于摆脱了固定线缆，可以在移动状态下进行通信了。第一代移动通信系统也被称为"1G"，虽然它让人类迈入了移动通信时代，但受限于模拟技术的缺陷，1G 的通话质量和安全性都比较低，同时资费也非常昂贵。

随着数字通信技术的发展，到了 20 世纪 90 年代，基于数字通信技术的第二代移动通信系统（2nd Generation，2G）开始商用，相比于模拟通信，数字通信更安全、通话质量更高。此时的移动终端功能也更为强大，不仅可以拨打数字语音电话，还可以发短信。另外，和"大哥大"相比，它更加小巧轻便，人们称之为"手机"。

在接下去的 10 年间，随着移动互联网的发展，人们对移动数据业务的需求不断增加。在 21 世纪初，第三代移动通信系统（3rd Generation，3G）应运而生。第三代移动通信系统不仅可以实现数字语音业务，还支持高速数据业务，比如 Web 浏览、在线视频等。随着技术的不断成熟和 3G 网络的普及，移动终端也演进成"智能手机"，人们可以在智能手机上安装各种各样的应用，比如游戏、地图、影音娱乐、新闻等，这些应用让智能手机的功能非常强大。

第三代移动通信系统给人们的生活提供了极大的便利，带来了丰富的网络体验，同时也带来了移动通信用户数的爆炸式增长，高速数据业务的需求也日益增加。21 世纪初，第四代移动通信系统（4th Generation，4G）开始商用。在第四代移动通信系统中，更智能的终端和更大的网络带宽，使用户不仅可以在线观看视频，还可以体验"高清数字语音"业务，实现上网业务和语音业务并发。

在个人用户对网络和业务的需求不断增加的同时，行业对不同场景下的移动通信以及超高速率和超低时延的通信的需求也日益增加。为了匹配这些需求，第五代移动通信系统（5th Generation，5G）诞生了。通信场景由传统的个人通信演变成了万物互联，终端也从手机延伸为智能设备、虚拟现实（Virtual Reality，VR）眼镜、无人机等各种智能终端。

1.1.1 第一代移动通信系统

第一代移动通信系统（1G）最早诞生于 20 世纪 40 年代。最初应用在美国底特律警察使用的车载无线电系统上，主要采用大区制模拟技术。1978 年年底，美国贝尔实验室成功研制出先进移动电话系统（Advanced Mobile Phone System，AMPS），建成了蜂窝移动通信网，这是第一个真正意义上的具有即时通信能力的大容量蜂窝移动通信系统。1983 年，AMPS首次在芝加哥投入商用并迅速推广。到了 1985 年，AMPS 应用已扩展到了 47 个地区。

与此同时，其他国家也相继开发出各自的蜂窝移动通信网。英国在 1985 年开发出全接入通信系统（Total Access Communications System，TACS），采用 900 MHz 频段。加拿大推出 450 MHz 移动电话系统（Mobile Telephone System，MTS）。瑞典等北欧四国于 1980 年开发出北欧移动电话（Nordic Mobile Telephone，NMT）移动通信网，采用 450 MHz 频段。中国的 1G 系统于 1987 年 11 月 18 日在广东第六届全运会前开通并正式商用，采用的是 TACS制式。从 1987 年 11 月中国电信开始运营模拟移动电话业务到 2001 年 12 月底中国移动关闭模拟移动通信网，1G 系统在中国的应用长达 14 年，用户数最高曾达到了 660 万户。1G 时代的终端"大哥大"（如图 1-2 所示），已经彻底成为历史。

由于 1G 系统是基于模拟通信技术传输的，存在频谱利用率低、系统安全保密性差、数据承载业务难以开展、设备成本高、体积大、费用高等缺陷，最关键的问题在于系统容量低，已不能满足日益增长的移动用户需求。为了解决这些缺陷，第二代移动通信系统应运而生。

1.1.2 第二代移动通信系统

图 1-2 1G 终端——"大哥大"

20 世纪 80 年代中期，欧洲首先推出全球移动通信系统（Global System for Mobile Communications，GSM），GSM 为数字通信系统。随后，美国、日本也制定了各自的数字通信系统。

第二代移动通信系统（2G）包括 GSM、IS-95 码分多址（Code Division Multiple Access，CDMA）、个人数字蜂窝系统（Personal Digital Cellular，PDC）以及先进数字移动电话系统（Digital Advanced Mobile Phone System，DAMPS）。特别是 GSM 系统因其体制开放、技术成熟、应用广泛，成为陆地公用移动通信的主要系统。

使用 900 MHz 频段的 GSM 系统称为 GSM900，使用 1800 MHz 频段的称为 DCS1800，它是依据全球数字蜂窝通信的时分多址（Time Division Multiple Access，TDMA）标准而设计的。GSM 支持低速数据业务，可与综合业务数字网（Integrated Services Digital Network，ISDN）互联。GSM 采用频分双工（Frequency Division Duplex，FDD）方式、TDMA 方式，

每频段支持 8 信道，频段带宽为 200 kHz。随着通用分组无线系统（General Packet Radio System，GPRS）、增强型数据速率 GSM 演进技术（Enhanced Data Rate for GSM Evolution，EDGE）的引入，GSM 网络功能得到不断增强，初步具备了支持多媒体业务的能力，可以实现图片发送、电子邮件收发等功能。

IS-95 是北美数字蜂窝标准，使用 800 MHz 频带或 1.9 GHz 频带。IS-95 的多址方式为码分多址。CDMA One 是 IS-95 的品牌名称。cdma2000 无线通信标准也是以 IS-95 为基础演变的。IS-95 又分为 IS-95A 和 IS-95B 两个阶段。

PDC 是由日本提出的标准，也就是后来中国的个人手持电话系统（Personal Handy-phone System，PHS），俗称"小灵通"网络。因技术落后和后续移动通信发展需要，"小灵通"网络已经关闭。

图 1-3　2G 终端示例

我国的 2G 系统主要是 GSM 网络，例如，中国移动和中国联通均部署了 GSM 网络。2001 年，中国联通开始在中国部署 IS-95 CDMA 网络（简称 C 网）。2008 年 5 月，中国电信收购了中国联通 C 网，并将 C 网规划为中国电信主要发展方向。

2G 系统的主要业务是话音，其主要特性是提供数字化的话音业务及低速数据业务。相比于第一代的模拟通信系统，数字通信系统具有频谱效率高、容量大、业务种类多、保密性好、话音质量好、网络管理能力强等优点。同时，随着数字技术的应用，2G 终端也变得更加小巧。2G 终端示例如图 1-3 所示。由此可见，2G 终端更方便用户随身携带。

尽管 2G 在发展中不断得到完善，但随着人们对移动数据业务需求的不断提高，希望能够在移动的情况下也可以得到类似于固定宽带上网时的速率。因此，需要由新一代的移动通信技术来提供高速的空中承载，以提供丰富多彩的高速数据业务，如电影点播、文件下载、视频电话、在线游戏等。为了解决这些新的业务需求，第三代移动通信系统诞生了。

1.1.3　第三代移动通信系统

第三代移动通信系统（3G）又被国际电信联盟（International Telecommunication Union，ITU）在 1996 年正式命名为 IMT-2000，意思是指在 2000 年前后开始商用，工作在 2000 MHz 频段上并且下行速率达到 2000 kbps 的国际移动通信系统。IMT-2000 的标准化工作开始于 1985 年。3G 标准规范具体由第三代移动通信合作伙伴项目（3rd Generation Partnership Project，3GPP）和第三代移动通信合作伙伴项目二（3rd Generation Partnership Project 2，3GPP2）分别负责。

3G 系统最初有 3 种主流标准，即由欧洲和日本提出的宽带码分多址（Wideband Code Division Multiple Access，WCDMA），美国提出的码分多址接入 2000（Code Division Multiple Access 2000，cdma2000），以及中国提出的时分同步码分多址接入（Time Division-Synchronous Code Division Multiple Access，TD-SCDMA）。其中 3GPP 从 Release 99 版本开始进行 3G

WCDMA 标准制定，从 Release 4 版本开始进行 TD-SCDMA 标准制定，而后续版本（Release 5、Release 6、Release 7 等）进行特性增强和增补，进一步提升了 3G 的上下行速率性能。3GPP2 提出了 IS-95（CDMA）（2G）→cdma2000 1x→cdma2000 3x（3G）的演进策略。

　　3G 系统采用 CDMA 技术和分组交换技术，而不是 2G 系统通常采用的 TDMA 技术和电路交换技术。相比于 2G 终端，3G 终端功能变得更加强大，同时还出现了"智能手机"，如图 1-4 所示，在业务和性能方面，3G 不仅能传输话音，还能传输数据，提供高质量的多媒体业务，如可变速率数据、移动视频和高清晰图像等多种业务，实现多种信息一体化，从而能够提供快捷、方便的无线应用。

图 1-4　3G 终端示例

　　尽管 3G 系统具有低成本、优质服务、高保密性及良好的安全性能等优点，但是仍有不足：

　　第一，3G 标准共有 WCDMA、cdma2000 和 TD-SCDMA 三大分支，三个制式之间存在相互不兼容的问题；

　　第二，3G 的频谱利用率仍然较低，宝贵的频谱资源不能得到充分利用；

　　第三，3G 支持的速率还不够高。

　　这些不足远远不能适应未来移动通信发展的需要，因此人们需要寻求一种能适应未来移动通信需求的新系统。

1.1.4　第四代移动通信系统

　　自 2000 年确定了 3G 国际标准之后，ITU 就启动了第四代移动通信系统（4G）的相关工作。2008 年，ITU 开始公开征集 4G 标准，有 3 种方案成为 4G 标准的备选方案，分别是 3GPP 的长期演进（Long Term Evolution，LTE）、3GPP2 的超移动宽带（Ultra Mobile Broadband，UMB）以及电气和电子工程师协会（Institute of Electrical and Electronics Engineers，IEEE）的 WiMAX（IEEE 802.16m，也被称作 Wireless MAN-Advanced 或者 WiMax2），其中最被产业界看好的是 LTE。LTE、UMB 和移动 WiMAX 虽然各有差别，但是它们也有一些相同之处，即 3 个系统都采用正交频分复用（Orthogonal Frequency Division Multiplexing，OFDM）和多入多出（Multiple-Input Multiple-Output，MIMO）技术以提供更高的频谱利用率。其中，从 3GPP 的 Release 8 开始进行 LTE 标准化的制定，而后续版本（Release 9、Release 10 等版本）在特性上进行增强和增补。

　　2012 年，LTE-Advanced 正式被确立为 IMT-Advanced（也称为 4G）国际标准，我国主导制定的 TD-LTE-Advanced 同时成为 IMT-Advanced 国际标准。LTE 包括 TD-LTE（时分双工 LTE）和 LTE FDD（频分双工 LTE）两种制式，我国引领 TD-LTE 的发展。TD-LTE 继承和拓展了 TD-SCDMA 在智能天线、系统设计等方面的关键技术和自主知识产权，系统能力与 LTE FDD 相当。2015 年 10 月，3GPP 在项目合作组（Project Coordination Group，PCG）第 35 次会议上正式确定将 LTE 新标准命名为 LTE-Advanced Pro。这是 4.5G 在标准上的正式命名。

　　相比于 3G 系统，4G 采用了 OFDM、MIMO 等大量新技术，并且载波带宽更大，使得

4G 的峰值速率相比于 3G 有了大幅度提升,可以支持高速上网以及在线视频播放等媒体类业务。除此之外,4G 网络还支持"高清数字语音"(用 LTE 网络承载语音,即 Voice over LTE,VoLTE)业务,可以实现数据上网业务和语音业务双并发。4G 通信终端如图 1-5 所示,随着移动终端技术的不断演进,4G 的终端系统也变得更加多样化和智能化,极大地丰富了人们的生活。

图 1-5   4G 通信终端

1.1.5   第五代移动通信系统

2015 年 10 月 26 日至 30 日,在瑞士日内瓦召开的"2015 无线电通信全会"上,国际电信联盟无线电通信部门(ITU-R)正式批准了三项有利于推进未来 5G 研究进程的决议,并正式确定了 5G 的法定名称是"IMT-2020"。

为了满足未来不同业务应用对网络能力的要求,ITU 定义了 5G 的八大能力目标,如图 1-6 所示,分别为下行峰值速率达到 20 Gbps、用户下行体验速率达到 100 Mbps、频谱效率是 IMT-A 的 3 倍、移动性达到 500 km/h、时延达到 1 ms、连接数密度达到每平方千米 100 万个设备、网络功耗效率是 IMT-A 的 100 倍、区域流量密度达到 10 Mbps/m^2。

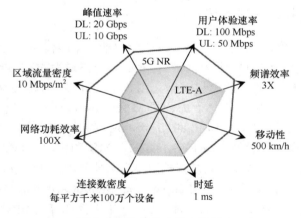

图 1-6   5G 的八大能力目标

1.2   5G 发展的驱动力

人类社会的持续进步,体现在更高的生产效率、更安全的生产模式、更丰富便利的日常生活等方方面面,这离不开科学技术的不断发展。而科技的发展带动了移动通信网络的不断更新换代,催生了数量越来越多、功能越来越强、体验越来越好的应用,这些应用可以很好地满足个人和家庭生活、娱乐方面的需求,更重要的是它们还广泛地影响着工业、农业、金融、能源、交通甚至军事等各种行业，使千行百业都在移动通信技术的支撑下获得飞速的发展。可以说，移动通信技术的进步就是人类社会不断进步的缩影。

1.2.1　5G 发展背景

5G 不能简单地被理解为移动通信系统每 10 年更新一代的结果，其发展背景需要从业务需求、经济发展和科学技术的进步等多角度进行分析。

从业务需求的角度来看，4G 时代移动通信业务主要以高速移动宽带业务为主，而未来移动通信场景会出现很多当前网络无法支持的业务，比如虚拟现实（Virtual Reality，VR）、增强现实（Augmented Reality，AR）、混合现实（Mixed Reality，MR）等超高速率业务，大规模物联网等超大连接业务，远程驾驶、无人驾驶等超低时延业务。这些新业务将对各行各业的数字化转型至关重要，也将给人们的生产和生活带来极致的体验，在未来势必会越来越普及，但是 4G 网络的能力已经无法满足这些业务的需求。因此，移动通信网络必须发展到一个能力更强的阶段，以适配这些未来业务的需要。

从经济发展的角度来看，当前全球经济增长长期疲弱，而移动通信系统更新带来的应用创新会在很多行业催生大量新产品，从而带动社会经济的增长，助力全球走出经济低谷，尤其体现在工业生产方面。因此，全球大部分国家目前都非常重视 5G 的建设，甚至不少国家把 5G 的建设和应用作为国家战略目标，比如德国、美国、英国、日本、韩国等老牌工业强国，都希望通过 5G 等信息通信技术和制造技术的融合来催化新一代工业革命。我国政府也期望借助 5G 等网络与信息化先进技术带动生产组织和制造模式的变革，实现智能化生产、网络化协同、个性化定制、服务化转型，完成工业发展的转型升级。在 2018 年 12 月 19 日至 21 日召开的中央经济工作会议中，定义了七大新型基础设施建设（新基建），其中 5G 居于首位。

从科学技术进步的角度来看，一方面移动通信以及其他相关技术仍在不断迭代，变得越来越先进，比如更高阶的调制技术、更先进的编码技术以及功能越来越强大的天线技术，让 5G 有了空前强大的空中接口，速率、时延、连接数、可靠性等方面的性能相比于以往的网络，都有了质的飞跃；另一方面人工智能、大数据、云计算等新技术的发展如火如荼，而 5G 网络采用网络功能虚拟化（Network Functions Virtualization，NFV）技术，可以和人工智能、大数据、云计算等新技术完美融合。因此 5G 也被各国寄予厚望，被视为打通各行业进入数字化革命的良机。

传统通信网络各方面的竞争都局限于通信领域内，比如各大网络设备制造商、运营商之间。5G 的竞争已不仅仅是通信领域的竞争，而被视为国家及地区之间产业与经济的竞争。在 5G 的技术层面，中国目前走在全球前列。从表 1-1 可知，以 5G 专利为例，根据德国专利统计公司 IPlytics 发布的 5G 标准专利调查报告，截至 2020 年 1 月 1 日，全球 5G 专利申请数量共 21 571 件，华为以 3147 件位居第一，TOP10 企业中有两家中国公司。过去，中国在移动通信技术上与美国、欧洲、日本、韩国相比一直处于落后、跟随的地位，如今在 5G 技术上中国已完成"弯道超车"，领先于其他通信强国。

表 1-1　5G 必要专利数量排行榜

企　业	5G 专利公布数/件	企　业	5G 专利公布数/件
华为	3147	高通	1293
三星	2795	英特尔	870
中兴	2561	夏普	747
LG 电子	2300	NTT Docomo	721
诺基亚	2149	OPPO	647
爱立信	1494	中国信息通信研究院	570

1.2.2　5G 三大应用场景

如前文所说，超高速率、超低时延、超大连接数业务的需求是 5G 发展的驱动力之一。与之对应，ITU 定义了 5G 的三大应用场景，如图 1-7 所示，这三大场景分别是增强型移动宽带（enhanced Mobile Broadband，eMBB）、超高可靠低时延通信（Ultra Reliable and Low Latency Communications，URLLC）以及海量机器类通信（massive Machine Type Communications，mMTC）。

eMBB 场景典型业务包括 VR、AR、MR 等，这类业务以超高分辨率、360°全景视角、实时的互动性给用户带来了极致的沉浸式体验。如图 1-8 所示，以 VR 业务为例，业界看好未来 VR 的发展方向是 Cloud VR，即将图像的处理置于云端，用户佩戴的终端只完成屏幕显示和简单的编/解码功能，具有重量轻、移动便捷、成本低等特点。在移动场景下 VR 如果要达到 4K 分辨率，需要 50 Mbps 左右的空口速率，而如果要达到良好的电信级业务体验，需要 1.8 Gbps 左右的空口速率。5G 拥有 20 Gbps 的峰值速率，可以满足 Cloud VR 的业务需要。

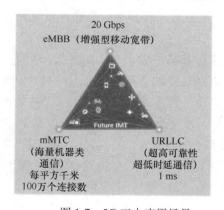

图 1-7　5G 三大应用场景

图 1-8　VR 业务场景

URLLC 场景典型业务包括无人驾驶、远程控制等，这类业务要求超低的端到端业务时延以及超高的可靠性。如图 1-9 所示，以无人驾驶为例，该业务要求车辆和云端控制中心允许双向通信的最大时延为 5～10 ms，而传统移动通信网络端到端通信时延一般在 50 ms 以上，无法满足该业务的需求。5G 网络采用核心网分层部署的架构，结合多接入边缘计算（Multi-access Edge Computing，MEC）技术，可以将核心网和业务控制中心合并部署到网络边缘，大大缩短了车辆至云端的距离，满足了业务的时延需求。另外，5G 网络切片技术，可以在无线、承载网、核心网各层面对单个业务实现资源隔离，保障了特殊业务的服务质量和可靠性。

mMTC 场景典型业务包括智慧城市、工业传感器互联等，这类业务的特点是，对网络侧的连接数需求巨大。如图 1-10 所示，未来世界将朝着"万物互联"的方向不断迈进，各种联网终端的数量和密度都将呈几何级增长，而 4G 网络每平方千米只能连接约 1 万个终端，无法满足万物互联的需求。5G 具备超大连接特性，每平方千米的连接数可以达到 100 万个，完美匹配了万物互联的要求。

图 1-9　无人驾驶需要超低时延

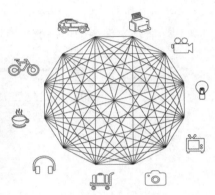

图 1-10　未来世界将会"万物互联"

1.3　5G 协议标准化进展

5G 通信技术标准由 3GPP 组织牵头制定，3GPP 在 2016 年 6 月 27 日宣布，3GPP 技术规范组（Technical Specifications Groups，TSG）第 72 次全体会议已就 5G 标准的首个版本——Release 15（Rel-15）的详细工作计划达成一致。该计划陈述了各工作组的协调项目和检查重点，并明确 Rel-15 的 5G 相关规范于 2018 年 6 月确定。如图 1-11 所示，5G 主要版本包括 Rel-15 和 Release 16（Rel-16）两个版本，原计划于 2018 年 6 月完成 Rel-15 版本的冻结，2019 年 12 月完成 Rel-16 版本的冻结，后来迫于美国、日本、韩国的开放实验规范联盟（Open Trial Specification Alliance，OTSA）的标准竞争压力，3GPP 在 2017 年 2 月之后，启动了 5G 标准加速，把 Rel-15 版本拆分成非独立组网（Non-Standalone，NSA）和独立组网（Stand-alone，SA）两个版本，并把 NSA 的协议冻结时间提前到了 2017 年 12 月，以满足少数运营商快速商用 5G 的需求。整个 Rel-15 版本主要针对 eMBB 应用场景标准规范。Rel-16 版本因为种种原因，推迟到 2020 年 7 月冻结，在该版本中主要对 eMBB 场景相关技术进行了增强，以提升网络性能，同时还定义了 URLLC 场景相关技术标准。而对于 mMTC 场景，由于目前机器通信的应用规模和网络连接的密度尚未达到 5G 所定义的量级，因此 Rel-16 版本尚未冻结 mMTC 相关技术标准，该场景技术标准预计在 Release 17（Rel-17）版本中冻结。

在 3GPP TSG RAN 方面，关于 Rel-15 的 5G 新空口（New Radio，NR）调查范围，技术

规范组一致同意对独立组网（SA）和非独立组网（NSA）两种架构提供支持。其中，5G NSA 组网方式需要使用 4G 基站和 4G 核心网，初期以 4G 作为控制面的锚点，来满足运营商利用现有 LTE 网络资源，实现 5G NR 快速部署的需求。NSA 作为过渡方案，主要以提升热点区域带宽为主要目标，没有独立信令面，依托 4G 基站和核心网工作，对应的标准进展较快。实现 5G 的 NSA，需要对现有 4G 网络进行升级，会对现有网络性能和平稳运行有一定影响，需要运营商关注。Rel-15 同时还确定了目标用例和目标频带，目标用例为 eMBB、URLLC 以及 mMTC，目标频带分为低于 6 GHz 和高于 6 GHz 的范围。另外，3GPP TSG 第 72 次全体会议在讨论时强调，5G 的标准在无线和协议两方面的设计都要具有向上兼容性，且分阶段导入功能是实现各个用例的关键点。

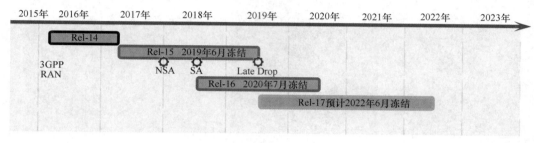

图 1-11   5G 协议版本演进

2017 年 12 月 21 日，在国际电信标准组织 3GPP RAN 第 78 次全体会议上，5G NSA 标准冻结，这是全球第一个可商用部署的 5G 标准。5G 标准 NSA 方案的完成是 5G 标准化进程的一个重要里程碑，标志着 5G 标准和产业进程进入加速阶段，标准冻结对于通信行业来说具有重要意义，意味着核心标准就此确定，即便将来正式标准仍有微调，也不会影响之前厂商的产品开发，5G 商用进入倒计时。

2018 年 6 月 14 日，3GPP TSG RAN 第 80 次全体会议批准了 5G SA 标准冻结。此次 SA 标准的冻结，不仅使 5G NR 具备了独立部署的能力，也带来全新的端到端新架构，赋能企业级客户和垂直行业的智慧化发展，为运营商和产业合作伙伴带来新的商业模式，开启了一个全连接的新时代。但是由于 Rel-15 版本来得太快，很多细节没有考虑全面，而运营商已经开始网络部署，面临着诸多需求，因此 RAN 全会最终决定在 Rel-15 版本新增 Late Drop 版本，引入 Option4、Option7 等组网架构，对 NSA 组网进行补充，增加 5G 基站为主、4G 基站为辅，以及 4G 基站为主、5G 基站为辅的两种场景，核心网演进为 5G 核心网（5G Core Network，5GC），使运营商可以更便捷地部署 5G 网络。Rel-15 原计划在 2018 年 12 月冻结 Late Drop 版本，但因为种种原因一直推迟到了 2019 年 3 月才完成。自此 Rel-15 一共拥有 3 个版本，5G 也完成了第一阶段标准化工作。

作为 Rel-15 的演进版本，Rel-16 标准的制定进度受到 Rel-15 Late Drop 版本的影响，冻结时间经过了两次延期。2020 年 7 月 3 日，3GPP TSG 第 88 次会议宣布 5G NR Rel-16 标准版本冻结。Rel-16 标准为 5G 带来了更多新性能和新功能，包括增强的 URLLC、工业级时延敏感网络服务能力（面向工业互联网应用）、V2V（车与车）和 V2I（车与路侧单元）直连通信能力（面向车联网应用）、以及适配行业应用的空口定位能力。对于 Rel-15 已经定义的功能，Rel-16 则引入了一些新特性，继续提升网络频谱效率、切换性能和终端节电性能等。

另外，Rel-16 标准还提出了自动化路测和网络运维，减少网络的运维成本。如针对大气波导现象的远端基站干扰管理等技术。

在西班牙的锡切斯召开的 3GPP RAN 第 86 次全会，对 5G Rel-17 版本进行了规划和布局，共 23 个标准立项，主要包括面向网络智能运维的数据采集及应用增强、NR 多播和广播服务、面向垂直行业的精准定位技术、NR V2X 增强、NR-Light（应用于工业物联网传感器、监控摄像头、可穿戴设备等场景）技术及 URLLC 增强等项目，持续推进 5G 标准和产业可持续性发展。

1.4　5G 产业链进展

5G 作为超级管道，其功能由多个组成部分配合完成。从整体架构来看，可以把 5G 分为终端和网络两个组成部分。

5G 终端可以根据网络面向的对象分为消费互联网终端和产业互联网终端。消费互联网终端主要指面向个人用户的手机、智能手表等设备。5G 手机涉及的零部件非常多，如摄像头、屏幕等，但芯片才是决定手机性能的核心部件。相比于消费互联网，5G 更重要的任务是支撑产业互联网；换言之，5G 要应用于工业、交通、能源等各个行业中，在不同的行业、不同的应用场景下，终端也各不相同。以 5G 车联网为例，汽车就是终端，而汽车需要连接到 5G 网络，就需要安装 5G 模组。其他行业也同样需要在终端中安装 5G 模组，如无人机。模组的核心模块，仍然是芯片。

5G 网络可以分为无线接入网、承载网、核心网三个部分。无线接入网由基站构成，5G 基站主要由基带单元和射频单元组成，相比于 4G 基站，5G 的基带单元分离为集中式单元（Centralized Unit，CU）和分布式单元（Distributed Unit，DU），射频单元主要为有源天线单元（Active Antenna Unit，AAU）。承载网仍采用光纤通信，主要包括光模块、光纤光缆以及光通信主设备。在核心网方面，为满足 5G 时代千行百业的差异化网络需求，5G 核心网通过无状态软件架构设计在通用基础设施上构建电信级可靠能力。同时，引入边缘计算和网络切片等关键技术，实现 5G 网络灵活的 SLA 保障。

由于 5G 整体网络涉及各种硬件和软件，因此 5G 产业链并非单一的某个产业链，而是由多个产业链共同组成，互相影响。在 5G 产业链进展方面，本节主要介绍 5G 芯片、5G 终端和 5G 网络设备相关进展。

1.4.1　5G 芯片进展

5G 芯片最重要的是 5G 基带芯片和 5G 系统级芯片（System on Chip，SoC）。5G 网络功能强大，对芯片要求极高。芯片的生产包括设计、加工制造和封装测试三个环节，目前在全球范围内具备 5G 芯片设计能力的厂商并不多，如图 1-12 所示，主要有高通、华为、联发科、三星、紫光展锐等企业。

高通公司于 2016 年 10 月推出第一款 5G 基带芯片——骁龙 X50，这款 5G 基带芯片仅支持 NSA 组网模式，且仅支持 5G，不能向下兼容 2G、3G、4G。该芯片于 2018 年 12 月正式商用，是全球第一款 5G 商用基带芯片。2020 年 2 月，高通发布了 5 nm 制程的骁龙 X60 基带芯片，该芯片支持 NSA/SA 组网，能同时支持 2G、3G、4G 和 5G 多种网络制式。相比于骁龙 X50，骁龙 X60 性能更为强大。

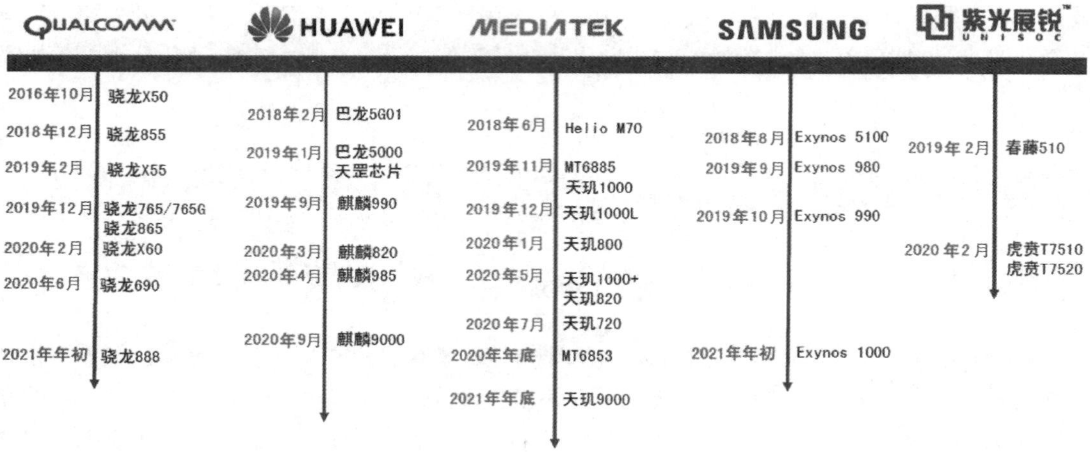

图 1-12　5G 芯片发布动态

华为公司是最早发布 5G 基带芯片的中国公司。2019 年 1 月，华为发布了第一代 5G 多模终端基带芯片——巴龙 5000。巴龙 5000 采用单芯片多模的 5G 模组，支持 2G、3G、4G 和 5G 多种网络制式。同时，该芯片也是全球率先支持 NSA/SA 组网方式的 5G 基带芯片，支持 FDD 和 TDD，实现全频段使用。2020 年 9 月，华为推出了麒麟 9000，该芯片是一款基于 5 nm 制程的手机系统级芯片（SoC）。相比于基带芯片外挂，SoC 的体积更小，功耗更低。

中国国内在 5G 芯片设计产业链中占有一席之地的厂商还有联发科和紫光展锐。联发科于 2021 年年底量产了天玑 9000 芯片。紫光展锐于 2020 年 2 月发布了虎贲 T7520，这款芯片是紫光展锐第二代 5G 芯片，采用了 6 nm EUV 工艺，支持 Sub-6 GHz 频段和 NSA/SA 双模组网，以及 2G、3G、4G 和 5G 多种网络制式。

在 5G 芯片制造方面，目前高端芯片都采用 7 nm 及以下制程，拥有此类芯片制造能力的厂商主要为台积电（中国台湾）和三星。而在 5G 芯片封装测试方面，中国大陆三大封装测试厂商（长电科技、华天科技、通富微电）总市场占有率超过 20%。

1.4.2　5G 终端进展

终端是 5G 产业链中的重要一环。5G 终端如图 1-13 所示，主要包括智能手机、移动热点设备、头显和模组等。在智能手机领域，全球主要厂商为华为（Huawei）、三星（Samsung）、小米、维沃（VIVO）、OPPO、一加（One Plus）等。为了使用户有崭新的 5G 业务体验，大屏、可折叠屏、多屏将会是 5G 终端的主流发展趋势。

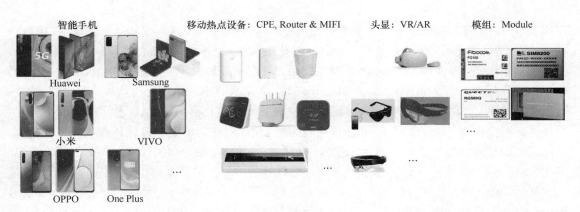

图 1-13　5G 终端

在 2020 年全球发货的智能手机中，有 70%都支持 5G，价格在 300 美元以下的 5G 手机已经大量出现。国内已上市的 5G 智能手机种类超过 200 款，中高端 5G 手机（售价在 2000元人民币以上）销量占比已经超过 90%。

5G 的核心服务对象是各行业。在 5G 的产业链分工中，上游是芯片，下游是种类繁多的垂直行业应用，模组作为中间环节，对于 5G 产业发展来说至关重要。3GPP 于 2020 年 7月 3 日宣布 Rel-16 标准冻结，这标志着 5G 拥有了成熟版本的技术标准，也将加速 5G 产业链下游各种行业应用的发展，推动 5G 模组的技术逐渐成熟。目前，国内已有多家厂商拥有5G 模组产品，见表 1-2。

表 1-2　国内主要 5G 模组厂商和模组产品一览

厂　　商	模　组　型　号	采　用　芯　片
华为	MH5000	巴龙 5000
上海移远通信	RG500Q/RG510Q	骁龙 X55
	RG800H	海思 5G 模组中间件
深圳广和通	FG150/FB101	骁龙 X55
上海芯讯通	SIM8200EA	骁龙 X55
中国移动	CMCC M5	海思 5G 模组中间件
深圳美格智能	SRM815/SRM825	骁龙 X55
闻泰科技	WM518	骁龙 X55
四川爱联	AI-NR10	海思 5G 模组中间件
上海龙尚科技	EX510	骁龙 X55
重庆中移物联	OneMO F02X/OneMO F03X	骁龙 X55
深圳高新兴物联	GM800/GM801	骁龙 X55

1.4.3　5G 网络设备进展

5G 网络设备发展迅速，在无线接入网、承载网、核心网三个部分均已具备成熟产品。

5G 无线接入网主要设备是组成基站的基带单元（Base Band Unit，BBU）和射频单元（Remote Radio Unit，RRU）。目前，全球主要基站设备厂商包括华为、中兴、爱立信、诺基亚等，均已推出新一代 5G BBU 产品。华为用于 5G 的 BBU5900 性能相比于 4G 的

BBU3900/3910 有大幅提升，但设备框架和尺寸不变，保证 5G BBU 可以向下兼容 4G 设备，利于 4G/5G 共站建设。在射频单元方面，4G 时代的 RRU 已不再是 5G 的主流射频单元类型，因为 5G 使用的频段较高，为保障网络覆盖效果，5G 在室外场景主要采用支持 Massive MIMO 技术的大规模天线阵列 AAU。支持 Massive MIMO 技术的 5G AAU 可以实现 3D 波束赋形，显著提升小区边缘用户覆盖质量，对高楼/高空覆盖效果佳。另外，AAU 利用更强的空分复用技术，容量可以达到 4G 的 5～8 倍，完美匹配了 5G 对空口容量和覆盖质量的需求。在基站站型方面，除室外宏站外，数字化室内分布系统、各种小站、微站在现网均有部署，适配密集城区、高话务地区、大型建筑物内部、地铁等各种场景的覆盖与部署需求。

5G 承载网的前传网（射频单元至 DU 之间）可以采用集中式无线接入网（Centralized Radio Access Network，CRAN）和分布式无线接入网（Distributed Radio Access Network，DRAN）两种方案。在 CRAN 方案中，AAU 拉远部署，多个站点的 BBU 集中部署到一个机房，此时 5G 前传网的光传输一般采用无源波分复用（Wavelength Division Multiplexing，WDM）、有源 WDM 或光传送网（Optical Transport Network，OTN）方案；在 DRAN 方案中，每个站点的 BBU 部署在各自站点机房，AAU 距离本站 BBU 很近，5G 前传网的光传输主要采用光纤直连方案。相比于 4G，5G 增加了中传网络，即 DU 和 CU 之间的网络，而中传和回传同样采用 IP 承载网。相比于 4G，5G 承载网底层使用的光模块和光纤光缆，并无颠覆性的更新。由于承载网中的网元设备，需要支持 5G 的切片分组网络（Slicing Packet Network，SPN）或面向移动承载优化的 OTN（M-OTN）等技术，4G 承载网网元设备无法支持这些新技术，因此在部署 5G 承载网时需要使用新的设备。目前，国内规模较大的承载网设备和解决方案供应商主要有华为、中兴、烽火、H3C 等公司。

5G 核心网和 4G 核心网相比有很大的不同。5G 核心网不再依托专有硬件提供各网元功能，而是采用网络功能虚拟化技术实现网元功能。核心网底层的硬件为通用服务器，各网元功能以软件的形式实现。另外 5G 核心网控制面和用户面完全分离，用户面可以分层灵活部署，结合 MEC 技术，可以灵活地控制端到端业务时延。在通用服务器产业，拥有成熟产品的厂商有 IBM、华为、浪潮等。在网元软件方面，华为、中兴、爱立信、诺基亚等网络设备和解决方案供应商都拥有各自的成熟产品。

5G 端到端网络设备如图 1-14 所示，规模化、可商用、可获得的网络设备和终端同步成熟，生态准备度从未如此之好。5G 协议标准的冻结和端到端网络设备的商用如此迅速，这在移动通信发展史上是绝无仅有的。

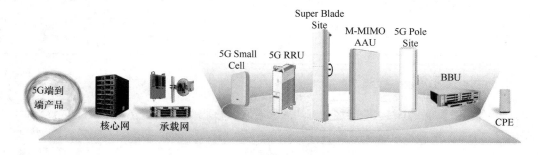

图 1-14　5G 端到端网络设备

1.5 5G 全球商用进展

在行业应用需求、当前全球的经济环境、各国家战略、移动通信技术发展演进等因素的影响下，全球范围内 5G 的商用发展迅猛；同时受新冠肺炎疫情的影响，越来越多的企业意识到数字化转型的重要性。在疫情期间，远程办公及会议、远程教育等多种业务均依赖移动通信网络在线进行。数字化疫情防护和防疫大数据的普及应用，进一步加速了 5G 的发展。

1.5.1 5G 全球商用概况

根据全球移动设备供应商协会（Global mobile Suppliers Association，GSA）提供的数据显示，截至 2021 年 5 月底，全球各大洲都已有 5G 网络覆盖，其中 70 个国家和地区共计 169 家运营商已推出商用 5G 网络，而对 5G 进行投资的运营商达到 443 家，涉及 133 个国家和地区。自 2015 年以来，共有 34 个国家完成了 C 波段频谱的分配或拍卖，共有 28 个国家的运营商已获得 5G 毫米波牌照。

在终端方面，全球已上市 500 多款 5G 商用终端，产生了 3.4 亿条 5G 连接，全球 5G 人口覆盖率达到 15%。预计到 2025 年，5G 网络建设投资将占据运营商网络建设总投资的 80%，达到 7000 亿美元以上，其中亚洲、欧洲、北美的 5G 建设投资将明显高于其他地区。

1.5.2 5G 商用节奏

2019 年是全球范围内的 5G 商用元年。中国、美国、韩国均已于 2019 年完成 5G 商用牌照首发。5G 商用总体按照先聚焦 eMBB 场景，持续培育 URLLC 场景，mMTC 场景延续 4G 物联方案的节奏进行。

5G 商用第一阶段聚焦 eMBB 场景，主要面向个人用户及无线宽带到户（Wireless To The x，WTTx）业务。首先聚焦 eMBB 业务的主要原因是：（1）运营商对传统 MBB 业务的维护和运营模式较为熟悉，可以参考 4G 的经验；（2）3GPP 首先冻结的是 eMBB 业务场景相关技术标准，运营商依据协议进展可以抢先涉足 5G 商用，尽早抢占市场，建立品牌影响；（3）5G+行业应用还需逐渐培育，eMBB 业务首先引入个人用户，可以帮助运营商收回一定的网络投资，以加快 5G 网络建设的进度。5G eMBB 主要业务场景如图 1-15 所示，包含 AR、VR、高清视频、无人机视频回传等业务。

在 eMBB 场景的应用开展商用的同时，URLLC 场景的应用正在不断培育中。URLLC 场景要求的低时延高可靠性能主要用于车联网、智能制造等领域的远程控制或无人控制类业务，这些业务是未来 5G 业务发展的一个主要方向，但当前这些业务尚未爆发大规模的需求。同时，在技术层面，MEC 和垂直行业应用的融合还未成熟，因此 URLLC 场景尚未大规模商用，但是全球范围内已有医疗、钢铁、制造、港口等多个行业部署了 5G 示范应用。

3GPP 目前已冻结的 Rel-15 和 Rel-16 版本尚未明确 mMTC 相关技术标准，因此 mMTC 场景的应用尚未正式商用。在 5G 应用的初期，物联网技术将继承 NB-IoT 和 eMTC 的空口标准。

图 1-15　5G eMBB 主要业务场景

1.5.3　全球主要国家 5G 商用进展

在全球范围内，中国、美国、韩国、英国、瑞士等国家在 5G 商用上处于领先地位。

韩国三家电信运营商在当地时间 2019 年 4 月 3 日晚 11 时正式推出 5G 商用服务，标志着韩国成为全球第一个实现 5G 商用的国家。1 小时后，美国运营商 Verizon 也紧随其后宣布 5G 商用。2019 年 4 月 17 日，瑞士最大的电信运营商瑞士电信（Swisscom）宣布推出 5G 商用网络，这是欧洲首个大规模商用的 5G 网络。英国运营商"英国电信公司"旗下的"EE"于 2019 年 5 月 30 日在伦敦、加的夫、贝尔法斯特、爱丁堡、伯明翰和曼彻斯特等城市正式启动了 5G 服务。

中国的 5G 发展同样举世瞩目。2019 年 6 月 6 日，工业和信息化部向中国移动、中国电信、中国联通、中国广电四大运营商发布了 5G 牌照。2019 年 10 月 30 日，中国移动、中国电信、中国联通三大运营商同时公布了 5G 商用套餐，并于 11 月 1 日正式上线 5G 商用套餐，标志着我国开启了 5G 网络的正式商用。截至 2022 年 4 月，我国已建设 5G 基站 161.5 万个，占全球 5G 基站总数的 60% 以上，5G 移动电话用户已超过 4.12 亿户，5G 网络承载了全国 30% 的流量。中国已在 5G 网络规模、5G 核心专利数量、5G 用户规模、5G 终端出货量、5G 应用的多样性等各个方面都处于世界前列。

1.5.4　5G 商用模式

在 5G 时代，运营商有三类运营模式，即超级管道、信息和通信技术（Information and Communications Technology，ICT）使能的基础租赁和 ICT 使能的业务超市。

超级管道是通过管道来变现的。云化架构和网络切片技术的引入，使 5G 具备端到端的业务隔离和服务质量保障，同时其网络的设计、部署和运维都更加智能化。所以说，5G 是超级管道，同时也是智能管道。

ICT 使能的基础租赁是指运营商建设自有基础平台（如物联网平台，V2X 平台），通过集成其他服务商的业务来获得更多的收入。比如 AT&T 通过收购 DIRECTV，就获取了视频平台。拥有视频平台之后，AT&T 就可以和一些内容提供商合作发展视频业务。

ICT 使能的业务超市是将运营商的某一块业务 E2E 打通，让运营商发展自己的内容平台，如 AT&T 收购时代华纳就是希望自身成为视频业务服务商。

在这三种运营模式中，超级管道是基础，而若要支持基础租赁和业务超市，还需要运营商部署业务平台和内容平台。

5G 网络切片技术是运营商全新商业模式的基础——网络切片即服务，如图 1-16 所示。运营商给用户提供的是一个端到端的网络切片，围绕该网络切片可以延伸出多种收费模式。

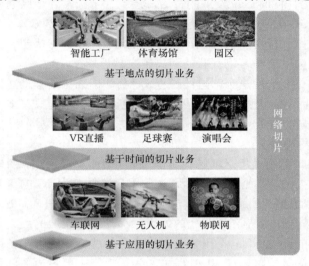

图 1-16　网络切片即服务

运营商可以基于地点来收费，如体育场馆、智能工厂等场景。同时在相同的地方，运营商还可以基于时间来收费，如体育场馆场景，运营商可以在演唱会、体育赛事进行的 2～3 小时内，提供基于时间切片的 VR 直播业务，比赛结束后，这个网络切片就消失了。这就是未来切片即服务的具体呈现示例。所以说，在 5G 到来后，运营商可以改变传统统一费率（Flat Rate）的收费模式，通过叠加不同业务服务，提高运营商的合理收费空间，让 5G 网络带来更大的价值。

当前阶段，5G 主要以 eMBB 业务和个人用户服务为主，部分行业已经开始网络切片服务，因此 5G 的商业模式也应跟随网络建设的进度和商用业务的推出而逐渐演进。5G 商业模式演变如图 1-17 所示，在 5G 商用初期（第一阶段），商业模式无重大架构级更改，运营商主要侧重于提升网络能力；在第二阶段，5G 网络的切片架构成型，此时运营商主要侧重于推动跨域切片能力调度接口标准化，与运营商管理系统融合，并试商用切片服务；在第三阶段，5G 网络进入成熟期，网络和运营管理系统支持网络切片的自动化运营和管理，运营商向租户提供端到端网络切片服务，并开发完善的收费机制。

图 1-17　5G 商业模式演变

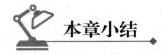

本章小结

　　本章首先介绍了移动通信网络从第一代向第五代进行发展演进的过程，对各代移动通信网络的主要特点和能力进行了阐述。科学技术的不断进步和移动通信需求的不断提升，成为5G 发展的主要驱动力，同时 5G 发展的背后，还包含了国家和地区之间竞争的因素。通过绪论，读者可以了解 5G 的三大应用场景（eMBB、URLLC、mMTC），而多维度的能力提升，也让移动通信有了支撑千行百业信息化、智能化的可能。5G 支持超大带宽、超低时延和超大连接的特性，让社会发展与万物互联的距离越来越近。

　　移动通信网络的更新迭代是个渐进的过程，而全球标准化是移动通信产业发展的必然途径。本章对 5G 技术标准协议的进展进行了详细解析，向读者呈现了各 5G 标准协议支持的内容和意义，以及未来的发展方向。另外，本章通过 5G 芯片、终端和网络设备的当前进展，阐述了 5G 产业链的发展情况。

　　2019 年是全球 5G 商用元年，韩国和美国最先开始了 5G 商用，而中国也处于 5G 商用的第一梯队。中国巨大的移动通信市场和庞大的用户群体，为 5G 的蓬勃发展提供了良好的环境，同时中国的移动通信厂商，通过多年的技术深耕和持续投入，在 5G 的技术研发领域取得了骄人的成就，这使中国在 5G 时代成为引领移动通信发展的领先国家。有别于传统移动通信网络较为单一的性能，5G 不仅强调多维度的信息传输能力，还可以通过网络切片等技术实现业务的端到端资源隔离和 SLA 保障，为客户带来更多业务创新，这使传统的移动通信商业模式在 5G 时代并不适用。本章不仅介绍了全球范围内的 5G 商用情况，对 5G 三大场景的商用节奏进行了分析，还对 5G 的商业模式提出了一些参考思路。

　　通过对本章内容的学习，读者应了解移动通信发展的整体历程，理解 5G 发展背景，同时对 5G 产业链进展和商用情况也应有一定的了解。

课后练习1

一、判断题

1-1　cdma2000 是中国提出的 3G 技术标准。（　　）

1-2　3GPP 为 5G 制定的第一个正式标准为 Rel-16。（　　）

1-3　URLLC 场景的典型业务是 Cloud VR。（　　）

1-4　5G SoC 芯片比基带芯片外挂架构更具优势。（　　）

二、选择题

1-5　（单选）下列哪个选项不是 5G 的关键性能目标？（　　）

　　A．峰值下载速率达到 20 Gbps　　　　　B．频谱效率达到 4G 的 3 倍以上

C．空口时延最低达到 1 ms　　　　　D．支持最高 350 km/h 的移动性

1-6　（单选）5G 最高可以支持每平方千米 100 万个设备，这属于哪种场景？（　　）

　　　A．eMBB　　　　　B．URLLC　　　　C．mMTC　　　　D．Massive MIMO

1-7　（单选）5G 的 SA 组网架构是 3GPP 的哪个协议版本定义的？（　　）

　　　A．Rel-14　　　　B．Rel-15　　　　C．Rel-16　　　　D．Rel-17

1-8　（单选）下列关于麒麟 9000 的说法不正确的是？（　　）

　　　A．麒麟 9000 是华为公司的产品　　　　B．麒麟 9000 是一款 SoC 芯片

　　　C．麒麟 9000 采用了 14 nm 制程

　　　D．相比于基带芯片外挂，麒麟 9000 具有体积更小、功耗更低的特点

1-9　（单选）华为 5G 室外宏站的射频模块主要是哪一种？（　　）

　　　A．RRU　　　　　B．AAU　　　　　C．BBU　　　　　D．CPE

1-10　（单选）在全球范围内，5G 的商用元年是哪一年？（　　）

　　　A．2018 年　　　　B．2019 年　　　　C．2020 年　　　　D．2021 年

1-11　（单选）我国正式商用 5G 网络的日期是哪一项？（　　）

　　　A．2019 年 4 月 3 日　　　　　　B．2019 年 6 月 6 日

　　　C．2019 年 10 月 30 日　　　　　D．2019 年 11 月 1 日

1-12　（多选）2008 年 ITU 公开征集 4G 标准，成为 4G 标准备选方案的是哪些项？（　　）

　　　A．LTE　　　　　B．UMB　　　　　C．WiMAX　　　　D．NR

1-13　（多选）下列哪些选项可以是 5G 终端？（　　）

　　　A．VR 眼镜　　　B．手机　　　　　C．汽车　　　　　D．工业模组

1-14　（多选）5G 网络可以分为哪些组成部分？（　　）

　　　A．局域网　　　　B．无线接入网　　C．承载网　　　　D．核心网

1-15　（多选）具备业界顶尖的 5G 芯片设计能力的厂商有哪些？（　　）

　　　A．华为　　　　　B．台积电　　　　C．高通　　　　　D．三星

1-16　（多选）下列选项，哪些在 3GPP 的 Rel-16 标准中被定义？（　　）

　　　A．增强的 URLLC　　　　　　　　B．工业级时延敏感网络服务能力

　　　C．V2V 直连通信能力　　　　　　D．面向垂直行业的精准定位技术

三、简答题

1-17　请简述 5G 相比于 4G，在能力上存在哪些优势？

1-18　请简述 5G 三大场景的商用节奏。

Chapter

2

第 2 章
5G 端到端网络架构与关键技术

为了适配未来各种业务场景，5G 端到端网络都将发生深刻的变革，将应用各种大带宽、高密度连接、超低时延的新技术。同时 5G 网络的架构也必将更加灵活敏捷。

本章主要讲解 5G 端到端网络架构、5G 端到端网络关键技术和 5G 安全技术。

课堂学习目标

- 了解 5G 端到端网络架构

- 掌握 5G 端到端网络关键技术

- 掌握 5G 安全技术

2.1　5G 端到端网络架构

第五代移动通信系统（5G）网络架构分为无线接入网、承载网、核心网三个部分，如图 2-1 所示。接下来我们会从 5G 无线接入网、5G 核心网和 5G 承载网三个模块展开介绍。

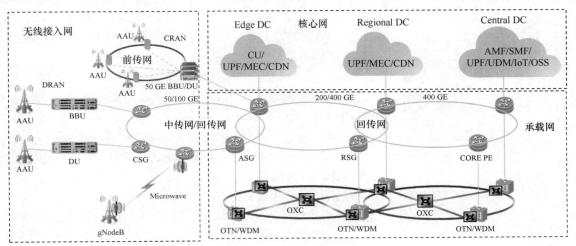

图 2-1　第五代移动通信系统（5G）网络架构

下面对部分新名词进行注释。

CSG（Cell Site Gateway，基站侧网关）：移动承载网络中的一种角色名称，该角色位于接入层，负责基站的接入。

ASG（Aggregation Site Gateway，汇聚侧网关）：移动承载网络中的一种角色名称，该角色位于汇聚层，负责对移动承载网络接入层的海量 CSG 业务流进行汇聚。

RSG（Radio Service Gateway，无线业务侧网关）：移动承载网络中的一种角色名称，该角色位于汇聚层，连接无线控制器。

CORE PE（CORE Provider Edge Router，运营商边界路由器）：是运营商边缘路由器，服务提供商的边缘设备。

OTN（Optical Transport Network，光传送网）：通过光信号传输信息的网络。

WDM（Wavelength Division Multiplexing，波分复用）：一种数据传输技术，不同的光信号由不同的颜色（波长频率）承载，然后复用在一根光纤上传输。

OXC（Optical Cross-Connect，光交叉连接）：一种用于对高速光信号进行交换的技术，通常用于光 Mesh 网中。

2.1.1　5G 无线接入网架构

5G 无线接入网只包含一种网元——5G 基站，也称为 gNodeB。它主要通过光纤等有线介质与承载网设备对接，在特殊场景下可以采用微波等无线方式与承载网设备对接。

目前，5G 无线组网方式主要有分布式无线接入网（Distributed Radio Access Network，

DRAN）和集中式无线接入网（Centralized Radio Access Network，CRAN）两种，国内运营商目前的策略是以 DRAN 为主，CRAN 按需部署。在 CRAN 场景下基带单元（BBU）集中部署后与有源天线单元（AAU）之间采用光纤连接，距离较远，因而对光纤的需求很大，部分场景下需要引入波分前传。在 DRAN 场景下，BBU 和 AAU 采用光纤直连方案。

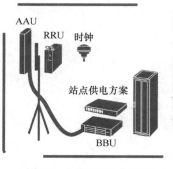

图 2-2　DRAN 站点部署

1. DRAN 架构

在 DRAN 架构中，每个站点均独立部署机房，BBU 与 RRU/AAU 共站部署，配电供电设备及其他配套设备均独立部署，如图 2-2 所示。

（1）在 DRAN 架构中 BBU 与 RRU/AAU 共站部署，站点回传可根据站点机房实际条件，采用微波或光纤方案灵活组网。

（2）采用 BBU 与 RRU/AAU 共站部署，通用公共无线接口（Common Public Radio Interface，CPRI）的光纤长度短，整体光纤消耗低。

（3）若单站出现供电、传输方面的故障，不会对其他站点造成影响。

（4）受益于 2G/3G/4G 网络的长期建设，各运营商现网都拥有大量站点机房或室外一体化机柜，虽然 5G 采用的更高频率会导致无线覆盖需要更多站点，但运营商在未来较长一段时间内仍会采用原有站点机房与新建站点机房相结合的方式，部署 DRAN 架构的无线接入网。

2. CRAN 架构

在 CRAN 架构中，多个站点的 BBU 模块会被集中部署在一个中心机房，如图 2-3 所示，各站点射频模块均通过前传拉远光纤与中心机房 BBU 连接。

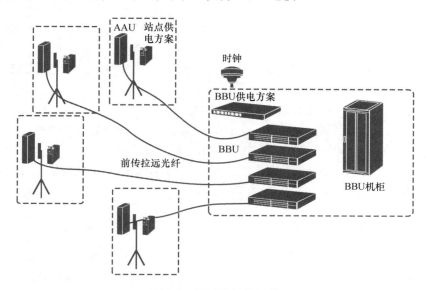

图 2-3　CRAN 站点部署

（1）5G 的超密集站点组网会形成更多覆盖重叠区，使得 CRAN 更适合部署载波聚合（Carrier Aggregation，CA）、协作多点（Coordinated Multipoint，CoMP）发送/接收和单频网（Single Frequency Network，SFN）等技术，可以实现站点间高效协同，大幅提升无线网络性能。

（2）CRAN 可简化站点获取难度，一方面实现无线接入网快速部署，缩短建设周期；另一方面在不易于站点部署的覆盖盲区更容易实现深度覆盖。

综合来看，由于不需要每个站点都建设机房，只需通过 CRAN 机房+远端抱杆的方式就可以快速完成无线接入网站点部署而形成覆盖，因此该方案适用于大容量高密度话务区（密集城区、园区、商场、居民区等），以及其他要求在短时间内完成基站部署的区域。总体而言，目前运营商的 CRAN 站点比例远低于 DRAN，但未来为了让站点更易于部署，可以开通各项高效协同特性以提升无线网络性能，CRAN 架构在 5G 无线接入网部署中的应用将会越来越广泛。

3．CloudRAN 架构

未来无线侧也会向云化方向演进，CloudRAN 引入了集中式单元（Centralized Unit，CU）和分布式单元（Distributed Unit，DU）分离的结构，如图 2-4 所示。CU 云化后会部署在边缘数据中心，负责处理传统基带单元的高层协议，DU 可以集中式部署在边缘数据中心或者分布式部署在靠近 AAU 侧，负责处理传统基带单元的底层协议。

CU 通常部署在边缘数据中心或者区域数据中心。该数据中心除 CU 网元外还可以按需部署用户面功能（User Plane Function，UPF）和 MEC 服务器。对于低时延业务（如自动驾驶），当 DU 侧将用户面的上行数据发送到 CU 完成相应处理之后，CU 需将数据转发到 UPF，UPF 再转发至相应的自动驾驶 MEC 中，产生控制命令再反向下行发送至 DU。因此，CloudRAN 架构更加适合未来多业务多场景的灵活部署。

DU 仍然保留在基带板中，部署在 BBU 侧。实际上，DU 的部署可以采用传统的 DRAN 架构或者 CRAN 架构，这和具体的安装场景有关。

CloudRAN 整体部署如图 2-5 所示，在 Option1

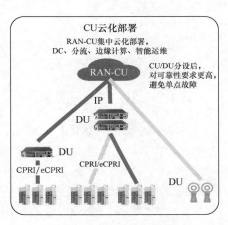

图 2-4　CloudRAN 架构

方案中，CU 部署在区域数据中心（Date Center，DC），可以实现 CU 高度集中部署，对应的 DU 可以采用 CRAN 或者 DRAN/CRAN 并存的形态部署。CU 集中程度高，能实现更大范围的控制处理；但是 CU 距离用户越远，业务时延越大，时延敏感型业务不适合使用该方案。在 Option2 方案中，CU 部署在边缘云数据中心，对应极低时延业务场景，下挂的 BBU 数量较少，CU 集中程度不高，DU 一般适宜 DRAN 部署。由此可见，在 Option2 方案中的 CU 更靠近用户，低时延，能很好地支持时延敏感型业务。

实现 CloudRAN 架构之后，将大大增加无线接入网的协同程度及资源弹性，便于统一简化运维。总体来说，CloudRAN 架构的作用如下：

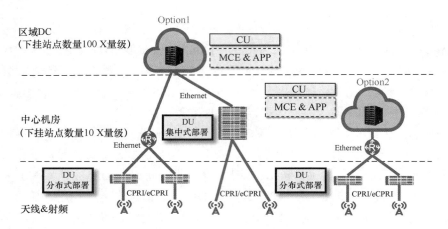

图 2-5　CloudRAN 整体部署

（1）统一架构，实现网络多制式、多频段、多层网、超密网等多维度融合；

（2）集中控制，降低无线接入网复杂度，便于制式间/站点间高效业务协同；

（3）5G 平滑引入，双连接实现极致用户体验；

（4）软件与硬件解耦，开放平台，促进业务敏捷上线；

（5）便于引入人工智能，实现无线接入网切片的智能运维管理，适配未来业务的多样性；

（6）云化架构实现资源池化，网络可按需部署，弹性扩/缩容，提升资源利用效率，保护投资；

（7）适应多种接口切分方案，可在不同传输条件下灵活组网；

（8）网元集中部署，节省机房，降低运营支出。

2.1.2　5G 核心网架构

核心网是移动网络的控制中心，可以实现移动网络的各种功能，包括提供接入和移动性管理、会话管理、数据转发和运营商计费等相关功能，可针对不同业务场景的策略控制功能（如速率控制，计费控制等）等。核心网由多个逻辑实体共同实现，不同的逻辑实体部署在不同的专用硬件或通用服务器上。

5G 核心网可以分成控制面和用户面。其中控制面和用户面是分离部署的，根据不同的网络需求部署在不同的位置，由不同的逻辑实体实现控制功能和用户面转发功能。其中，核心网控制面网元用于实现核心网的控制功能，生成对应的控制策略，例如，计费控制、接入控制、移动性管理、策略控制等；核心网用户面网元用于支持用户数据报文的转发，例如，用户上/下行数据传输。

核心网根据网络需求差异可以部署在不同的位置，可以将核心网分为三类数据中心（DC）：中心 DC、区域 DC 和边缘 DC。其中，中心 DC 部署在大区中心或者各省会城市，区域 DC 部署在地市机房，边缘 DC 部署在承载网接入机房或者无线机房。核心网控制面网元一般部署在中心 DC 机房。为了满足低时延业务或者业务流量分流的需要，核心网用户面网元会逐步下移到区域 DC 机房或更进一步下沉到边缘 DC 机房，以缩短基站至核心网的距离，减少转发所经过的设备数量，从而减小业务的转发时延。

在 5G 网络之前，3GPP 标准定义的网元具备多种逻辑功能，不同的网元之间部分逻辑功能模块类似或者有重叠，无法做到为某一种特定的业务类型定制控制功能组合，不同的业务将共用同一套网元，众多逻辑功能间的耦合性很强，网元间接口特别复杂，给业务的上线、网络的运维带来了极大的困难，其灵活性不足以支撑 5G 时代的多业务场景。

为了适配未来不同服务的需求，5G 网络架构被寄予了非常高的期望。3GPP 标准结合 IT 云原生理念，将 5G 网络架构进行了两个方面的变革：一是将控制面功能抽象成为多个独立的网络服务，希望以软件化、模块化、服务化的方式来构建网络；二是控制面和用户面的分离，让用户面功能摆脱"中心化"的束缚，使其既可以灵活部署于核心网，也可以部署于更靠近用户的接入网。

在 5G 网络架构中，基于服务化架构（Service Based Architecture，SBA）如图 2-6 所示，其包括各网络功能之间的接口，以及控制面网络功能和用户面网络功能。其中，核心网控制面网络功能包括：接入和移动性管理功能（Access and Mobility Management Function，AMF）、会话管理功能（Session Management Function，SMF）、网络注册功能（Network Repository Function，NRF）、统一数据管理功能（Unified Data Management，UDM）、策略控制功能（Policy Control Function，PCF）、认证服务器功能（Authentication Server Function，AUSF）、短消息服务功能（Short Message Service Function，SMSF）等。核心网用户面网络功能包括 UPF。这些网络功能分别用于实现不同的逻辑功能，其中，AMF 用于用户的接入和移动性进行管理，包括用户的身份认证、用户注册状态管理、连接状态管理、空闲态移动性管理和连接态的切换管理等。SMF 用于对会话进行管理，包括会话的建立、修改和释放、IP 地址的分配、UPF 的控制等。NRF 用于服务的注册和发现，核心网网络功能可将自身支持的服务信息注册到 NRF 中，以便其他网络功能进行服务的发现。PCF 用于策略控制，包括为 AMF 提供移动性管理相关的策略、为 SMF 提供会话管理相关的策略、为用户终端（User Equipment，UE）提供终端相关的策略。UDM 是统一的数据管理单元，用于保存包括用户签约数据在内的一系列数据。

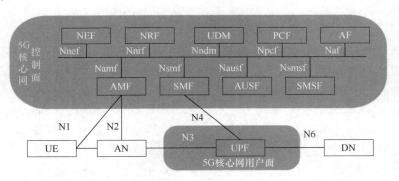

图 2-6　基于服务化架构（SBA）

5G 的核心网控制面网络功能之间使用服务化接口，以开放应用编程接口（Application Programming Interface，API）的形式提供了一系列服务给其他控制面网络功能调用，这些 API 是基于 HTTP2.0 进行定义的。网络功能将其所支持的服务信息注册到 NRF 中，其他网络功能可通过查询 NRF 获取已经在 NRF 完成注册的服务信息。

　　核心网用户面网络功能提供用户报文的转发，具体转发策略由控制面网络功能进行控制。核心网用户面网络功能主要是指不同角色的 UPF（中间转发 UPF、锚点 UPF 等）。SMF 通过 N4 接口为 UPF 传递报文转发规则，以便 UPF 根据转发规则对用户数据报文进行处理。

　　核心网与无线接入网络（Access Network，AN）间存在 N2 和 N3 接口，其中，N2 接口是控制面接口，连接无线接入网络 AN 与 AMF，用于传递包括移动性管理、会话管理等控制相关的控制面信令。N3 接口是用户面接口，连接无线接入网络 AN 与 UPF，用于传递用户数据报文。

　　此外，UE 与 AMF 间还存在一个逻辑接口，用于传递 UE 的注册、会话管理等控制面信令。UE 与 AMF 间的接口称为 N1 接口或者非接入层（Non Access Stratum，NAS）接口。

　　除基于服务化接口的架构外，5G 核心网还定义了一种基于参考点的架构，如图 2-7 所示。基于参考点的架构用于描述 5G 核心网网络功能间的接口关系，以及核心网不同网络功能之间存在的接口。例如，在图 2-7 的参考点架构中，AMF 与 RAN 间存在参考点 N2，AMF 与 SMF 间存在参考点 N11，AMF 与 AMF 间存在参考点 N14，AMF 与 AUSF 间存在参考点 N12，AMF 与 UDM 间存在参考点 N8，AMF 与 PCF 间存在参考点 N15，AMF 与 UE 间存在参考点 N1 等。这表明为了完成 AMF 的控制功能，AMF 会与这些和它存在参考点的网络功能间进行消息交互。核心网控制面网络功能间的参考点（接口）仍然通过服务化架构的服务进行定义，即核心网控制面网络功能间通过服务的调用进行消息传递和交互。

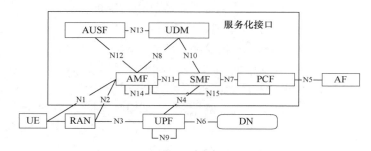

图 2-7　基于参考点的架构

　　每个网络功能和其他网络功能在业务上都是解耦的，并且对外提供服务化接口，同一网络功能可以通过相同的接口向多个其他调用者提供服务，可以将多个参考点接口视为统一的服务接口，从而减少逻辑接口的配置数量。以 UDM 为例，在基于参考点的架构中，UDM 与 AMF、SMF 都存在接口，按参考点架构需要为这两个接口配置不同的对接数据，而在服务化架构中，UDM 可定义一个统一的 API，AMF 和 SMF 均可使用该 API 从 UDM 获得相应的服务。

　　表 2-1 对 5G 网络涉及的网络功能做了简单的介绍，包括控制面网络功能和用户面网络功能。

表 2-1　5G 核心网功能简介

网络功能	功　能　简　介
AMF	接入和移动性管理功能，执行注册、连接、可达性、移动性管理。为 UE 和 SMF 提供会话管理的消息传输通道，在用户接入时提供认证、鉴权功能，以及终端和无线的核心网控制面接入点

（续表）

网络功能	功能简介
SMF	会话管理功能，负责隧道维护、IP 地址分配和管理、UP 功能选择、策略实施和 QoS 中的控制、计费数据采集、漫游等
AUSF	认证服务器功能，实现 3GPP 和非 3GPP 的接入认证
UPF	用户面功能，分组路由转发，策略实施，流量报告，QoS 处理
PCF	策略控制功能，统一的策略框架，提供控制平面功能的策略规则
UDM	统一数据管理功能，3GPP AKA 认证、用户识别、访问授权、注册、移动、订阅、短消息管理等
NRF	网络注册功能，该功能是一个提供注册和发现功能的新功能，可以使网络功能（Network Function，NF）相互发现并通过 API 接口进行通信
NSSF	网络切片选择功能，根据 UE 的切片选择辅助信息、签约信息等确定 UE 允许接入的网络切片实例
NEF	网络开放功能，开放各 NF 的能力，转换内外部信息
SMSF	消息服务功能，负责短消息转发处理
AF	应用功能实体，进行业务 QoS 授权请求等

5G 核心网设计理念类似云原生，可通过微服务实现不同的网络功能。利用网络功能虚拟化（NFV）和软件定义网络（Software Defined Network，SDN）技术，实现不同的网络功能交互。这些服务都部署在一个共享的、编排好的云基础设施上，然后进行相应的设计，最终匹配不同业务诉求。

2.1.3　5G 承载网架构

5G 承载网是由光缆互连的承载网设备组成的，比如分片分组网（Slicing Packet Network，SPN）设备或者 IP 化无线接入网（IP Radio Access Network，IPRAN）设备，并通过 IP 路由协议、故障检测技术、保护倒换技术等实现相应的 5G 业务的传输功能。5G 承载网的主要功能是连接基站与基站、基站与核心网，提供数据的转发功能，并保证数据转发的时延、速率、安全等指标满足相关业务的要求。5G 承载网的结构可以从物理层次和逻辑层次两个维度进行划分。

从物理层次进行划分，承载网被分为前传网、中传网、回传网三个部分，前传网用来连接 RRU 和 DU，中传网用来连接 DU 和 CU，回传网用来连接 CU 和 5G 核心网（5G Core，5GC），如图 2-8 所示。其中，中传网是 BBU 云化演进，CU 和 DU 分离部署之后才有的。如果 CU 和 DU 没有分离部署，承载网的端到端组网架构就只有前传网和回传网两个部分，而回传网一般也称为 5G 承载网。回传网还会借助波分设备实现更长距离传输，如图 2-1 所示，上层三个环是 5G 承载网络，按照设备部署的位置和业务承载的要求又将 5G 承载网分为接入环网、汇聚环网、核心环网三个层次；下层两个环是波分网络，波分环具备大颗粒长距离传输能力，5G 承载网具备灵活转发能力，这样上下两种环配合使用，可以实现承载网的大颗粒、长距离、灵活转发的功能。一般来说，前传网由 100 GE 的 CPRI 端口或 25 GE 的 eCPRI 端口组成，回传网的接入环网则由 50 GE 端口或 100 GE 端口的以太网端口组成，回传网的汇聚环网和核心环网则由 200 GE 端口或 400 GE 端口的以太网端口组成。

从逻辑层次进行划分，5G 承载网被分为管理、控制和转发三个逻辑平面。其中，管理平面完成承载网控制器对承载网设备的基本管理功能，控制平面完成承载网转发路径（业务隧道）的计算，转发平面完成基站之间、基站与核心网之间用户报文的转发功能。

图 2-8　承载网络分类

在 5G 阶段，随着 NFV 技术的不断完善和广泛应用，5G 核心网的组成将会分解为控制面（Control Plane，CP）和用户面（User Plane，UP）两部分，而且这两部分可以分离并且分布式部署，特别是 UP，可以根据业务的需要下移部署，更靠近用户，从而提供更低的时延和更好的业务体验。

5G 核心网云化，随着 UP 的下移给承载网带来的最大变化是连接变化。在 4G 时代，基站到核心网的连接为汇聚型的，网络的流量以 S1 流量为主，占流量的 95% 左右，所有的 S1 流量都由成千上万个基站汇聚到部署在核心层的若干套核心网，而在 5G 核心网的 UP 下移以后，单个基站存在不同核心网 UP 的流量，如自动驾驶业务在边缘的 MEC 处理，视频类等业务则在本地数据中心处终结；由于内容备份、虚拟机迁移等需要，不同层级核心网 UP 之间也存在流量，导致整个网络的流量呈现网格（Mesh）化。同时，核心网 UP 的下移并不是一蹴而就的，而是应根据实际的业务发展需求，综合考虑建网成本、用户体验等多个因素来进行规划和部署。为了应对 Mesh 化的连接以及连接的不确定性，5G 承载网需要将三层网络下移，至少下移至移动边缘计算 MEC 所在的位置，从而实现灵活的调度。5G 核心网对 5G 承载网的组网架构影响如图 2-9 所示。

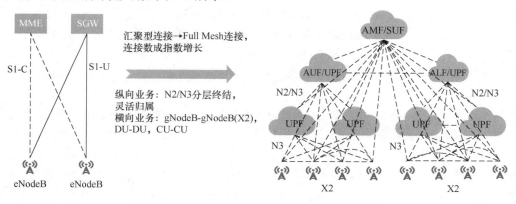

图 2-9　5G 核心网对 5G 承载网的组网架构影响

2.2　5G 端到端网络关键技术

2.2.1　5G 无线关键技术

相比于传统的 2G、3G、4G 网络，5G 网络能够提供更高的速率、更低的时延及更大的连接数。5G 空口的性能目标是什么？5G 的性能目标是如何实现的？带着这两个问题，下面将从 5G 空口性能目标、5G 新频谱、5G 新编码技术、5G 新天线技术和超级上行等方面介绍 5G 无线侧的关键技术。

1. 5G 空口性能目标

国际电信联盟于 2015 年 6 月定义了 5G 的未来三大应用场景，分别是 eMBB、URLLC 和 mMTC。其中，eMBB 指大流量移动宽带业务，如增强现实、虚拟现实、超高清视频等；URLLC 指需要高可靠、低时延连接的业务，如无人驾驶、工业控制等；而 mMTC 则指大规模物联网业务，如面向智慧城市、环境监测等以传感和数据采集为目标的应用场景。在 eMBB 场景下主要关注峰值速率和用户体验速率等；在 URLLC 场景下主要关注时延和移动性；在 mMTC 场景下主要关注连接数密度。

为了满足未来不同业务应用对网络能力的要求，对 5G 空口速率、时延、连接能力等性能提出了较高的要求，分别为峰值速率达到 20 Gbps、用户体验数据率达到 100 Mbps、空口时延达到 1 ms、连接数密度达到每平方千米 100 万个设备。

2. 5G 新频谱

频谱资源是无线通信的重要资源，也是影响空口速率和空口覆盖的关键因素，为了提升 5G 的空口速率，其频谱资源也必须是十分丰富的。

在 3GPP 协议中，5G 的总体频谱资源可以分为以下两个频率范围（Frequency Range，FR），如图 2-10 所示。

FR1：也就是我们说的低频频段，是 5G 的主用频段；其中 6 GHz 以下的频率我们称之为 Sub6G，而 3～6 GHz 的频段，通常称为 C-Band，即 C 频段。

FR2：毫米波，也就是我们说的高频频段，为 5G 的扩展频段，其频谱资源较丰富。

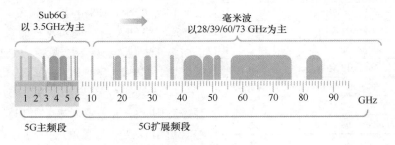

图 2-10　5G 频谱资源

FR1 是 5G 的主频段，小区载波带宽最大可以达到 100 MHz。FR1 包含传统 3 GHz 以下的频段，见表 2-2。这部分频段有很多是之前 2G、3G、4G 使用的频谱资源，5G 同样支持这部分频谱资源，随着用户不断迁移至 5G 网络，2G、3G、4G 使用的频谱资源可以逐渐释放出来，部分频谱资源就可以用来部署 5G。

Sub3G 频谱资源有限，为了满足 5G 网络大带宽的需要，3GPP 协议在 FR1 中定义了新的频段用于支持 5G 部署，见表 2-3。从全球 5G 部署来看，3～6 GHz 是当前 5G 部署的主要频谱资源。

表 2-2　Sub3G 频段

NR 频段	上行频率范围	下行频率范围	双 工 模 式
n1	1920～1980 MHz	2110～2170 MHz	FDD
n2	1850～1910 MHz	1930～1990 MHz	FDD
n3	1710～1785 MHz	1805～1880 MHz	FDD
n5	824～849 MHz	869～894 MHz	.FDD
n7	2500～2570 MHz	2620～2690 MHz	FDD
n8	880～915 MHz	925～960 MHz	FDD
n20	832～862 MHz	791～821 MHz	FDD
n28	703～748 MHz	758～803 MHz	FDD
n38	2570～2620 MHz	2570～2620 MHz	TDD
n41	2496～2690 MHz	2496～2690 MHz	TDD
n50	1432～1517 MHz	1432～1517 MHz	TDD
n51	1427～1432 MHz	1427～1432 MHz	TDD
n66	1710～1780 MHz	2110～2200 MHz	FDD
n70	1695～1710 MHz	1995～2020 MHz	FDD
n71	663～698 MHz	617～652 MHz	FDD
n74	1427～1470 MHz	1475～1518 MHz	FDD

表 2-3　C 频段和补充上行链路频段

NR 频段	频 率 范 围	双 工 模 式
n75	1432～1517 MHz	SDL
n76	1427～1432 MHz	SDL
n77	3.3～4.2 GHz	TDD
n78	3.3～3.8 GHz	TDD
n79	4.4～5.0 GHz	TDD
n80	1710～1785 MHz	SUL
n81	880～915 MHz	SUL
n82	832～862 MHz	SUL
n83	703～748 MHz	SUL
n84	1920～1980 MHz	SUL

同时为了增强 5G 上下行覆盖不均衡的问题，5G 使用上下行解耦技术来增强上行的覆盖，因此 3GPP 协议定义补充上行链路（Supplementary Uplink，SUL）频段见表 2-3，用于上下行解耦场景。

FR2 是 5G 未来的扩展频段，见表 2-4。随着 5G 网络的发展，网络容量需求不断增加，频谱资源的需求也会越来越大。FR2 内的频谱资源丰富，能够为后续网络扩容提供频谱资源。

频率越低覆盖能力越强，但可用的频谱资源越有限；毫米波资源丰富，但覆盖能力较弱。结合可用频谱资源和覆盖能力，5G 不同频谱的应用场景也有所不同，如图 2-11 所示。毫米波主要用于密集城区，利用大带宽优势吸收大业务量；C 频段兼顾覆盖和带宽优势，用于实现城区的连续覆盖；Sub3G 利用覆盖优势，可以实现郊区和农村地区的连续覆盖。

3. 5G 新编码技术

在移动通信中，由于存在干扰和衰落，信号在传输过程中会出现差错，所以需要对数字信号采用纠错、检错编码技术，以增强数据在信道传输时抵御各种干扰的能力，提高系统的可靠性。

表 2-4　FR2 频段

NR 频段	频 率 范 围	双 工 模 式
n257	26 500～29 500 MHz	TDD
n258	24 250～27 500 MHz	TDD
n260	37 000～40 000 MHz	TDD
n261	27 500～28 350 MHz	TDD

对在信道中传输的数字信号进行的纠错、检错编码就是信道编码技术。

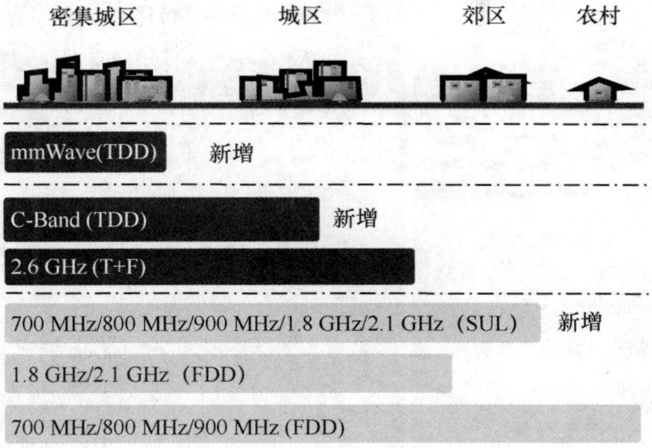

图 2-11　5G 频谱应用

5G 的三大场景是 eMBB、mMTC 和 URLLC，不同应用场景的性能指标差异很大。这就对 5G 信道编码提出了更高要求，需支持更广泛的码块长度和更多的编码率。如果所有应用场景都用同样的编码效率，就会造成数据的浪费，进而浪费频谱资源。

业界提出主流的候选编码方案主要有 Polar 码、Turbo 码和低密度奇偶校验（Low-Density Parity Check，LDPC）码。下面介绍信道编码选择的基本原则。

（1）编码性能：纠错能力以及编码冗余率。

（2）编码效率：复杂程度及能效。

（3）灵活性：编码的数据块大小，能否支持增量冗余的混合自动重传（IR-HARQ）。

综合对比，Turbo 码已经被广泛使用，可靠性好，但是解码的时延偏高，难于满足 5G 数据传输低时延的要求；LDPC 码经过多年的验证，理论和产品成熟度都很高，并行解码的时延可以支持 5G 低时延设计；Polar 码被认为是最接近香农极限的编码技术；Polar 码相比于 Turbo 码，有更高的编码效率和更高的可靠性，可满足 5G 高可靠性需求的业务应用，例如远程实时操控和无人驾驶等。

2016 年 11 月，在 3GPP RAN1 第 87 次会议中，3GPP 选择 Polar 码作为 5G eMBB 应用场景控制信道的编码方案，选择 LDPC 码作为 eMBB 数据信道的编码。这是全球多家公司在统一准则下，详细评估了多种候选编码方案的性能、复杂度、时延和功耗后，最终达成的共识。

4．5G 新天线技术

5G 的速率相对于 4G 提高了很多，正因为如此，5G 才能实现随时随地观看 4K 高清视频或者 Cloud VR 等大带宽业务。5G 速率的提升主要和载波带宽的增加与频谱效率的提升有关，下面对提高频谱利用效率的关键新天线技术进行详细介绍。

1）Massive MIMO

Massive MIMO 即大规模天线阵列，如图 2-12 所示，通常至少要求 16 根收发天线。目前网络中主要使用的是 64 通道收发天线，实现了 64T64R。通过更多数量的天线，可以实现更灵活精确的三维立体窄波束赋形，使得更多用户复用无线时频资源，从而达到提升覆盖能

图 2-12　Massive MIMO 收发天线阵列示意图

力、系统容量和降低系统干扰的目的。

　　Massive MIMO 波束赋形的实现如图 2-13 所示，Massive MIMO 利用波的干涉和叠加原理，波峰与波峰叠加，信号增强；波峰与波谷叠加，信号减弱。基站通过终端发送的上行信号估算出下行的矢量权，或者直接通过终端上报的方式获得下行的矢量权，最终用这个矢量权对下行待发送信号进行加权处理，从而形成定向波束。

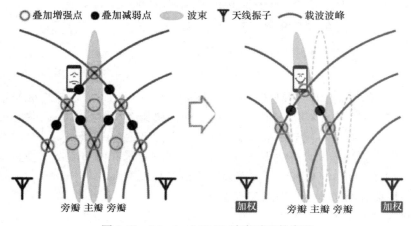

图 2-13　Massive MIMO 波束赋形的实现

　　Massive MIMO 不仅能够实现信号水平方向波束赋形，还能够实现垂直方向波束赋形。这样一来，就大大改善了高层建筑的信号覆盖，从而使得高层用户的业务体验得到有效提升。

　　64T64R 的 Massive MIMO 由于波束更窄，通过空分复用，下行可以同时发送多达 16 个数据流，如图 2-14 所示。这就意味着，在同一时间内，基站可以把相同的时频资源分配给 16 个不同的用户使用，从而大幅提升小区的整体容量，特别适合高校、城市中央商务区等高话务量场景。同时，更窄的波束还能降低小区内用户间的干扰。

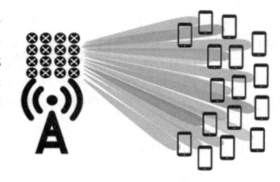

图 2-14　64T64R 天线多流发送效果图

　　实现下行多流数据发送的前提是不同终端需要提前完成配对。对于完成配对的终端，基站会调度相同的时频资源给这些终端用户使用，从而大幅提升频谱资源利用率。现阶段的 5G 基站，理论上最多可以实现下行 16 个用户配对、上行 8 个用户配对。由于实现了下行 16 流、上行 8 流同时收发，提升了空口频谱效率，从而提升了小区上/下行的容量。

　　Massive MIMO 有效地提升了小区的容量，那么对于单用户来说，是否同样有容量提升的增益呢？如果用户终端的天线是 2 天线，Massive MIMO 技术相比于传统 8T8R，是不能提升单用户的峰值速率的。因为这时终端的峰值速率受限于下行接收天线数量，即使基站侧同时发送 16 个数据流，终端同一时刻最多也只能接收其中 2 个数据流，所以峰值速率不会增加。但由于 Massive MIMO 技术的使用，单用户的信号质量相比于传统方式会有大幅提升，进而用户可以采用更高效的编码方案和更高阶的调制方式，所以单用户的平均速率也会随之提升。

当用户终端的天线是 4 天线甚至更多天线时，由于这时用户下行可以同时接收 4 个甚至更多的数据流，所以单用户的峰值速率会得到成倍提升。现阶段 5G 主流手机终端支持 4 天线配置，4 天线都支持信号接收，而其中只有 2 天线支持信号接收的同时也支持信号的发射，实现了 2T4R，如图 2-15 所示。这样一来，结合 Massive

图 2-15　4G/5G 终端天线收发模式示意图

MIMO 的下行多流特征，5G 终端下行的峰值速率相对于 4G 终端（1T2R）将至少翻倍。

2）分布式 MIMO（D-MIMO）

Massive MIMO 通过在某个基站上提升天线数量，以及强化的波束赋形技术，大大增强了在小区内的容量和覆盖。如果我们将区域内相邻的基站联合起来当作一个超级基站，用和 Massive MIMO 相似的多天线技术进行波束赋形和复用处理，就可以提升整个区域的容量和覆盖。这就是分布式 MIMO（Distributed-MIMO）技术，简称 D-MIMO。

传统的建网方式是以网络为中心的，用户的体验受限于网络规划和设计，强干扰和弱覆盖不可避免地会影响用户体验；而 D-MIMO 技术则是将某个区域内的基站联合起来为用户提供服务，将传统网络中的同频干扰变为有用的信号，改善边缘覆盖，并且在空间维度实现联合的波束赋形和复用，提升了系统容量。所以 D-MIMO 可以看作一种全新的以用户为中心的建网方式，大大减少了对网络规划和优化的依赖。展望未来，Massive MIMO 将在站内实现极致的波束赋形能力，D-MIMO 则在站间增强空间协同能力，两者具有天然的互补性，将成为未来 5G 的核心技术。

5. 超级上行

5G 新业务对网络带宽的需求越来越大，其中 toC 业务需要网络下行高速率，同时也需要进一步提升网络上行速率，如图 2-16 所示的超高清视频和 VR 业务等。而 toB 行业应用更多的是将设备侧的信息传递给网络侧，因此对网络上行速率提出了更高的诉求。如图 2-17 所示，远程医疗中高清医疗影像的回传、智能电网中高清巡检视频的回传、智能制造中机器视觉以及自动驾驶中车载高清摄像头拍摄的画面回传等都需要极高的上行速率。

而当前 5G 主要采用时分双工（Time Division Duplex，TDD）方式组网，即上行和下行时分复用一段频谱资源，实际用于上行的时频资源有限，导致用户上行体验不佳。

超级上行通过将上行数据分时在 SUL 频谱和 NR TDD 频谱上发送，极大地增加了用户的上行可用时频资源，如图 2-18 所示。在 NR TDD 频谱的上行时隙，使用 NR TDD 频谱进行上行数据发送；在 NR TDD 频谱的下行时隙，使用空闲的 SUL 频谱补充进行上行数据发送，实现上行数据可以在全时隙发送，如图 2-19 所示。

远程医疗　　　智能电网

超高清视频　　　VR沉浸式体验

移动办公

智能制造　　　自动驾驶

| 50 Mbps | 5 Mbps | 50 ms |
| 下行速率要求 | 上行速率要求 | 时延要求 |

图 2-16　典型 toC 业务对网络带宽需求

| 100 Mbps | 100 Mbps | 5 ms |
| 下行速率要求 | 上行速率要求 | 时延要求 |

图 2-17　典型 toB 业务对网络带宽需求

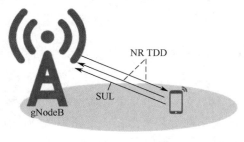

图 2-18　超级上行收发示意图

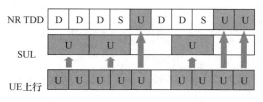

图 2-19　超级上行时隙使用示意图

超级上行对上行速率到底有多大的提升呢？下面以 C-Band 采用 100 MHz 支持上行 2 天线发射、Sub3G 采用 20 MHz 支持 1 天线发射为例，如图 2-20 所示。上行理论峰值速率参考表 2-5，理论峰值速率等于 C-Band 上的速率加上 Sub3G 上的速率的 80%（因为终端在 Sub3G 上只占用了 80%的资源），约为 349 Mbps。

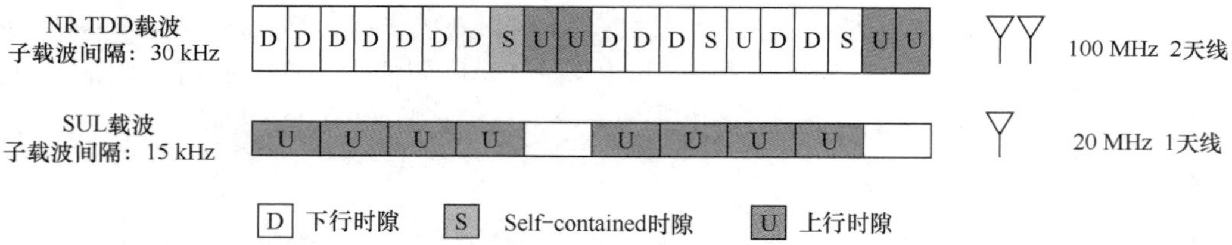

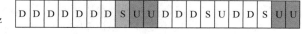

图 2-20　超级上行场景举例

表 2-5　上行理论峰值速率

频　段	天 线 数	配　置	带　宽	时 隙 配 比	上行理论速率
C-Band	上行 2T	256QAM	100 MHz	8∶2	254 Mbps
Sub3G	上行 1T	256QAM	20 MHz	FDD	119 Mbps
超级上行终端总的上行速率=254+119×0.8≈349 Mbps					

2.2.2　5G 核心网关键技术

随着移动网络的飞速发展，5G 网络的业务场景发生了巨大变化，从之前主要面向 toC 业务场景，发展到主要面向 toB 业务场景；5G 端到端网络都在发生深刻的变革，不同的应用对网络的需求有很大的差异性，针对网络侧提出了大带宽、高密度连接、超低时延的诉求。为了适配各种业务场景，核心网网络架构需要变得更加灵活敏捷，从而适应各种业务的诉求。

目前，5GtoB 快速发展，行业客户对网络维护和网络质量提出了更加严格的要求，对网络隔离性、安全性和便捷性等方面提出了具体的指标要求。

为了解决 toB 客户的各种担忧和挑战，核心网提出了不同的解决方案。下面将从数据不出园区（UPF 下沉）、业务隔离（5G 切片解决方案）、5G 局域网（5G Local Area Network，5G LAN）、业务不中断（边缘高可用网关解决方案）方面介绍 5G 核心网侧的关键技术。

1．数据不出园区（UPF 下沉）

在 5G 网络以前，核心网转发网关的控制面和用户面交织在一起，很难剥离，也就是说，数据转发设备既负责控制面转发，也负责用户面转发。在 4G 网络，3GPP Rel-14 标准定义了控制面和用户面分离（Control and User Plane Separation，CUPS）架构，将服务网关（Serving GateWay，SGW）和公用数据网（Public Data Network，PDN）网关（PDN GateWay，PGW）的网络功能拆分为控制面和用户面，并新增了控制面和用户面之间的逻辑接口，支持控制面对用户面的业务管控。到了 5G 网络，5G 核心网通过 SBA 等技术，彻底将控制面和用户面分离，控制面功能由多个网络功能（Network Function，NF）承载，用户面功能由用户面网元 UPF 承载，既可以灵活部署于核心网集中控制机房，也可以部署于更靠近用户的承载网接入网络机房。

当用户面网关功能独立出来后便可根据业务场景需要为其选择部署位置，实现分布式部署，既可以部署于中心数据中心（Data Center，DC），也可以部署于本地 DC，甚至部署于更靠近用户的边缘 DC。这取决于垂直行业对网络的要求，如时延、带宽、可靠性等。

前面提到，5GtoB 的快速发展对网络提出了更高的要求，比如更低的时延，流量不出园区等业务诉求。在 5G 核心网控制面和用户面完全分离之后，可以控制面集中部署，用户面根据需要下沉到不同的 DC。

其中通过 CUPS 可以实现更灵活的网络架构，实现独特的价值，包括：

降低用户面时延：用户面部署于用户接入区域，可以通过用户面就近接入企业网络，减少传输距离，降低传输时延。

节省骨干传输资源：用户面分离出来下沉到地市部署甚至企业园区，本地直接上企业内网或本地内容分发网络（Content Delivery Network，CDN）等，减少骨干网传输资源的消耗，降低传输成本。

简化运维和组网：控制面集中部署，统一出信令接口，CUPS 改造前后对周边网元对接无影响，简化控制面运维和组网，运维人员和运维架构变动较小。

灵活的扩容：在 CUPS 组网架构下，可以独立扩容用户面，以解决运营商日益增长的吞吐量；可以单独扩容控制面，增加用户接入数量。

在 5GtoB 现网实际部署的时候，一般 UPF 会和 MEC 一起共站部署，UPF 充当 MEC 的数据面输入。欧洲电信标准化协会（European Telecommunications Standards Institute，ETSI）对 MEC 的定义是：在移动网络边缘提供 IT 服务环境和云计算能力。因此，MEC 可以被理解为在移动网络边缘运行的云服务器，该云服务器可以处理传统网络基础架构所不能处理的任务。

运营商部署的 MEC 一般分为两种，分别是共享式 MEC 和入驻式 MEC，这两种部署方式的区别是：共享式 MEC 是多个客户一起共享一个 MEC 资源，部署位置一般在地市或区域，支持多个租户多个业务；入驻式 MEC 一般部署在企业园区里面，主要面向一个企业的多种业务，资源独占，如图 2-21 所示。不同企业的不同业务可以通过同一个 MEC 接入不同的企业内网。

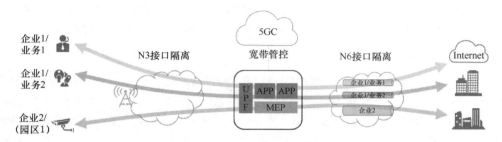

图 2-21　不同企业共享 MEC

在 MEC 部署过程中，UPF 主要充当分流的功能。当前，核心网分流场景主要有两种：一种是业务级分流方式，本地业务通过上行分类器（Uplink Classifier，UL CL）业务识别和分流；另一种是接入点名称（Access Point Name，APN）方式，通过签约不同的接入点名称/数据网络标识（Data Network Name，DNN）进行分流。业务级分流，可以通过 UL CL 的形式进行业务识别和分流，实现本地流量卸载。这种分流网络根据实际访问流量进行实时分流，通过 UL CL UPF 进行业务识别，从而对流量进行卸载或者重定向。APN 级分流，通过给终端用户签约不同的 APN 指向不同的数据网络。APN 级分流的主要应用场景是，用户身份可以提前知道，能完成提前签约，这时候所有流量都通过 APN 选择的 UPF 发送给统一的数据网络。业务级分流的主要应用场景是，业务级分流主要应用于通过 APN 级分流区分不了的场景或者无法提前获取接入用户的场景。在确定 APN 的基础上，当访问某些业务时，实现分流，业务在本地进行处理；当进行其他业务时，不进行分流，业务在远端中心 DC 中进行处理。一般通过 APN 和跟踪区的形式实现位置识别，通过 UL CL UPF 实现业务匹配，匹配成功直接转发本地。如图 2-22 所示，显示了 APN 级分流和 UL CL 业务分流的差异，APN 级分流是所有流量统一不区分送到一个网络，通过将入驻式 UPF 下沉到园区，使用主锚点下沉方式实现专用 DNN 分流（需要在下沉到园区的 UPF 配置接入数据）；UL CL 业务分流模式会根据业务不同分流到不同的目标网络。用户会首先选择大网的 UPF，然后触发插入下沉的 UPF，由下沉的 UL CL UPF 实现业务级分流。APN 级分流一般通过自定义专用 APN/DNN 的形式实现，而业务

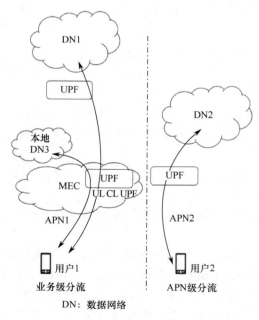

图 2-22　分流模式

级分流可以通过专用或大网 APN/DNN 来实现。

通过 UL CL UPF 分流的场景，如图 2-23 所示，需要通过核心网控制面网元 SMF 等网元决策，是否使用 UL CL 分流，然后通过 UL CL UPF 根据配置实现业务分流。UL CL UPF 作为分流器，根据配置的分流规则，决定将数据包分流到辅锚点 UPF PSA2 和本地网，还是分流到主锚点 UPF PSA1。用户在园区里面访问本地业务时可以直接通过 PSA2 访问本地 DN，如果访问目标是互联网，那么可以通过 PSA1 转发。

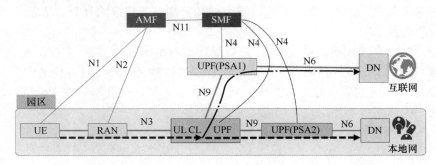

图 2-23　通过 UL CL UPF 分流的场景

通过不同 MEC 可以为行业客户提供不同级别的业务体验，入驻式 MEC 资源独占，共享式 MEC 可以通过 UPF 接口绑定切片的形式实现业务切片隔离。

通过 UPF 下沉解决了企业流量需要从互联网迂回的问题，降低了时延，提升了安全性，提升了用户体验。

那么，UPF 具体下沉到什么位置？是选择共享式 MEC 还是选择入驻式 MEC 呢？下沉的位置主要看业务规模和时延等业务需求，业务规模越大，需要更多的 UPF，UPF 可以下沉到距离用户更近的机房；且时延需求越低，UPF 距离用户应越近。相比于入驻式 MEC，共享式 MEC 成本更低，业务安全性、隔离性不如入驻式，如果考虑成本建议采用共享式 MEC；如果安全性要求更高，要求数据不出园区则选择入驻式 MEC，因为资源独占，后续业务更新更方便，成本相对较高。

2．业务隔离（5G 切片解决方案）

在 5GtoB 的业务实施过程中，行业客户在同一个区域里可能存在多种业务需求，不同的业务优先级配置不同，其消耗的资源也是有很大的差异的。例如，在钢铁厂远程控制场景，存在视频监控回传和可编程逻辑控制器（Programmable Logic Controller，PLC）远程控制两种业务，视频消耗的带宽资源多，PLC 消耗的带宽资源少但对时延的要求高。3G/4G 网络中可能会存在不同业务因抢占网络资源而相互干扰，或者网络资源无法合理利用而造成浪费的现象。那么 5G 网络能不能针对这种场景实现严格意义上的隔离，满足巨大的差异性需求挑战呢？答案是可以的，5G 切片解决方案可以实现业务的端到端资源隔离，满足不同业务的隔离需求。

不同的业务场景对 5G 网络都提出了不同的要求，如超低时延、网络间相互隔离、业务可定制等，这些诉求对 5G 网络形成了多方面的挑战。

（1）服务水平协议（Service Level Agreement，SLA）可保障：能够提供可靠的 SLA 保

障，如网络可以满足大带宽、低时延、低丢包率和时延抖动等要求。

（2）网络可隔离：网络资源独占，不会出现网络拥塞、资源不足而影响业务运行的情况。

（3）网络自运维：切片的使用者可以实时对切片的运行状态进行跟踪和管理，确保切片以及切片提供的业务处于正常的工作状态。

网络切片就能切实地解决以上多方面的挑战。

网络切片，本质上就是将运营商的同一个物理网络划分为多个虚拟网络，每个虚拟网络规划不同的服务需求，比如时延、带宽、安全性和可靠性等需求的划分，从而灵活地应对不同的网络应用场景。

网络切片是一个端到端的系统工程，需要端到端网络的配合，切片贯穿了无线接入网络、承载网和核心网三个子域的网络。同样通过切片也可以满足客户各种各样的业务体验需求，如图 2-24 所示，不同的垂直行业对网络的需求不同，为了满足要求，5G 网络可以通过切片技术来实现一张网络以满足用户不同的业务需求。

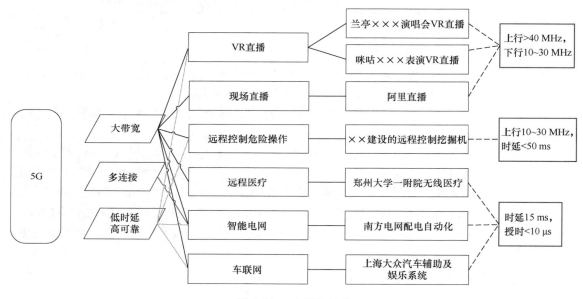

图 2-24   5G 网络切片

为了实现不同的业务隔离性需求，网络切片技术需要具备端到端、资源隔离、可定制、虚拟网络、专用网络和能力开放等功能，才能应对各种业务挑战。

（1）端到端：每个切片都同时需要无线接入网、承载网和核心网功能的支持，从而实现端到端的业务隔离。

（2）资源隔离：各切片之间不会相互干扰，各自独占网络资源，具有很高的安全性。图 2-25 显示了核心网关于完全独占、部分独占和完全共享的部署情况。

（3）可定制：每个切片可以根据用户需要选择相应的业务指标，如带宽大小、时延大小等。

（4）虚拟网络：切片都是基于一个物理网络在逻辑上划分出来的虚拟网络，而不是对真实物理网络的拆分。

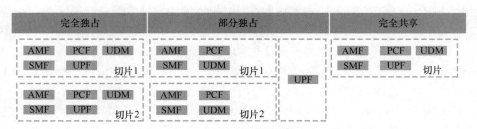

图 2-25　核心网切片的资源隔离模式

（5）专用网络：切片提供的都是专用网络，该网络为专门的业务服务且未经许可不允许其他用户接入或访问。

（6）能力开放：切片可基于 5G 的 API 接口完成二次开发，以满足不同用户的定制需求。

5G 网络引入了网络切片技术，使一张网络可以同时支持多种不同类型的业务场景。切片在继承 5G 网络安全特性的基础上，提供了更多的安全保障措施：不同的切片之间业务隔离，资源隔离；通过用户签约的切片认证和授权，可实现切片接入安全；管理切片 API 接口认证，防止切片越权运维；等等。

最终网络是否选择部署切片，主要看行业客户对资源独占以及业务隔离的需求，可以根据实际的业务需要选择部署切片的类型和数量。

3．5G 局域网（5G LAN）

目前 5G 行业模组应用较少，工业终端大多不具备 5G 通信能力，很多场景需要通过客户终端设备（Customer Premise Equipment，CPE）中转，这就极大地限制了 5GtoB 的发展。企业在部署 5G 网络过程中，面临很多困扰和挑战，例如，很多生产网络为了适应 5G 网络，需要通过 AR 路由器等设备中转，组网复杂，增加了成本；不同区域，或者不同分公司互联还需要租用运营商互联网专线；漫游时，临时想接入企业内网，需要安装 APP 等。5G LAN 方案正在尝试解决这些企业困扰。

那什么是 5G LAN 呢？

简单地说，5G LAN 是网络或切片的一种业务，是在一张网络或者一个切片上提供的一种二层交换业务模式，如图 2-26 所示，通过二层的方式连接手机和手机或者手机和服务器等。在实际应用场景中，5G LAN 业务主要支持二层交换，原有的 5G DNN 业务主要支持三层路由。5G LAN 业务是网络切片的业务形态之一。切片的应用侧重于资源管理，重点关注不同域的资源隔离，包括预留及隔离等，与切片对应的是逻辑网络。切片通过增强支持 5G LAN、5G 时延敏感网络等特性，可进一步实现不同切片

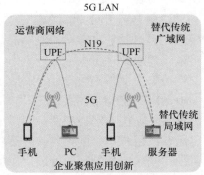

图 2-26　5G LAN 组网

间的差异化和确定性的 SLA 保障。5G LAN 对应一个逻辑网络内部的虚拟局域网（Virtual Local Area Network，VLAN）。

5G LAN 终端支持任意地点接入内网，分支可以快速接入内网，不需要再部署互联网专线，可以实现安全隔离的二层互通。工业应用有多种场景需要纯二层通信，或者二层/三层

混合通信，很多工业以太网技术没有定义网络层和传输层，只能通过二层交换。在 5G LAN 之前只能通过 CPE 或者路由器配置二层隧道的方式来解决，有了 5G LAN 后可以实现更简单的组网和更低的部署成本。

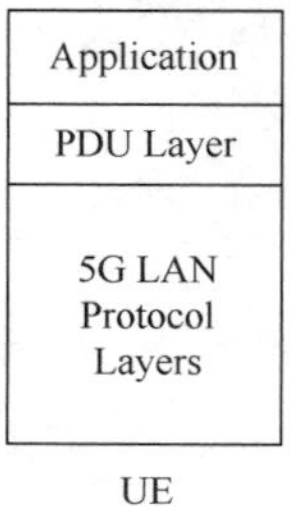

图 2-27　UE 协议栈

　　3GPP 对 5G LAN 的接入方式做了定义，如图 2-27 所示，5G LAN 终端通过 5G 接入，网络侧提供 LAN 和虚拟专用网（Virtual Private Network，VPN）类似功能的服务。5G LAN 终端需要支持对应的特性，比如，UE 必须支持 5G 网络接入和 5G 相关的链路层协议，5G LAN 类型业务，UE 需要支持创建以太网（Ethernet）类型的 PDU 会话。5G LAN 业务的 PDU 部分，就是一个以太网帧（Ethernet Frame），UE 需要支持 Ethernet 相关的交换协议。应用（Application）部分，取决于具体的应用要求，不需要 5G LAN 进行适配。端到端流程中需要 UE 和 5GC 支持，无线侧对这些上层业务应用不感知。5G LAN 业务，没有对 5G 的 QoS 机制提出额外要求，基于 5G 系统的端到端 QoS 机制需要保证业务顺利进行。

　　5G LAN 网络对用户进行适配一般通过不同的 5G 虚拟网络群（5G Virtual Network group，5G VN group）进行管控和适配，其中，5G VN group 是指一组使用 5G LAN 类型专用通信的 UE 的集合。5G VN group 有唯一的 5G 虚拟网络组标识。5G VN group 中的成员，有唯一的一般公共订阅标识符（Generic Public Subscription Identifier，GPSI）标识。5G 网络需要支持对 5G VN group 的管理，包括组的管理和组成员管理两部分。5G VN group 可以由网络管理员进行管理，也可以将管理能力开放给企业管理员来动态的创建或删除。

4．业务不中断（边缘高可用网关解决方案）

　　在 5GtoB 场景下，因为网络涉及生产领域，行业用户对网络稳定性要求较高，例如，1 小时内恢复故障，业务连续不中断等，网络侧有一系列的方案实现网络的可靠性运行，核心网（5GC）控制面主要采用边缘高可用网关解决方案，实现在局域场景下的高可用，用户面利用 MEC 负荷分担，实现业务的连续性。

　　边缘高可用网关解决方案是面向网络从"尽力而为"模式转变为提供"稳定的行业连接"模式而提出的解决方案，能够满足在 5GtoB 场景下，5GC 控制面失联时本地数据业务应急接入的需求。

　　通常提到的边缘高可用网关解决方案一般指的是通过园区 UPF 增加单板，实现下沉 AMF/SMF/UDM 服务，充当临时应急模块。边缘高可用网关解决方案示例如图 2-28。在应急场景下，核心网控制面故障，如果园区有新用户接入，用户会选择本地应急控制面设备；已经在线用户（存量业务）不受影响，惯性运行。大网控制面网元失联场景（N2、N4 全断）可使用园区应急控制面处理用户接入。

　　在没有部署边缘高可用网关解决方案场景下，N4 中断，UPF 释放会话，用户重新选择用户面；AMF N2 中断，稳态业务无法维持，需要重新接入，选择新的 AMF；当 N2/N4 全断时，用户无法重新接入。部署边缘高可用网关解决方案后，网络稳定性极大提升。在大网失联场景下，支持稳态用户（在线用户）不掉线，惯性运行；支持用户移动切换，控制面需要选择到应急控制面；断连后支持用户重新接入，控制面选择下沉应急控制面，用户面选择园区 UPF。

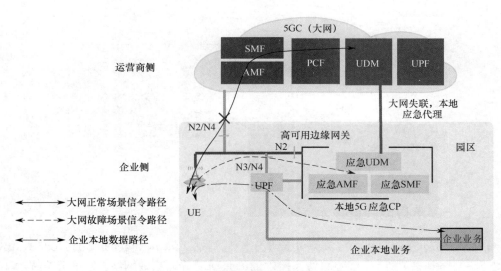

图 2-28　边缘高可用网关解决方案示例

下面针对部署边缘高可用网关解决方案之后，大网失联场景的接入情况进行梳理，如图 2-29 所示。

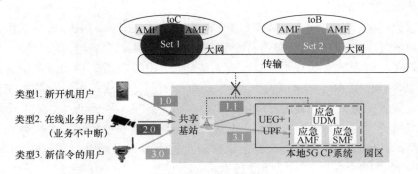

图 2-29　大网失联

类型 1. 新开机用户：gNodeB 选择园区应急 AMF 接入，业务接入无影响。

类型 2. 在线业务用户（业务不中断）：园区 gNodeB 保持连接态；大网控制面网元和园区 UPF 保持用户的业务注册状态，业务无影响（惯性运行）。

类型 3. 新信令的用户：园区 gNodeB 选择应急 AMF 处理，已有业务会中断，此时应急 AMF 引导用户重新注册，业务快速恢复。

在大网失联恢复之后，网络处理如图 2-30 所示。

类型 1. 新开机的用户：选择大网 toB AMF 接入，业务无影响。

类型 2. 在线业务不中断的用户：用户发起移动性信令流程，和大网 AMF 恢复通信，并携带大网 AMF 分配的全球唯一的临时标识（Globally Unique Temporary Identity，GUTI），业务无影响。

类型 3. 已接入园区 AMF 的用户：用户的 GUTI 包含应急 AMF 的全球唯一 AMF ID，仍然选择应急 AMF，业务无影响（大网 AMF 的残留注册用户会通过 SMF 核查机制清除）。

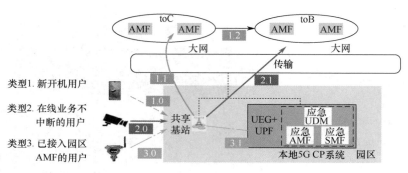

图 2-30　大网失联恢复

2.2.3　5G 承载网关键技术

5G 承载网是面向 5G 业务，实现用户从下一代基站（the next generation NodeB，gNB，也就是 5G 网络基站）到 5G 核心网访问接入的一张新的移动承载网络。相对于传统的 4G 承载网，5G 承载网主要引入了网络切片、SRv6 等技术，从而满足了 5G 业务大带宽、低时延、广连接的承载需求。

1. 5G 承载网切片技术

在传统以太网中，接口包括 MAC 和 PHY 两层，MAC 层和 PHY 层是紧耦合的，例如接口在承载业务时，MAC 层把业务流打个包，穿一件衣服，PHY 层再给它穿一件外套。传统以太网接口在应用中带来的技术限制，首先是接口制作成本高，接口速率提升缓慢，当前最大速率是 200 Gbps，400 Gbps 的接口速率还有待商用；其次是多条业务之间抢带宽，一个接口上承载多条业务，它们共用一个 MAC 层，那么各条不同的业务之间就会抢带宽，这是由传统以太网的"尽力而为"决定的，无法避免，比如某条业务来了个长包，那么在这个长包传递期间，其他业务的所有报文都会在接口位置阻塞。灵活以太网（Flexible Ethernet，FlexE）是 5G 承载网中主要的网络切片技术，是一种基于以太网的多速率子接口在多 PHY 链路上的承载技术，支持捆绑、通道化和子速率，可以有效地解决传统以太网接口存在的技术限制问题。接下来我们一起认识 5G 承载网中的 FlexE 是如何实现网络切片的。

1）技术架构

如图 2-31，FlexE 包括 FlexE Client、FlexE Shim 和 FlexE Group 三个部分。

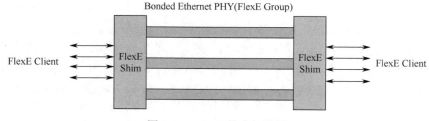

图 2-31　FlexE 技术架构图

FlexE Client：表示用户接口，为 64 bit/66 bit 的以太网码流，当前支持 $n \times 5$ Gbps 速率。

FlexE Shim：表示 MAC/RS 和 PCS/PHY 层之间新增加的子层，完成 FlexE Client 到 FlexE Group 携带内容之间的复用和解复用。

FlexE Group：表示绑定的一组 Ethernet PHY。

FlexE 接口由传统的以太网两层架构改成了三层架构：Client、Shim、Group。Client 对应客户的业务流，通过 FlexE 接口接入进来，多条 Client 可以封装进一个 FlexE 接口，可以支持非标准速率。Shim 层是对 PHY 的带宽进行了时隙（slot）切分，比如把 50 GE 接口划分成 10 个时隙，每个时隙 5 GE，管理员可以对多个时隙进行配置，比如需要 15 GE，那可以把三个时隙进行绑定，这样就有了 15 GE 接口。Group 是把几个端口通过 FlexE 接口进行了绑定，例如 2 个 400 GE 接口，共有 80 个 10 GE 的时隙，传送数据时统一进行传送，叫一个 Group。

2）FlexE 主要功能

FlexE 新的以太网端口的功能主要有以下三个方面：

（1）通道化功能。FlexE 端口通道化图如图 2-32 所示，将不同的 Client 的数据放在同一个 PHY 的不同时隙传输。

以太网的硬管道主要是利用同步数字体系（Synchronous Digital Hierarchy，SDH）方法，将传统的以太网接口速率进行灵活划分，以承载不同的切片业务，各接口的物理带宽基于时隙划分，不会抢占和共享，解决了传统以太网所有带宽共享的问题。例如，可以将一个 100 GE 端口划分为 20 个 5 GE，然后对时隙进行配置，一个灵活接口带宽为 30 GE，一个为 35 GE，另一个为 25 GE，三个接口间带宽不共享，实现以太网的硬管道。

（2）端口绑定功能。FlexE 端口绑定图如图 2-33 所示，通过 FlexE Shim 将多路 PHY 捆绑，以实现更大容量的端口。

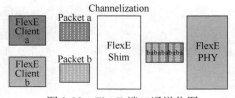

图 2-32　FlexE 端口通道化图

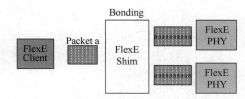

图 2-33　FlexE 端口绑定图

带宽扩展可以对多个物理接口进行捆绑，从而扩大带宽。相比以太网链路聚合（Eth-Trunk），带宽扩展可以解决负载不均的问题。例如，设备上两个 100 GE 端口，但实际流量需要 200 GE，可以通过 FlexE 进行端口捆绑，扩大带宽。

（3）子速率功能。FlexE 端口子速率图如图 2-34 所示，将 PHY 的一部分时隙分配给 Client。

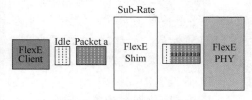

图 2-34　FlexE 端口子速率图

FlexE 子速率功能主要用来和波分设备对接时使用，当路由器设备端口利用率过低时，可以进行时隙划分，部分时隙用来传送有效带宽，无效带宽就不用占用 OTN 侧带宽。

3）FlexE 交叉原理

FlexE 交叉技术（也称为 FlexE+），是指在标准 FlexE 接口技术基础上扩展到组网技术，通过 FlexE 比特块的交叉，形成端到端 FlexE 的组网，可降低 FlexE 的交换时延。FlexE 交叉模块主要完成三部分功能：

（1）时隙间的交叉连接，支持 FlexE 通道层的交叉连接，即 66 bit 码块交换，考虑到现网平滑演进，部分单板支持固定包长交换方式。

（2）操作、管理和维护（Operation Administration and Maintenance，OAM），FlexE 交叉模块配合 OAM 模块完成 FlexE 通路层 OAM 开销的提取、告警处理和性能监控。

（3）保护功能，配合保护模块修改交叉连接关系，实现 FlexE 通道的自动保护倒换（Automatic Protection Switching，APS）。

FlexE Client 交叉的基本原理如图 2-35 所示。

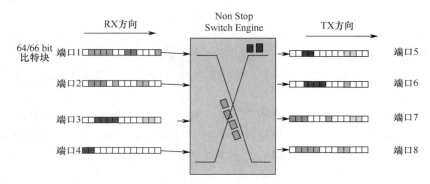

图 2-35　FlexE Client 交叉的基本原理

下面介绍 FlexE Client 交叉转发的过程。

（1）入端口处理：比特块所在的 Client number，确定该 Client 的出端口。

（2）不间断交换引擎（Non Stop Switch Engine）处理：不间断交换引擎模块根据事先配置好的出端口信息，将该 Client 的比特块交换到出端口。

（3）出端口处理：交换到出端口对应的 Client 中，例如，图 2-35 中端口 1 的 Client1 交叉到了端口 8 的 Client1。

2. SRv6 技术

基于 IPv6 转发平面的段路由（Segment Routing IPv6，SRv6）是基于源路由理念而设计的在网络上转发 IPv6 数据包的一种协议。SRv6 通过在 IPv6 报文中插入一个路由扩展头，在 SRH 中压入一个显式的 IPv6 地址栈，并由中间节点不断地进行更新目的地址和偏移地址栈的操作来完成逐跳转发。

SRv6 技术的优势如下：

首先，简化网络配置，更简易的实现虚拟专用网络（VPN）。SRv6 基于 IPv6 转发，不使用多协议标记交换（Multiprotocol Label Switching，MPLS）技术，完全兼容现有 IPv6 网络。中间转发节点可以不支持 SRv6，只需要能够正常转发 IPv6 报文。

其次，提供更高的保护能力。在 SRv6 技术的基础上结合远端无环备份路径（Remote Loop-free Alternate，RLFA）快速重路由（Fast Reroute，FRR）算法，形成高效的拓扑无关的无环替换路径（Topology-Independent Loop-free Alternate，TI-LFA）FRR 算法，原理上支持任意拓扑保护，能够弥补传统 RFLA FRR 保护技术的不足。

最后，便于 IPv6 转发路径的流量调优。通过各种服务类型的段 ID（Segment ID，SID）搭配使用，在转发路径的头节点可以灵活规划显式路径，调整对应的业务流量，实现流量调优。

接下来介绍 SRv6 一些关键技术。

1）SRH 的定义

IPv6 报文是由 IPv6 标准头+扩展头+负载数据组成的。为了基于 IPv6 转发平面实现段路由（Segment Routing，SR），IPv6 路由扩展头新增加一种类型，即 SRH，SRH 指定一个 IPv6 的显式路径，存储的是 IPv6 的 Segment List 信息，其作用与 SR-MPLS 里的 Segment List 一样。转发路径的头节点设备在 IPv6 报文中增加一个 SRH，中间节点只需要按照 SRH 里包含的路径信息转发，SRH 格式如图 2-36 所示。

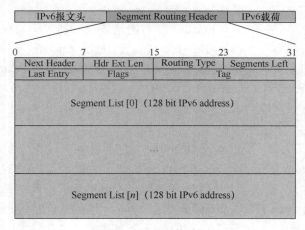

图 2-36　SRH 格式图

2）SRH 的处理过程

在 SRv6 中，每经过一个 SRv6 节点，Segments Left（SL）字段就减 1，IPv6 目标地址信息变换一次。Segments Left 和 Segment List 字段共同决定了 IPv6 目标地址信息。其具体过程如图 2-37 所示。

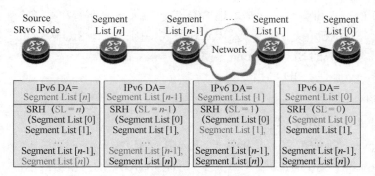

图 2-37　SRH 的处理过程图

具体处理过程描述如下：

如果 Segment Lefe 值是 n，则 IPv6 DA（Destination Address，目标地址）取值就是 Segment List [n]的值。

如果 Segment Left 值是 $n-1$，则 IPv6 DA 取值就是 Segment List [$n-1$]的值。

……

如果 Segment Left 值是 1，则 IPv6 DA 取值就是 Segment List [1]的值。

如果 Segment Left 值是 0，则 IPv6 DA 取值就是 Segment List [0]的值。

3）SRv6 Segment ID 定义

SRv6 Segment 是 IPv6 地址形式，总计 128 bit，通常也称为 SRv6 SID。如图 2-38 所示，SRv6 SID 由 Locator 和 Function 两部分组成，格式是"Locator:Function"，其中 Locator 占据 IPv6 地址的高比特部分，Function 部分占据 IPv6 地址的剩余低比特部分。

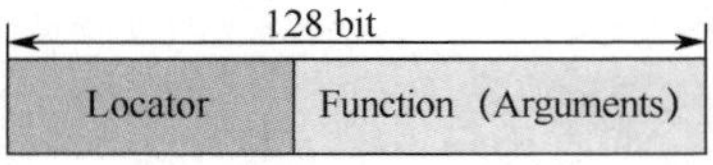

图 2-38　SRv6 SID 图

Locator 具有网络定位功能，一般在 SR 域内是唯一的，但是在一些特殊场景，比如 Anycast 保护场景，多个设备可能配置相同的 Locator。在节点配置 Locator 之后，系统会生成一条 Locator 网段路由，并且通过内部网关协议（Internal Gateway Protocol，IGP）在 SR 域内扩散，网络里的其他节点通过 Locator 网段路由就可以定位到本节点，同时本节点发布的所有 SRv6 SID 也都可以通过该条 Locator 网段路由到达。

Function 代表设备的指令，也称为 Opcode，可以通过 IGP 动态分配，也可以通过 Opcode 命令静态配置，Function 用于指示 SRv6 SID 的生成节点进行相应的功能操作。

Function 部分还可以分出一个可选的参数段（Arguments），此时 SRv6 SID 的格式变为"Locator:Function:Arguments"，Arguments 占据 IPv6 地址的低比特位，通过 Arguments 字段可以定义一些报文的流和服务等信息。当前一个重要应用是以太网虚拟专用网（Ethernet Virtual Private Network，EVPN）的用户边缘设备（Customer Edge，CE）多归场景，转发广播、未知单播和组播（Broadcast Unknown-unicast and Multicast，BUM）流量时，利用 Arguments 实现水平分割。

Function 和 Arguments 都是可以自定义的，这也反映出 SRv6 更有利于对网络进行编程的优点。

使能 SRv6 的节点将会维护一个本地 SID 表，该表包含所有在本节点生成的 SRv6 SID 信息，根据本地 SID 表可以生成一个 SRv6 转发表，因此本地 SID 表有以下用途：

（1）定义本地生成的 SID，如 End.X SID。

（2）指定绑定到这些 SID 的指令。

（3）存储和这些指令相关的转发信息，如出接口和下一跳等。

4）L3VPNv4 over SRv6 BE 简介

L3VPNv4 over SRv6 BE 主要是指基于 SRv6 BE 隧道来承载三层虚拟专用网（L3VPN）的业务，用来传递 L3VPNv4 的数据，L3VPNv4 over SRv6 BE 的典型组网示例如图 2-39 所示。

下面对图 2-39 中涉及的设备角色进行说明。

CE：Customer Edge，用户边缘设备。

P：Provider，服务提供商网络中的骨干设备。

PE：Provider Edge，运营商边缘设备。

L3VPNv4 over SRv6 BE 具有如下特点：

（1）通过扩展的 BGP 传输路由报文。

（2）使用 SRv6 BE 对私网数据报文进行封装传输。

L3VPNv4 over SRv6 BE 的关键实现步骤包括 SRv6 BE 路径建立、VPN 路由互通和数据转发等，其业务建立详细过程如图 2-40 所示。

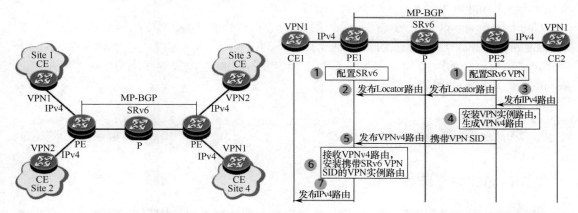

图 2-39　L3VPNv4 over SRv6 BE 的典型组网示例　　图 2-40　L3VPNv4 over SRv6 BE 业务建立详细过程

详细过程描述如下：

（1）PE 配置 SRv6 和 SRv6 VPN，中间节点 P 设备需要支持 IPv6。

（2）PE2 发布 SRv6 Locator 路由给 PE1。

（3）CE 到 PE 的路由信息交换，即 CE2 把本站点的 IPv4 路由发布给 PE2，CE 与 PE 之间可以使用静态路由、路由信息协议（Routing Information Protocol，RIP）、开放最短路径优先（Open Shortest Path First，OSPF）、中间系统到中间系统（Intermediate System-to-Intermediate System，IS-IS）或边界网关协议（Border Gateway Protocol，BGP）。

（4）PE2 从 CE2 学习到 VPN 路由信息后，存放到 VPN 实例路由表中，同时转换成 VPNv4 路由。

（5）PE 之间路由发布，即 PE2 通过 MP-BGP 把 VPNv4 路由发布给出口 PE1，更新（Update）报文中还携带 VPN 的 RT 属性及 SRv6 VPN SID 属性。

（6）PE1 接收 VPNv4 路由，即 PE1 收到 VPNv4 路由后，在下一跳可达并且通过 BGP 的入口策略的情况下，进行私网路由交叉、路由迭代 SRv6 BE 路径、路由优选等动作，决定是否将该路由加入 VPN 实例路由表，VPN 路由下发同时关联 SRv6 VPN SID。

（7）PE 到 CE 的路由信息交换，即 CE1 有多种方式可以从 PE1 学习 VPN 路由，包括静态路由、RIP、OSPF、IS-IS 和 BGP，与 CE2 到 PE2 的路由信息交换相同。

5）SRv6 TE Policy 简介

SRv6 TE Policy 是在 SRv6 技术基础上发展的一种新的隧道引流技术。SRv6 TE Policy

路径可表示为指定路径的段列表,称为 SID 列表(Segment ID List),每个 SID 列表都是从源到目的地的端到端路径,并指示网络中的设备遵循指定的路径,而不是遵循 IGP 计算的最短路径。如果数据包被导入 SRv6 TE Policy 中,SID 列表由头端添加到数据包上,网络的其余设备执行 SID 列表中嵌入的指令实现数据的转发。

SRv6 TE Policy 由三个部分组成:

头端(HeadEnd):SRv6 TE Policy 生成的节点。

颜色(Color):SRv6 TE Policy 携带的扩展团体属性,携带相同 Color 属性的 BGP 路由可以使用该 SRv6 TE Policy。

尾端(Endpoint):SRv6 TE Policy 的目的地址。

Color 和 Endpoint 信息通过配置添加到 SRv6 TE Policy,业务网络头端节点通过路由携带的 Color 属性和下一跳信息来匹配对应的 SRv6 TE Policy,从而实现业务数据的转发。Color 属性定义了应用级的网络 SLA 策略,可基于特定业务的 SLA 来规划网络路径,实现业务价值的细分,进而构建新的商业模式。

2.3　5G 安全技术

2.3.1　5G 安全标准

5G 时代,移动通信不仅为 toC 用户提供高速上网连接,构建新的互联网形态,更将成为万物互联的新型基础网络设施。新型的 toB 业务如工业互联网、车联网、智能电网、智慧医疗、智慧城市等都将构建在 5G 网络上。因此对 5G 网络的安全提出了更高的要求。

1. 5G 安全面临的威胁

5G 网络安全威胁分为运营商网络域外安全威胁和运营商网络域内安全威胁;其中,域外安全威胁如图 2-41 所示,包括空口安全威胁、Internet 安全威胁、网络漫游安全威胁、外部访问 EMS 安全威胁。

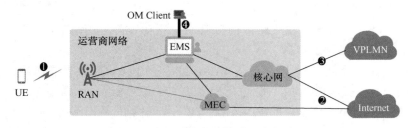

图 2-41　5G 运营商网络域外安全威胁

(1)空口的安全威胁(如图 2-41 所示的❶):用户数据窃听或篡改、分布式拒绝服务(Distributed Denial of Service,DDoS)攻击拒绝用户接入、非授权终端违法接入网络、伪基站、空口恶意干扰等。

(2)Internet 安全威胁(如图 2-41 所示的❷):用户数据传输泄露或篡改、仿冒网络应用拒绝特定服务、Internet 侧 DDoS 攻击,拒绝数据业务、能力开放 API 非授权访问等。

（3）网络漫游安全威胁（如图 2-41 所示的❸）：用户敏感信息传输中被泄露或篡改、仿冒转接运营商拒绝服务等。

（4）外部访问 EMS 安全威胁（如图 2-41 所示的❹）：用户敏感信息传输中被泄露或篡改、非授权用户的越权访问、合法用户的恶意操作等。

运营商域内安全威胁，包括 SBA 服务化架构威胁、MEC 模块间威胁、网元间接口以及网元内部模块间接口威胁，如图 2-42 所示。

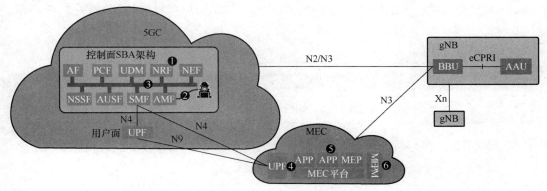

图 2-42　5G 运营商网络域内安全威胁

1）SBA 服务化架构威胁

SBA 服务化架构威胁主要有：

（1）对 NRF 进行 DoS 攻击，导致服务无法注册/发现，如图 2-42 所示的❶；

（2）攻击者接入核心网络，进行非法访问，如图 2-42 所示的❷；

（3）NF 间传输的通信数据被窃听或篡改，如图 2-42 所示的❸。

2）MEC 模块间威胁

MEC 模块间威胁主要有：

（1）恶意对 MEC 平台或者 UPF VNF 进行攻击，如图 2-42 所示的❹；

（2）APP 间抢占资源（计算/存储/网络），影响其他 APP，如图 2-42 所示的❺；

（3）越权进行第三方应用的管理运维，如图 2-42 所示的❻。

3）网元间接口以及网元内部模块间接口威胁

网元间接口以及网元内部模块间接口威胁主要有：传输数据窃听或篡改、非法访问网元模块等。

2. 5G 安全标准目标

3GPP 制定了 5G 安全标准目标，确保合法接入网络、保障空口的机密性和完整性、确保 3GPP 网元间连接安全。

（1）确保合法接入网络：UE 与网络间进行双向认证，防范伪基站。在密钥架构方面，5G 继承 4G 的 NAS 信令加密和完整性保护，并且 5G 在接入认证方面做了增强，针对 3GPP 和非 3GPP 制定统一接入认证框架，支持增强认证和密匙协商机制（Extensible Authentication Protocol Method for Third Generation Authentication and Key Agreement，EAP-AKA），以及

5G-AKA 认证机制，增强认证的灵活性。

（2）保障空口的机密性和完整性：增强空口加密算法、新增国际移动用户识别码（International Mobile Subscriber Identity，IMSI）加密保护用户隐私、新增用户面完整性保护。

（3）确保 3GPP 网元间连接安全：3GPP 各网元间使用 IPSec 和/或传输层安全性协议（Transport Layer Security，TLS）安全机制保护传递信息安全，5GC 归属域与漫游域之间通过安全边缘保护代理（Security Edge Protection Proxy，SEPP）保证安全。

5G SA 安全架构在 Rel-15 版本就开始定义，后续版本功能持续增强，如图 2-43 所示。

图 2-43　5G 安全标准演进

2.3.2　5G 安全关键特性

5G 的安全关键特性包括 6 个方面，分别是 SUPI 加密、5G 密钥增强、用户面完整性保护、切片安全、URLLC 安全和 mMTC 安全。

1. SUPI 加密

4G 终端注册认证前 IMSI 明文传输注册信息如图 2-44 所示，存在注册信息泄露可能。

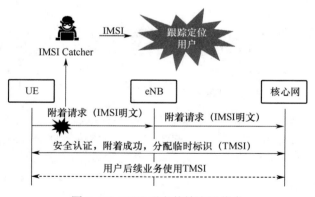

图 2-44　IMSI 明文传输注册信息

用户永久标识（Subscription Permanent Identifier，SUPI）相当于 4G 中的 IMSI。5G 新增 UE 身份加密保护，在网络中不再直接传递 SUPI，而是使用加密后的 SUPI，即用户隐藏标识（Subscription Concealed Identifier，SUCI）。可以简单地理解为，SUCI 是 SUPI 的一种加密形式。如图 2-45 所示，USIM 卡里面会保存公钥，USIM 或 UE 将 SUPI 进行加密计算得到 SUCI。UE 与网络进行信令交互的时候实际上使用的是 SUCI。在安全流程之后，核心网会给用户分配临时标识 5G-GUTI 中的 TMSI。整个过程避免空口直接交互 SUPI，从而保护用户信息安全。

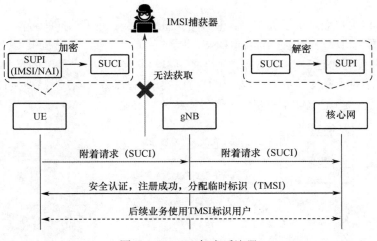

图 2-45　SUCI 加密后注册

2．5G 密钥增强

在当前网络中，2G/3G/4G 加密密钥长度为 64 bit 或 128 bit，如图 2-46 所示。即使使用超级计算机解密，也无法破解 128 bit 密钥，并且超级计算机仅少量国家的国家级实验室拥有，目前还是比较安全的。

未来量子计算机可将破解对称密码算法的复杂度减半，因此可能在较短时间内破解当前基于 128 bit 密钥的对称密码算法。故 5G 已将密钥提升为 256 bit 以增强保护能力，如图 2-47 所示。

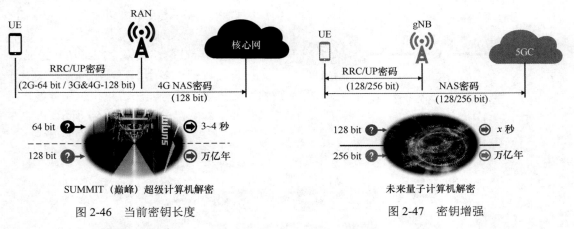

图 2-46　当前密钥长度　　　　　　　　图 2-47　密钥增强

3．用户面完整性保护

空口加密是指发送方使用协商的加密算法对消息进行加密，然后将加密后的消息发送给接收方，接收方使用协商的加密算法对加密的消息进行解密。

完整性保护是指发送方使用协商的完整性保护算法计算出该消息的完整性消息认证码

（Message Authentication Code for Integrity，MAC-I），然后将消息和该消息的 MAC-I 一起发送给接收方，接收方使用协商的完整性保护算法计算出该消息的 X-MAC，并比较 MAC-I 和 X-MAC。

4G 网络空口用户面采用了加密，但未启用完整性保护。基于这样的事实，研究团队在实验室环境中展示了主动攻击者通过重定向 DNS（域名系统）请求，然后执行 DNS 欺骗攻击，导致受害移动设备使用恶意 DNS 服务器，最终将受害者重定向到一个伪装的恶意网站，如图 2-48 所示。这种危险的攻击在实验室的特定场景是可以实现的，在商用 4G 网络中执行难度相对较高，因为它还需要一台类似于 IMSI 捕获器的昂贵设备在 1 英里（约 1609 m）范围内运行。

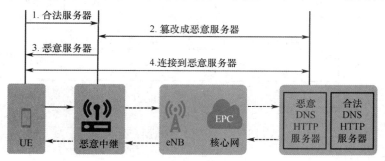

图 2-48　DNS 欺骗攻击

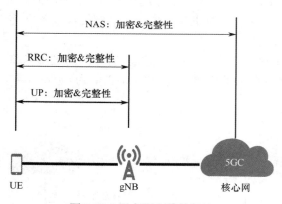

图 2-49　用户面完整性保护

为了规避这个漏洞，5G 增加了用户面完整性保护如图 2-49 所示，防止信息被篡改。

4．切片安全

5G 使能垂直行业，不同行业应用对网络的需求是不一样的，为了满足垂直行业多样化的网络诉求，5G 提出网络切片概念，一个网络切片满足某一类或一个用例的连接通信服务需求，整个 5G 网络由多个网络切片组成。

用户可以接入多个切片、切片管理权限开放给第三方等。针对非法访问和越权管理，网络切片面临的安全风险如图 2-50 所示。

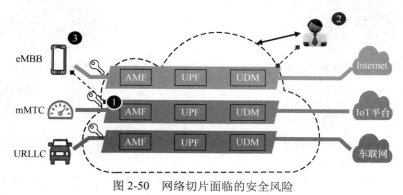

图 2-50　网络切片面临的安全风险

❶ 用户（UE）接入切片的认证与授权存在风险，UE 访问未经授权的切片。

❷ 切片管理权限开放给第三方，攻击者获取切片管理功能；合法第三方未授权调配、获取其他切片资源、数据机会点。

❸ 有合法访问权限用户的异常行为。

为应对非法访问和越权管理，网络采用多重安全措施协同保障切片安全，如图 2-51 所示。

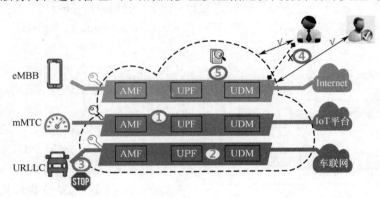

图 2-51　切片安全保障

① 切片 ID 验证，切片接入安全可视。

② 切片接入统计监控，避免未经授权的切片访问。

③ 限制接入，强制下线，对合法用户异常行为进行抑制。

④ 系统和切片运维分离，切片运维权限受控。

⑤ 运维审计，操作可追溯。

相对于传统网络，网络切片物理资源可以共享，某一切片资源非法占用会影响其他切片。如果大量终端或者网络侧发起 DDoS 攻击切片，将导致资源过度消耗，影响同一切片内其他用户的体验，以及其他切片的资源可用性、时延、吞吐等。

通过资源按需预留、关键绩效指标（Key Performance Indicator，KPI）监控等手段，确保有效的切片资源隔离，削减切片间相互影响，如图 2-52 所示。

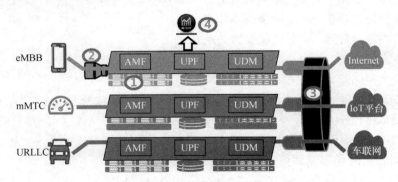

图 2-52　切片资源隔离

① 通用的云化安全解决方案，切片资源隔离，确保 NFVI 和 NFV 的安全。

② 基于切片的流量控制（简称流控），切片内用户限流，实现切片内资源合理利用。

③ 切片资源预留，本切片不侵占周边切片资源。

④ 切片 KPI（吞吐、时延等）检测监控，运行状态可控，异常时产生告警。

5. URLLC 安全

为保障 URLLC 业务数据的低时延和可靠性，可以采用两个路径传输相同的数据，如图 2-53 所示。为保证整个会话的可靠性，通过主基站（Master gNodeB，MgNB）和辅基站（Secondary gNodeB，SgNB）的双连接方式，为同一业务建立两个会话来进行传输。

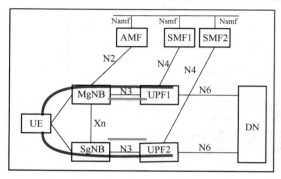

图 2-53　双通道连接

两条冗余信道可能存在安全保护不一致的风险，为此 5G 引入按需的用户面安全策略。如果 UE 与 MgNB 和 SgNB 之间用户面数据保护方式不同，那么攻击者可以通过窃听较弱的保护连接（如 UE 与 MgNB 之间有加密，而 UE 与 SgNB 之间没有加密），获取消息内容。为规避此类风险，主基站和辅基站用户面可采用相同的用户面安全保护方法，MgNB 会将激活后的安全保护方式，通知 SgNB，以使 SgNB 和 MgNB 采用相同的用户面安全保护方法。

6. mMTC 安全

随着无线业务快速发展，基站需支持海量物联网连接，然而大量物联网终端的安全能力不能满足需要。

攻击者可能会窃听和篡改 IoT 数据。为规避此类风险，对于非频繁小数据（如电表等），可以采用 NAS 信令传输小数据，并基于 UE 与 AMF 之间的 NAS 保护方式，来保护非频繁小数据的传输。

部分物联网终端部署在无人值守的区域，容易被攻击者接触和劫持并向基站发起分布式拒绝服务攻击（DDoS），如图 2-54 所示。攻击者通过漏洞设法攻击基站的系统资源，造成被攻击基站的资源耗尽，从而导致基站无法提供正常业务或瘫痪。

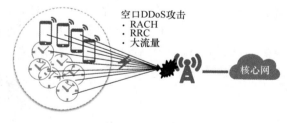

图 2-54　空口 DDoS 攻击

为了规避此类风险，可以采用基于流控机制削减空口 DDoS 风险，如图 2-55 所示。当核心网负载过高时触发过载（Overload）机制，核心网将 Overload Start 消息反馈给基站，要求基站根据指定的无线资源控制（Radio Resource Control，RRC）建立原因值拒绝接入的业务，或者按比例流控接入的业务。过载消除后，通过 Overload Stop 消息通知基站停止流控。

基站设备内部也会进行资源监控，当基站负载过高或拥塞时，基站根据主控板或基带板的 CPU 占用率直接拒绝或丢弃部分初始接入消息。当基站负载持续过高时，需要减少终端设备访问基站的消息量，从而降低系统负载，通过小区接入禁止（Access Barring），降低终端接入频率，从而降低基站的负载。

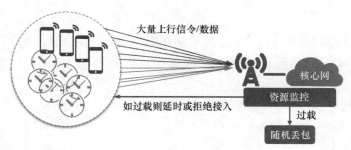

图 2-55　流控机制

本章小结

为了满足未来业务对网络的需求，5G 端到端网络发生了深刻的变革。本章首先讲解 5G 端到端网络架构，其中 5G 无线接入网架构经历从 DRAN 架构、CRAN 架构向未来 CloudRAN 架构不断演进；5G 承载网架构主要向 SDN 的架构进行演进；5G 核心网架构部分，介绍了核心网整体功能、各 NF 功能和服务化架构等。

同时为了满足 5G 网络性能目标，5G 端到端网络采用了一些新的关键技术，其中无线网络关键技术包括启用了新的信道编码技术——LDPC 码和 Polar 码、提高空口频谱利用率和覆盖的技术——Massive MIMO 和 D-MIMO、提高上行速率的技术——超级上行；承载网关键技术包括 FlexE 网络切片、SRv6 段路由等；核心网关键技术包括数据不出园区（UPF 下沉）、业务隔离（5G 切片解决方案）、5G 局域网（5G LAN）、业务不中断（边缘高可用网关解决方案）等方面。

最后讲解了 5G 安全技术，包括安全标准和安全关键特性。其中 5G 的安全关键特性重点介绍了 SUPI 加密、5G 密钥增强、用户面完整性保护、切片安全、URLLC 安全和 mMTC 安全。

通过本章的学习，读者需要理解 5G 端到端的网络架构，掌握 5G 端到端的网络关键技术，并对 5G 安全技术有一定的了解。

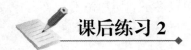

课后练习 2

一、判断题

2-1　在 CRAN 架构中，每个站点均独立部署机房，BBU 与 RRU 共站部署，配电供电设备及其他配套设备均独立部署。（　　）

2-2　信道编码主要用于对数字信号进行的纠错、检错。（　　）

2-3　5G 在接入认证方面做了增强，针对 3GPP 和非 3GPP 接入制定统一接入认证

框架。（　　　）

2-4　相对传统的 4G 承载网，5G 承载网中主要引入了 FlexE 切片、SRv6 等新技术。（　　　）

2-5　SRv6 本质上是基于源路由理念而设计的在网络上转发 IPv6 数据包的一种协议。（　　　）

2-6　核心网可以实现用户互联网数据的控制和转发。（　　　）

2-7　只有在 5G 之后，核心网才可以 CU 分离，实现用户面下沉。（　　　）

二、选择题

2-8　（多选）SRH 报文头中，以下哪些字段共同决定了 SRv6 报文转发过程中的 IPv6 目标地址信息？（　　　）

　　A．Next Header　　　B．Tag　　　　　　C．Segments Left　　D．Segment List

2-9　（多选）下列哪一项技术能够提高频谱利用效率？（　　　）

　　A．上下行解耦　　　B．超级上行　　　C．Massive MIMO　　D．D-MIMO

2-10　（多选）5G 的主要应用场景包括下列哪几项？（　　　）

　　A．eMBB　　　　　B．LPWA　　　　　C．URLLC　　　　　D．mMTC

2-11　（单选）下列哪一项用于保护用户标识的安全？（　　　）

　　A．SUPI 加密　　　　　　　　　　　B．增加密钥长度

　　C．用户面完整性保护　　　　　　　　D．切片保护

2-12　（单选）关于 FlexE 技术架构组成，以下描述错误的是哪一项？（　　　）

　　A．FlexE Client　　B．FlexE Server　　C．FlexE Shim　　　D．FlexE Group

2-13　（单选）以下隧道技术中，可以有效降低网络中数据转发时延的是哪一项？（　　　）

　　A．MPLS-TP　　　　B．MPLS-TE　　　C．FlexE 交叉　　　D．SR-TE

2-14　（单选）关于控制面部署位置说法正确的是下列哪一项？（　　　）

　　A．一般部署在中心 DC　　　　　　　B．一般部署在区域 DC

　　C．一般部署在边缘 DC　　　　　　　D．一般部署在用户园区

2-15　（多选）为了应对 toB 客户的差异化需求，以下哪些属于核心网的解决方案？（　　　）

　　A．数据不出园区（UPF 下沉）　　　B．业务隔离（5G 切片解决方案）

　　C．5G 局域网（5G LAN）

　　D．业务不中断（边缘高可用网关解决方案）

2-16　（多选）在部署端到端切片场景下，以下哪些网元可以供不同切片使用？（　　　）

　　A．AMF　　　　　　B．SMF　　　　　C．PCF　　　　　　D．UPF

三、简答题

2-17　简述超级上行的基本原理。

2-18　5G LAN 适用的场景有哪些？在这些场景中，5G LAN 解决了哪些问题？

2-19　相对传统的网络切片技术，FlexE 具有哪些优点？

Chapter

3

第 3 章
5G 终端生态产业链

目前 5GtoB 应用在各行各业并得到快速推广，但是 5GtoB 终端能力不足正影响着 toB 产业的发展，为此需要通过标准来提高产业对 5GtoB 终端的认识，以及指导和帮助 5GtoB 项目的成功。

本章主要讲解 5G 的芯片、模组、基础连接类终端、通用类终端和行业专用类终端的生态链和产业进展。

课堂学习目标

● 了解 5GtoB 终端的分类

● 了解 5GtoB 终端的产业进展

● 了解 5GtoB 终端的应用

3.1　5G 芯片、模组和终端概述

下面对 5G 的芯片、模组、终端进行简要描述。

芯片：是 5GtoB 终端的能力基础，能够实现底层的通信协议，有时称作 MODEM，即调制解调器。

模组：以芯片为基础，封装电源管理单元（Power Management Unit，PMU）、无线收发单元、存储单元、外围接口等。模组可以大大降低终端开发的难度和工作量。

终端：以模组为基础，集成终端所需的其他功能，如以太网、Wi-Fi 等接口，也有少数终端直接在芯片的基础上开发。

根据应用场景，5GtoB 终端可以分为基础连接类终端、通用类终端和行业专用类终端三大类。

基础连接类终端：提供基本的 5G 网络接入服务，大部分场景都需要用到，如客户终端设备（Customer-Premises Equipment，CPE）、路由器、网关、数传终端等。

通用类终端：集成 5G 连接的通用设备，可在多个行业中应用，如摄像机、无人机、自动导引运输车（Automatic Guided Vehicles，AGV）、车载终端等。

行业专用类终端：在行业特有设备的基础上，通过 5G 模组、硬件狗（Dongle）等形式集成 5G 连接能力，如井下煤矿中集成 5G 能力的采煤机、掘进机等大型设备。

3.2　5G 芯片

5G 芯片的主要作用是合成基带信号，或者对接收到的基带信号进行解码。5G 芯片是发展上游产业的核心器件。

3.2.1　5G 芯片结构

5G 芯片可分为三类：应用芯片（Application Processor，AP）、基带芯片（Baseband Processor，BP）、射频芯片，其中难度最大且最重要的是基带芯片。

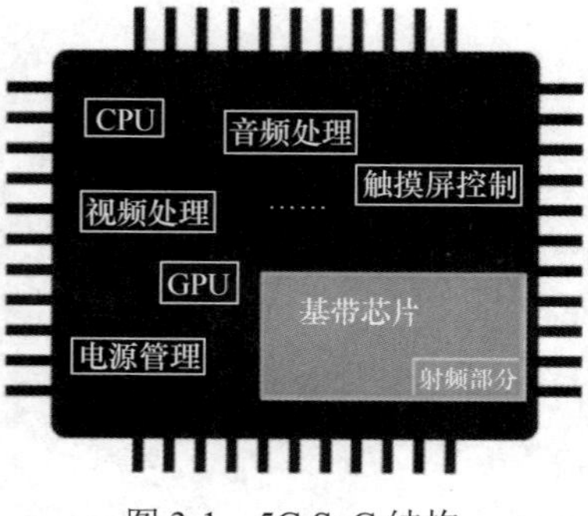

应用芯片负责执行操作系统、用户界面和应用程序的处理，如 CPU、GPU 等处理器。

基带芯片负责处理终端与外界的信号通信。

射频芯片负责将射频信号和数字信号进行转化。

5G 系统级芯片（System on Chip，SoC）将基带芯片、CPU、图形处理器（Graphics Processing Unit，GPU）、电源管理芯片等封装在一起，结构如图 3-1 所示。5G SoC 主要用于智能手机。

图 3-1　5G SoC 结构

3.2.2　5G 芯片生态

基于 eMBB 能力的 5GtoB 芯片，可继承和复用 toC 的芯片能力，以支撑 5GtoB 的起步应用。对于行业专属能力，如低功耗、高精度定位，需结合市场需求持续进行牵引和推动。

在 5G 芯片制程方面，2020 年，主流芯片实现了 5 nm 芯片工艺的量产，未来将向 3 nm 节点的芯片工艺持续演进。

目前，5G 芯片设计厂家有海思（华为）、高通、三星、紫光展锐、联发科等，它们设计的基带芯片具体型号见表 3-1。

表 3-1　5G 基带芯片

芯片参数	芯片型号					
	华为巴龙（Balong）5000	高通 X55	高通 X60	三星 E5100	联发科 Helio M70	紫光展锐春藤 V510
制程	7 nm	7 nm	5 nm	10 nm	7 nm	12 nm
网络	5G/4G/3G/2G					
组网	SA/NSA					

3.3　5G 模组

5G 模组是行业终端连接 5G 网络的核心组件，行业用户利用 5G 模组研发终端产品时，不需要过于关心通信细节，从而降低终端研发门槛。

3.3.1　5G 模组结构

5G 模组结构如图 3-2 所示。5G 模组将基带芯片、射频芯片、存储芯片等各类元器件集成到一块电路板上，提供标准接口，使能各类物联网终端通过嵌入模组快速实现通信功能。

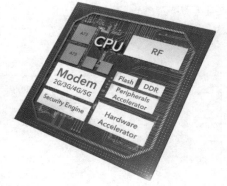

3.3.2　5G 模组封装形式

5G 模组应用的场景非常广泛。不同的场景对终端要求不一样，不同的终端厂家对于模组的封装要求也不一

图 3-2　5G 模组结构

样。目前 5G 模组主流封装形式为平面栅格阵列封装（Land Grid Array，LGA）和 M.2 封装。

1）LGA 封装

LGA 封装采用焊点贴装在电路板上，如图 3-3 所示，它用金属触点式封装取代了以往的针状插脚。

LGA 封装的优势：焊接可靠，可以保证产品一致性。

LGA 封装的劣势：需要终端厂家重新设计印制电路板（Printed Circuit Board，PCB），对生产工艺要求高，一旦模组改版或发生故障会造成整块单板报废。

2）M.2 封装

M.2 封装如图 3-4 所示。M.2 封装采用插槽接口，遵循统一的协议标准，在 PC 产品上已经广泛应用，是业内较为通用的一种封装形式。

图 3-3　LGA 封装　　　　　　　　　　　　图 3-4　M.2 封装

M.2 封装的优势：即插即用，不同厂家模组均可兼容；模组与大板分离，两者的硬件改版相互不受影响；接口兼容性较好，在产品升级的时候，不需要对业务大板进行改版。

M.2 封装的劣势：抗震、散热能力较差。

3.3.3　5GtoB 模组生态

目前主要的芯片厂家的 5G 模组均已上市。在市面上，2019 年 5G 模组大约有 27 款，2020 年有 64 款。市面上的 5G 模组均满足中国通信标准化协会（China Communications Standards Association，CCSA）的 5G 通用模组标准，5G 模组厂家及型号见表 3-2。

表 3-2　5G 模组厂家及型号

芯片厂家	模组厂家	型　　号	封装形式
海思	鼎桥通信技术有限公司	MH5000-31	LGA
	上海移远通信技术股份有限公司	RG801H	LGA
	四川爱联科技股份有限公司	AI-NR10/AI-NR11	LGA、M.2
	中移物联网有限公司	M5	M.2
高通	日海智能科技股份有限公司	SIM8200/SIM8300 LGA/SIM8200-M2/SIM8300-M2	LGA、M.2
	高新兴科技集团股份有限公司	GM800/GM801	LGA、M.2
	中移物联网有限公司	OneMo F02X/F03X	LGA、M.2
	中国联合网络通信集团有限公司	CU-QG1/CU-QM1	LGA、M.2
	龙尚科技（上海）有限公司	EX610 LGA/EX520 M.2	LGA、M.2
	中兴通讯股份有限公司	ZM9000	M.2
紫光展锐	上海移远通信技术股份有限公司	RG500U	LGA
	深圳市广和通无线股份有限公司	FG650	LGA
	深圳市有方科技股份有限公司	N510M/N510G	LGA、M.2
联发科	上海移柯通信技术股份有限公司	T800	LGA
	深圳市广和通无线股份有限公司	FG3605G	LGA

3.4　5G 基础连接类终端

5G 基础连接类终端为行业设备提供基本的 5G 网络接入服务，主要是指客户终端设备（CPE）、工业路由器、工业网关、硬件狗（Dongle）等终端。

3.4.1　客户终端设备（CPE）

CPE 的作用是将 5G 信号进行二次中继（Wi-Fi 或者网口），供行业终端接入 5G 网络。CPE 应用示例如图 3-5 所示。传统摄像头通过有源以太网（Power over Ethernet，POE）交换机连接至 5G CPE。该方案的价值有两个：

（1）摄像头、网线、POE 交换机等设备得以充分利用。

（2）传统设备可快速接入 5G。

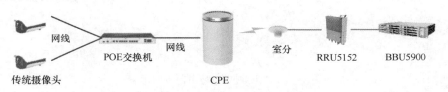

图 3-5　CPE 应用示例

3.4.2　硬件狗（Dongle）

Dongle 就是可以通过 USB 接入到其他设备的 5G 无线设备，比如 5G 移动网卡，能够让你的计算机使用 5G 网络进行通信。

Dongle 应用示例如图 3-6 所示，AGV 小车可以通过 USB 对接 5G Dongle。AGV 小车上需安装 Dongle 的驱动，把 Dongle 作为 AGV 的一个网卡，Dongle 可以通过 5G 核心网分配 IP 地址，直接向上通信。

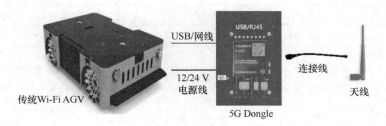

图 3-6　Dongle 应用示例

该方案价值：可将传统的 AGV 小车等设备得以充分利用。

3.4.3　工业路由器/工业网关

工业路由器一般指工业级无线路由器，通过公用无线网络提供数据传输能力，并实现数据传输中的路由功能与数据传输安全保障机制。虽工业路由器端口种类少，但转发能力强。

工业网关在工业路由器基础上增强 CPU 处理能力和内存容量，提供协议转换、数据存储、数据处理等边缘计算能力。工业网关端口种类多（如 USB、RS232 等），且对二次开发有较好的支持。

5G 工业网关/路由器应用示例如图 3-7 所示，支持多种接入形式。

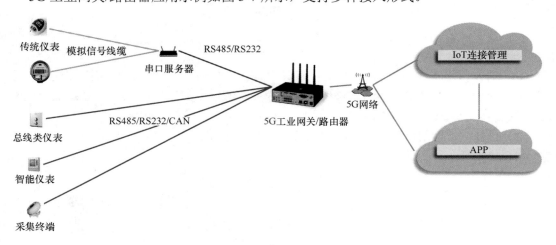

图 3-7   5G 工业网关/路由器应用示例

串口服务器：首先将传统仪表输出的电流、电压信号转换成 RS485/RS232 等串口信号，然后送至 5G 工业网关/路由器。

其他数字类终端：通过 RS485/RS232/CAN 工业总线等直接送至 5G 工业网关/路由器。

3.4.4 基础连接类终端生态

基础连接类终端的供应商、产品类型、产品型号、5G 基带芯片型号见表 3-3。

表 3-3   基础连接类终端的供应商、产品类型、产品型号、5G 基带芯片型号

供 应 商	产 品 类 型	产 品 型 号	5G 基带芯片型号
亚旭电子科技(江苏)有限公司(Askey)	CPE Pro	RTL0310 5G NR CPE	高通 X55
鼎桥通信技术有限公司	CPE Pro	5G CPE Pro	华为 Balong 5000
	工业 CPE	5G CPE Ins	华为 Balong 5000
深圳市宏电技术股份有限公司	工业 CPE	Z1	华为 Balong 5000
	工业网关	Z2	高通 X55
中国联合网络通信集团有限公司	CPE Pro	5G CPE VN001	高通 X55
	CPE Pro	5G CPE VN007	紫光展锐春藤 V510
	工业网关	5G 工业互联网网关	华为 Balong 5000
中移物联网有限公司	CPE Pro	先行者 P1/P2	高通 X55/华为 Balong 5000
	工业网关	Onebox G5000/G5100	高通 X55/华为 Balong 5000

（续表）

供 应 商	产品类型	产品型号	5G 基带芯片型号
厦门四信物联网科技有限公司	工业网关	F-NR100	华为 Balong 5000
	工业 CPE	F-NR200	华为 Balong 5000
合勤科技股份有限公司（Zyxel）	CPE Pro	NR7101	高通 X55
中兴通讯股份有限公司	CPE Pro	5G Outdoor CPE MC7010	高通 X55
广州鲁邦通物联网科技股份有限公司	工业网关	R5020	高通 X55

3.5 5G 通用类终端

随着 5G 在千行百业的深入推进，致使 5G 通用类终端的数量不断增多，应用场景不断拓宽。当前应用较成熟的设备有 5G 摄像机、5G 工业相机、5G 无人机等。

5G 通用类终端自身可以直接接入 5G 网络，不需要借助基础连接类终端。

3.5.1 5G 摄像机

5G 摄像机是指内置 5G 模组，且集成了创新的编码机制和传输技术的摄像机。

5G 摄像机的价值：解决布线难和临时应急布控的问题。

3.5.2 5G 工业相机

5G 工业相机是指内置 5G 模组的工业相机。

5G 工业相机的价值：提升检测效率与精度。

5G 工业相机应用示例：如图 3-8 所示，5G 工业相机将实时采集到的图像通过相机内置的 5G 模组推送至运营商 5G 网络。

图 3-8 5G 工业相机应用示例

3.5.3 5G 无人机

5G 无人机是指内置 5G 模组或外置 5G 机载云盒的无人机。

5G 无人机的价值：满足无人机超视距控制和视频回传需求。

5G 无人机应用示例：5G 无人机安保巡检如图 3-9 所示，5G 的超低时延可对无人机在超视距进行稳定跟踪和精准控制，5G 的超大带宽可保障无人机将高清视频实时回传。

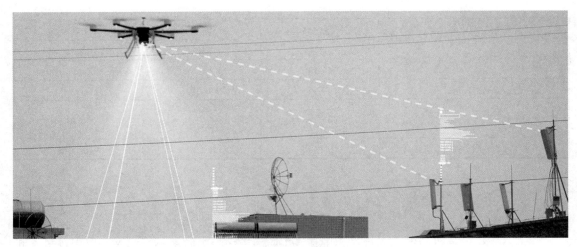

图 3-9　5G 无人机安保巡检

3.5.4　5G 通用类终端生态

5G 无人机、5G 摄像机、5G 工业相机部分供应商及产品见表 3-4。

表 3-4　5G 通用类终端供应商及产品

终　端	供　应　商	产　品
5G 无人机	天宇经纬（北京）科技有限公司	天宇云盒
	哈瓦国际航空技术（深圳）有限公司	哈瓦无人机
	青岛云世纪信息科技有限公司	任我飞
	亿航智能控股有限公司	天域无人机解决方案
	中国联合网络通信集团有限公司	彩虹 1 号机载终端
5G 摄像机	华为技术有限公司	M6781-10-GZ40-W5
	浙江大华技术股份有限公司	HFS8841
5G 工业相机	北京微视新纪元科技有限公司	PG-A5010C-5G

3.6　5G 行业专用类终端

　　5G 行业专用类终端是在行业特有设备的基础上，通过 5G 模组集成 5G 连接能力的终端。5G 通用类终端和 5G 行业专用类终端之间没有清晰的分界线。

　　当前，5G 应用已渗透到制造、矿山、油气、电力、医疗、安防、港口、直播等各行各业。典型行业 5G 专用类终端见表 3-5。

表 3-5　典型行业 5G 专用类终端

行　业	典 型 场 景	行业专用设备
制造	工艺控制与优化	PLC 控制器
矿山	视频监控	本安型 5G 摄像机（井下）
	巡检	5G 巡检机器人（井下）
	井下采煤作业	5G 采煤机
		5G 掘进机
		5G 支架控制器
油气	视频监控	防爆数据终端
电力	差动保护	授时 CPE
医疗	移动查房	5G 医疗推车
	远程超声/手术	远程超声机
		远程手术机器人
安防	智能警务	5G 执法记录仪
港口	AGV 自动驾驶	无人集卡
直播	5G+4K 直播	直播背包

本章小结

　　行业终端是使能千行百业、打通 5G 应用最后"一米"的关键设备，是 5G 与行业融合发展的重要切入点。随着国内 5G 网络建设的大规模推进，致使 5G+智慧农业、5G+智慧矿山、5G+智慧港口、5G+智能制造、5G+智慧城市等行业应用场景的创新空间增大。

　　在 5G Rel-16 技术标准的牵引下，5G 终端将持续迭代与创新，不断拓展应用场景。芯片的旺盛需求也反推芯片技术的加速突破。目前部分芯片实现 5 nm 量产，正在向 3 nm 节点演进。外部环境的巨大变化，也将促进中国 5G 芯片产业链向上游延伸，从而加速国内 5G 芯片技术自主创新。

　　本章首先介绍了 5GtoB 终端的概念和分类，包括芯片、模组和终端；其次详细讲解了 5GtoB 芯片、模组、基础连接类终端、通用类终端、行业专用类终端。

　　通过本章的学习，读者应该对 5GtoB 终端的生态有一定的了解，知晓 5GtoB 终端的产业进展和应用。

课后练习 3

一、判断题

3-1　5G 芯片的尺寸、功耗、封装工艺对 5G 在行业终端中的发展影响不大。（　　　）

3-2   5G 模组模式在可靠性、能耗等各方面都优于 5G CPE 模式，因此在所有场景中推荐使用 5G 模组模式。（   ）

二、选择题

3-3   （单选）在空间狭小的场景下，将现网终端快速改造为一个 5G 终端，通过下列哪种方式改造是最合适的？（   ）

    A．5G 模组   B．5G CPE   C．5G Dongle   D．5G 网关

3-4   （单选）5G 模组在终端中的作用类似于 PC 中的哪个组件？（   ）

    A．CPU   B．硬盘   C．键盘鼠标   D．网卡

3-5   （单选）以下哪种芯片的功能是将射频信号和数字信号进行转化？（   ）

    A．AP 芯片   B．BP 芯片   C．射频芯片   D．基带芯片

3-6   （多选）下列哪些场景适合使用 5G 摄像机？（   ）

    A．布线困难场景   B．移动监控场景

    C．固定监控场景   D．临时监控场景

3-7   （多选）工业级 CPE 在哪些方面比消费级 CPE 有优势？（   ）

    A．价格低   B．防尘防水等级

    C．工作温度   D．抗震动性

3-8   （多选）以下哪项是 M.2 封装的优势？（   ）

    A．焊接可靠   B．不同厂家模组兼容性好

    C．接口兼容性较好   D．可以保证产品一致性

三、简答题

3-9   5G 模组采用 LGA 封装时，请简述其优劣势分别有哪些？

3-10   5G 基础连接类终端有哪些？

Communication

Chapter

4

第 4 章
5GtoB 基础业务能力与应用

随着 5G 网络建设的不断发展，5G 在行业领域中的应用探索逐渐成熟，5G 作为社会向数字化、智能化转型的基础能力，千行百业对它的需求也是千差万别的，但不同行业的基础业务是趋同的，基础业务对网络的需求也是趋同的。

本章将对不同行业的基础业务场景，以及各业务场景对网络的基础能力要求进行介绍。

课堂学习目标

● 了解 5G 基础业务能力

● 掌握 5G 基础业务应用

4.1　5GtoB 产业需求理解

在 5G 行业应用的推进中，只有具备规模复制的能力，5G 在行业应用的商业中才能闭环。为了使 5G 的应用具备可复制性，需要对各行各业的应用和场景进行细分，先将不同行业的应用场景打开，抽象出可以被复制的场景化应用，再基于场景化应用抽离出网络的要求，即"网络原子能力"。比如，港口、钢铁制造、矿山等场景虽然不同，但是从水平应用来看，都会用到远程控制，而远程控制对网络的要求主要是上行大带宽和低时延，在这个例子的场景化应用中就是远程控制场景，"网络原子能力"就是上行大带宽和低时延。华为基于大量 5G 行业实践，提炼出的 5G 行业水平应用包括视频监控、机器视觉、室内定位、数据采集、集群调度、控制器到控制器的控制、远程控制等。基于水平应用需求抽象出来的"网络原子能力"包括大带宽、低时延、高可靠性、高精度授时、网络定位、极简运维等。有了"网络原子能力"和场景化应用，才能使 5G 的产品解决方案复制性更大，推广性更强，未来 5G 相关应用将会融入企业中，并成为企业业务流程中的一部分。

4.2　5GtoB 基础业务能力

下面从端到端大带宽和时延、高精度授时和定位、高可靠性和极简运维来介绍 5GtoB 基础业务能力。

4.2.1　端到端大带宽

4G 网络主要服务于人的需求，而 5G 的愿景是使能万物互联。在 5G 行业应用中，大部分的业务对上行带宽要求是比较高的，因此对 5G 网络的要求除下行大带宽外，还要支持上行大带宽。在 5G 网络架构中，无线网络作为距离用户最近的节点，它的能力在一定程度上代表了网络的综合能力。根据 3GPP 协议规范，5G 的上行速率可以达到 10 Gbps，为了实现这一目标，5G 也引入了一些关键技术，如超级上行、上下行解耦、载波聚合等。

4.2.1.1　超级上行（Super UL）

5G 行业应用主要以上行业务为主，目前 5G 商用网络主要采用的是时分双工技术，也就意味着终端无法一直发送上行数据。这种机制在一定程度上限制了上行的速率，超级上行技术通过引入新的频谱资源，将上行数据分时在不同的频谱上发送，极大地增加了 5G 用户的上行可用频谱资源。超级上行具体技术详见本书 2.2.1 节。

4.2.1.2　上下行解耦

上行覆盖受限一直是移动通信的瓶颈，上下行解耦技术定义了新的频谱配对方式，如图 4-1 所示。下行数据在高频段进行传输：当上行信号质量较好时，终端在高频段进行数据发送，例如，上行使用 3.5 GHz 传输；当上行信号较差时，终端在低频段进行数据发送，例如，上行使用 1.8 GHz 传输。

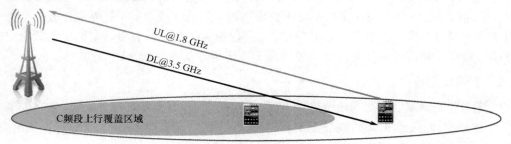

图 4-1　上下行解耦

4.2.1.3　载波聚合（Carrier Aggregation）

载波聚合技术，通过将多个连续或非连续的载波聚合成更大的带宽，使终端可以占用的频谱资源更多，从而提升终端的上下行速率。如图 4-2 所示，终端聚合了 3.5 GHz 和 1.8 GHz 频谱进行传输。

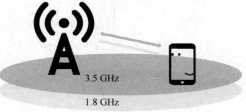

图 4-2　载波聚合

4.2.2　端到端时延

不同行业的不同场景对时延的要求千差万别，5G 典型业务场景对网络的时延要求见表 4-1。

表 4-1　5G 典型业务场景对网络的时延要求

场　　景	应　　用	端到端时延
自动驾驶	队列控制	＜ 3 ms
	远程驾驶	10～30 ms
虚拟现实	VR 协同游戏	10～20 ms
智能制造	远程控制	50 ms
无人机	远程操作无人机	10～30 ms

从 5G 网络拓扑来看，时延主要来自网络设备的处理时延和在网络传输介质中的传输时延，如图 4-3 所示，从应用服务器到终端的端到端时延需要从架构、空口、设备、业务四个方面进行考虑，其中架构和空口是关键。

图 4-3　5G 网络拓扑

4.2.2.1　空口低时延技术

空口低时延技术，主要是从基站调度的维度出发，通过对时域和调度流程的优化，达到降低空口时延的目的。

1. 免授权调度

传统调度与免授权调度如图 4-4 所示。在传统移动通信的调度流程中，当终端有业务需求时，首先需要先发送调度请求，基站再分配资源，然后终端再基于基站调度发送数据。从资源申请到发送数据，会引入一定的时延。而 5G 引入了免授权调度，基站提前预留资源，当终端有数据传输需求时就可以直接使用，无须申请，从而降低发送数据时延。

2. 符号级调度

传统调度的周期以时隙为单位进行调度，1 个时隙通常由 14 个符号组成，在 5G 子载波间隔为 30 kHz 时，1 个时隙时间长度为 0.5 ms，5G 引入了符号级调度，从而降低调度周期，节省空口传输时延，如图 4-5 所示。

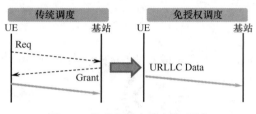

图 4-4　传统调度与免授权调度

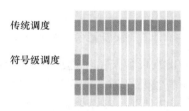

图 4-5　符号级调度

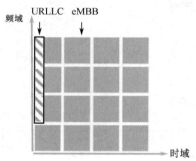

图 4-6　侵入式空口调度

3. 侵入式空口调度（Embed Air Interface，EAI）

在某个调度周期内，当 eMBB 业务已经把空口资源分配殆尽，此时又有了 URLLC 业务需求，基站可以将 eMBB 的空口一部分资源进行"打孔"给 URLLC，也可以看作 URLLC 业务抢占了 eMBB 资源，这种方式使得 URLLC 的业务可以尽快得到满足，从而降低 URLLC 业务的时延，如图 4-6 所示。

4.2.2.2　承载网低时延技术

与无线网络降低时延的方式类似，承载网对优先级高的业务，也有"插队"机制，此外，5G 承载网还引入一些关键技术来降低时延。

1. 直通转发技术（Cut-through）

传统数据转发是端口在获得一个完整数据包后才进行校验和转发，所以会引入部分时延；直通转发技术是在网络转发设备获取到数据包的目的地址时，就开始向目的端口发送数据包，相对于传统方案，直通转发技术具有速率高、时延低的特点。

2. 灵活以太网技术（FlexE）

在传统模式中，各业务共享 MAC 层的带宽，一旦出现拥塞就会导致业务时延增加。FlexE 技术实现了子 MAC 间的业务隔离，通过独立的带宽保障，降低因拥塞导致的时延，从而保障低时延的业务感知，如图 4-7 所示。

100 Gbps		
业务1: 30 Gbps		
业务2: 20 Gbps		
业务3: 50 Gbps		

图 4-7　灵活以太网技术（FlexE）

3. 网络处理（Network Processing，NP）感知优先级

传统的处理器在转发时不感知业务优先级，引入专用低时延 NP 后，等同于为低时延业务开辟专用处理通道，减少低时延数据在网络节点的处理时间，从而减少整体时延，NP 内感知业务优先级如图 4-8 所示。

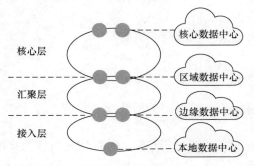

图 4-8　NP 内感知业务优先级

4.2.2.3　核心网低时延技术

核心网降低网络时延的方案主要采用用户面网关下沉，下沉的位置可以根据业务的需求进行部署，如图 4-9 所示，如果业务对时延要求不高，则可以将业务对应的用户面网关部署到核心数据中心；如果业务对时延要求较高，则可以将业务对应的用户面网关下沉到边缘数据中心。

图 4-9　核心网网关部署下沉的位置

4.2.3　高精度授时

5G 授时是指通过 5G 无线基站向终端发送同步时间的技术，精准的授时是很多高精度科学技术应用的前置条件，精准时钟可以用来测距、测高、同步、测速等，5G 网络在协议设计之初就引入了网络授时，以下位机（PLC/单片机之类的设备）获取 5G 基站授时为例，整体流程分为 3 个步骤，①基站先接收卫星信号，②基站周期下发时间消息给 CPE 设备，③CPE 下发时间信息到下位机。5G 网络授时系统如图 4-10 所示。

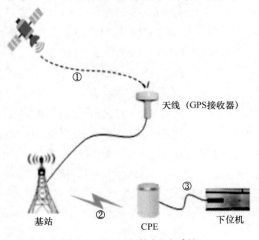

图 4-10　5G 网络授时系统

基站下发的时间信息是以周期性系统消息的方式广播给 CPE，携带参考时间的系统消息为系统消息 9。CPE 接收系统消息并解析，结合基站下发的时间提前量信息，生成 IRIG-B 时间编码，IRIG-B 时间编码是 InterRange Instrumentation Group-B 的缩写，是目前应用比较广泛的时间信息传输形式。CPE 以固定频次和周期向下位机下发 IRIG-B 信息，从而使下位机保持与网络的时间同步，具体流程如图 4-11 所示。

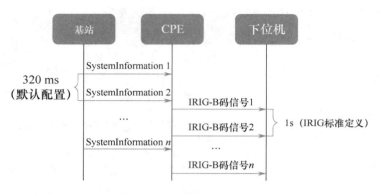

图 4-11 5G 基站授时流程

终端从基站获取精准的时钟信号是建立在基站的时钟源比较精准的基础上的，基站的时钟源主要有两种方案，即卫星时钟方案和网络时钟方案。

4.2.3.1 卫星时钟方案

全球导航卫星系统（Global Navigation Satellite System，GNSS）为基站提供时钟信号，在每一颗 GNSS 卫星上都配备有原子钟，这就使得发送的卫星信号中包含有精确的时间数据，基站通过 GNSS 授时模组接收卫星时间，将自身设备与卫星原子钟进行时间同步来获取时钟，如图 4-12 所示。

图 4-12 卫星时钟方案

GPS 系统是美国的 GNSS，也是全球最早的 GNSS，北斗全球导航卫星系统（BDT）是我国自主研发和建设的 GNSS，具备全球覆盖能力，此外 GNSS 还包括俄罗斯的 GLONASS（格洛纳斯）和欧洲的 Galileo（伽利略）。GNSS 作为上级时钟提供时间信息，下级用户端接收时间信息并调整本地时钟使时差控制在一定范围内。如果想提高授时精度，用户端必须精准计算出时间信息在传播链路中的时延，GPS/北斗等卫星授时，可以通过用户端定位与卫星之间距离确定电磁波传输时延，从而消除大部分误差。GNSS 通常对接收端搜索卫星的个数是有要求的，一般要求接收卫星信号个数不小于 4 颗，但是卫星信号容易受到高大物体的遮挡，例如，建筑物、高山会影响卫星信号接收的质量。

4.2.3.2 网络时钟方案

在 GNSS 卫星信号获取困难的场景（比如室内场景），IEEE 1588v2 同步技术可以作为基站时钟源的补充或者替换，IEEE 1588v2 属于网络时钟方案之一，该方案的基本构思是由时钟服务器提供时钟信号，将时钟信号通过承载网发送给基站，如图 4-13 所示。

5G 授时系统时钟源采取 GPS/北斗双星备份，卫星+ IEEE 1588v2 双系统备份，极大地提高了系统的安全性和精准性，并且依托 5G 的广域覆盖特性和全网时间的同步特性，可以支持的场景将越来越丰富。

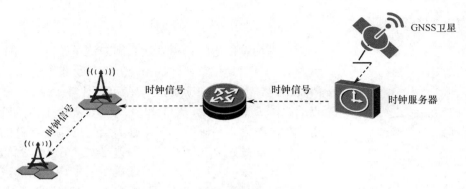

图 4-13　网络时钟方案

4.2.4　高精度定位

基于位置服务（Location Based Service，LBS）的室内应用，已经深入到 toB 各个行业，比如制造业使用的自动牵引运输车、车联网中的自动驾驶。

如图 4-14 所示，5G 定位标准分为 NSA 和 SA 两个版本，NSA 架构的定位技术使用原 LTE 的定位规范，SA 架构中使用 NR 的定位规范。基于 SA 的 NR 定位标准第一个协议版本——Rel-16 在 2020 年发布。3GPP 协议组织还将会在后续的协议版本中不断更新 NR 的定位规范与技术。

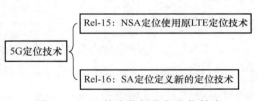

图 4-14　NR 的定位规范与定位技术

3GPP 协议规范中对 5G 网络的定位等级、定位精度、定位可靠性、定位时延进行了详细的定义，见表 4-2。

表 4-2　5G 定位精度

定 位 等 级	定 位 精 度		定 位 可 靠 性	定 位 时 延
	水平精度/m	垂直精度/m		
1	10	3	95%	1 s
2	3	3	99%	1 s
3	1	2	99%	1 s
4	1	2	99.9%	15 ms
5	0.3	2	99%	1 s
6	0.3	2	99.9%	10 ms
7	0.2	0.2	99%	1 s

5G 网络定位技术主要使用的是无线定位技术，网络通过对接收到的无线电波的特征参数进行测量，利用测量到的无线信号数据，采用特定的算法对移动终端所处的地理位置进行估算。无线定位信号测量，主要包括对信号到达时间（Time Of Arrival，TOA）测量、信号到达角度（Arrival Of Angle，AOA）测量和信号场强测量等，其中场强测量主要用于室内。

4.2.4.1　TOA 测量

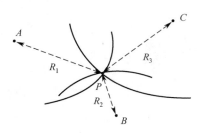

通过测量信号的传播到达时间来测量距离，如图 4-15 所示，A、B、C 是位置已知的节点，点 P 为终端位置，根据点 P 发送到 A、B、C 三点的时间差可以计算 P 到 A、B、C 三点的距离 R_1、R_2、R_3，然后以 A、B、C 三个节点为圆心，以 R_1、R_2、R_3 为半径画圆，三个圆的相交点即是点 P 的位置，该定位办法是建立在测量节点位置已知，UE 接收到的信号必须是直线传播的基础上的。而现实中 UE 检测到的信号很可能是经过多径反射过来的，导致这种方式测量的误差比较大。

图 4-15　TOA 定位法

4.2.4.2　AOA 测量

AOA 测量是一种利用到达角的方向射线进行交汇定位的技术。该技术在两个以上的位置点设置方向性天线或阵列天线，首先获取终端发射的无线电信号的角度信息，然后将各阵列天线估计的终端的方向射线交汇，求得的相交点即为估计的终端的位置，如图 4-16 所示。

发射端

接收端

图 4-16　AOA 定位法

4.2.4.3　信号场强测量定位（指纹库定位）

信号场强测量的定位方法，主要利用不同位置的场强作为指纹特征值，如无线信号强度、地磁强度等。指纹库定位一般分两大步骤，一是指纹采集离线训练，二是在线定位指纹匹配。

0	1	2
3	4	5
6	7	8
9	10	11

0	1	2
3	4	5
6	7	8
9	10	11

建立指纹特征库需要大量的采集测量，且对场强的测量精度、稳定性有很高的要求，同时数据库也需要快速更新，当需要确定某个用户的位置时，首先获取用户所在位置的场强信息，然后反向查找指纹库匹配用户的位置。如图 4-17 所示，把某个区域划分为 12 个网格，对每个网格进行编号，对每个网格

图 4-17　场强定位

的信号特征进行测试并入库，当发现某个用户所在的位置信号符合 4 号网格时，说明用户处于 4 号网格。由于场强测量定位法的定位精度和指纹库的数据精度相关，因此需要前期进行大量的测试，而且一旦环境发生变化，要及时更新指纹库，此方法适用于室内微站的定位。

以上定位技术既适用于 5G 也适用于其他无线通信方式，但 5G 相对于之前的蜂窝移动网络，在定位能力上具有一定的增强，原因是 5G 的站点密度比较大，从全球来看，5G 使用的频率普遍要比 4G 高，也就意味着覆盖同样的面积，5G 的站点密度要比 4G 高，高密度的基站有利于增强 UE 的定位精度；同时，5G 支持 Massive MIMO 波束赋形阵列天线，天线阵列越多，测量的信号越精确，5G 的定位精度越高。5G 除了支持单个设备的位置定位，未来可以实现电子围栏、位置互动、位置轨迹等更多基于位置的推送服务，5G 典型定位精度在室内可以达到分米级，在室外结合其他技术可以达到米级。因此，5G 实时定位交互时延已经完全能够满足应用需求。其中可能的关键应用场景包括：

在室外，移动宽带定位（eMMB）能够达到 10 m 级定位精度，融合卫星定位系统会进

一步提高定位精度至 10 m 级以下，作为对 GNSS 的补充，能覆盖绝大部分室外定位需求。

在室内，3GPP 重点关注室内定位和工业应用场景，水平定位精度为米级甚至分米级，垂直定位精度至米级，高精度的定位技术使得 5G 能够满足大多数室内场景的定位需求。

4.2.5　高可靠性

随着 5G 行业应用的推进，5G 使能的场景越来越丰富，行业对 5G 网络的需求已经不仅体现在网络带宽，更体现在 5G 网络性能的高可靠。5G 时代典型的应用场景对可靠性的要求见表 4-3。可靠性指的是网络设备可用性和数据连接可靠性，网络设备可用性指的是网络设备的可用比例，以 99.999%（5 个 9）为例，每天 86 400 s，即 86 400×（1−99.999%）=0.86（s），由此可知，网络设备故障的时间每天不能超过 0.86 s（网络设备可用性）。数据连接可靠性指的是发送到目的地的数据包的成功率为 99.999%，也就是说 10 万个数据包在规定时间内只允许 1 个数据包丢包。

网络设备可用性的提高主要消除设备单点故障带来的影响，主备模式是连接可靠性最有效的方案，5G 网络设备包括了 CPE、无线基站、承载网和核心网，终端侧 CPE 可以使用工业级设备并且主备相互备份，基站可以采用双基站备份，基带单板、主控单板等基站硬件也可进行备份。

无线覆盖可以使用双载波进行覆盖，承载网多链路相互备份，核心网可以组成资源池模式，企业园区也可以引入轻量级核心网与公网相互备份，如图 4-18 所示。

表 4-3　典型的应用场景对可靠性要求

应 用 场 景	可 靠 性
车辆协同控制	99.9999%
远程驾驶	99.9999%
VR 远程购物	99.9%
增强现实	99.9%
高压电网通信	99.9999%
工业实时动作控制	99.9999%
监控	99.9%
远程手术	99.9999%

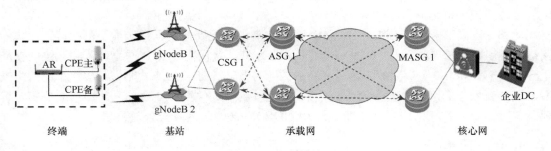

图 4-18　主备模式

数据连接可靠性可以缩短故障的影响时间和范围，双发选收技术可以有效提升数据连接的可靠性，当发送端通过主链路发送数据时，将报文同时复制到其他链路发送出去，接收端对两个链路的数据包重新组合，即使某条链路中断，其复制的链路报文仍然可以发送到对端，防止出现业务中断或者链路传输质量差导致的丢包。

另外，无线网络覆盖相对于有线网络覆盖信号传输的可靠性较低，为了提升无线网络链路的可靠性，5G 在无线网络引入了提升数据收发可靠性的技术，比如重复发送机制，通过时域、空域、频域的重复发送，增加数据传输的可靠性。另外，可以通过窄波束降低小区间用户与用户的干扰，如图 4-19 所示。在调制编码方面，5G 也引入了多张调制和编码表（Modulation And Coding Scheme，MCS）以适应不同的业务需求和复杂的无线环境。

在 5G 行业应用中，还有一些移动性场景，比如，自动驾驶、无人机巡检等，这些移动性场景对因切换带来的业务中断问题比较敏感，因此 5G 在 3GPP Rel-16 中引入了切换零中断技术——双激活协议栈（Dual Active Protocol Stack，DAPS）的切换，如图 4-20 所示。UE 与原有的切换流程"先断后连"不相同，切换过程中终端先与目标基站建立连接，保持一段时间并进行传输，再释放与源基站的连接。源基站切换命令下发后原数据传输不中断，UE 向目标侧发起接入，原数据转发至目标站，UE 同步到目标站后，目标侧才开始发送数据。

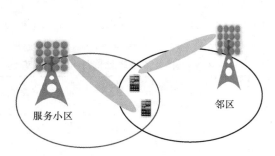

图 4-19　无线网络链路的可靠性提升技术

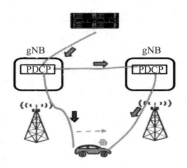

图 4-20　双激活协议栈的切换

4.2.6　极简运维

从运营商角度来看，当前 5GtoB 场景下面临的挑战较多。例如，在售前阶段分析客户需求和网络设计方案，如何结合服务水平协议（SLA）规范给出建议网络方案。售中阶段面临着业务开通慢，规划不集中，能力复用低的问题。售后阶段如何实现用户 SLA 管理，发现网络故障或者网络质量不达标，如何快速发现问题、定界定位。

此外，运营商和企业需要对 5GtoB 业务从需求匹配到开通再到运维的可视可管，华为网络编排引擎系统（Network Operation Engine，NOE）是面向 5GtoB 网络运营和运维的使能平台，用于 5GtoB 云网/专线/园区等多场景的业务开通、SLA 保障、能力开放，沉淀网络模型，支持新场景的网络服务快速生成，系统主要包括如下模块：NOE.C+（切片通信服务管理系统），NOE.N+（网络运营使能平台），NOE.M+（园区网络自管理系统）。

4.2.6.1　NOE.C+

NOE.C+提供一站式服务，包括切片的订购/计费、资源评估、订单提交和查询订单状态等，相关功能模块如图 4-21 所示。

图 4-21　切片通信服务管理系统相关功能模块

4.2.6.2　NOE.N+

NOE.N+支持运营商一站式开通业务，租户级 SLA 监控，相关功能模块如图 4-22 所示。

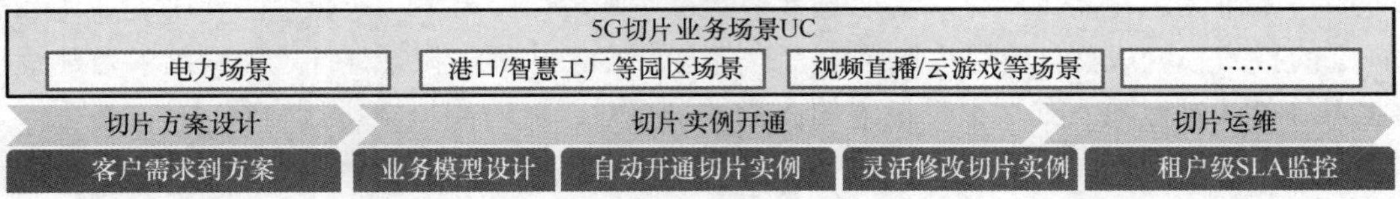

图 4-22　网络运营使能平台相关功能模块

（1）切片方案设计：相较于 toC 业务，toB 业务之间的差异性较大，NOE.N+通过提供辅助运营服务，提升切片方案设计效率。

（2）切片实例开通：　切片实例的开通主要涉及业务模型设计、自动开通切片实例、灵活修改切片实例三个模块，其中业务模型设计模块把业务模型描述为切片实例，把资源模型描述为跨域网络资源；自动开通切片实例模块主要实现切片网络自动开通；灵活修改切片实例模块可以通过图形化的操作快速实现切片按需修改、激活/去激活、扩容等，满足 toB 业务发展需求。

（3）切片运维：基于切片实例，提供租户级 SLA 监控，并按需开放给租户自服务使用，在切片拓扑的基础上，叠加性能信息和实时分级别告警信息。

4.2.6.3　NOE.M+

NOE.M+：针对 5GtoB 园区网络企业自管理需求，5GtoB 园区网络自管理系统（NOE.M+）面向运营商和企业园区 5G 专网，轻量化自管理平台，相关功能模块如图 4-23 所示。

5GtoB园区网络自管理系统（NOE.M+）		
主要 企业人员门户	统一Portal	运营商驻场人员门户
功能 自服务（线上订购）	报障与变更	报告与报表
模块 园区拓扑	SLA监控	故障监控

图 4-23　园区网络自管理系统相关功能模块

5GtoB 园区网络自管理系统具备切片资源可视和终端信息可视的特性。

（1）切片资源可视：切片质量等级、告警分布可视，关键 SLA 签约值和当前值可视。

（2）终端信息可视：可查看终端连接状态、终端基本信息、终端接入信息，实时感知园区终端、网络和业务问题。

4.3　5G 基础业务应用

5G 已经广泛应用在矿山、港口、钢铁、物流、电力、公安、媒体等垂直行业，然而各行各业的应用类型差异较大，为了便于提炼垂直行业对于 5G 的需求并对应到网络的建模和映射，将行业主流应用归类为三类共性应用：行业生产宽带类业务（Industrial eMBB）、云化视觉（Cloud Vision）、无线工业自动化业务（Wireless Automation），如图 4-24 所示。另外，5G 在行业应用成熟度以及未来的市场规模方面，都与 5G 网络的技术解决方案有很大的相关性。在 5G 定义的三大应用场景中，大带宽和大连接技术在 3GPP 协议已经明确，低时延相关的技术协议还在完善中。从实现难度来看，三类共性应用中，行业生产宽带类业务和云化视觉的技术较为成熟，应用也比较丰富；而无线工业自动化业务对时延和网络的可靠性要求较高，在技术方案上难度也是最大的，接下来将对部分应用场景进行介绍。

图 4-24   行业主流应用类型

4.3.1   上行视频云监控技术及应用

我国网络摄像头年发货量已经超过 1 亿台，其中政府、公用事业、能源、制造业占比约40%，传统视频监控行业痛点包括布线难、视频监控地理位置分散、成本高等。移动监控场景，比如警车、警用无人机等场景无法使用有线。此外临时应急布控场景，比如大型集会、演唱会和体育赛事等临时需要布控的场景，如果使用有线，那么网络部署起来慢且容易造成资源浪费。随着业务场景的丰富，视频监控行业也正在向着高清化、智能化的方向发展。智能化的视频监控除可以呈现视频外，还可以利用 AI 对视频内容进行智能分析，实现行为分析、异常侦测、识别检测和统计等功能。

视频监控对网络的需求主要体现在上行带宽方面，上行的带宽速率需求取决于视频的码率、视频编码格式、分辨率等，以 1080P 的分辨率为例，上行的速率要求见表 4-4。

表 4-4   视频的速率要求

分 辨 率	典 型 码 率	条 件	速 率 要 求
1080P	3.5 Mbps	1.4 倍码率	4.9 Mbps
		1.7 倍码率	6 Mbps
		1.9 倍码率	6.7 Mbps

由于 5G 无线网络具有大带宽、广覆盖、大连接的特征，可以更好地匹配视频监控的需求，基于 5G 的视频监控应用越来越广泛。5G 视频监控典型组网场景如图 4-25 所示，带有 5G 模组的摄像机可以直接和 5G 基站进行连接，没有 5G 模组的摄像机可以先经路由器和 5G CPE 进行连接，再通过 CPE 和 5G 网络进行连接。视频监控平台既可以基于企业需求灵活部署在企业园区 MEC，分流到园区视频平台，也可以按需部署在企业园区外。

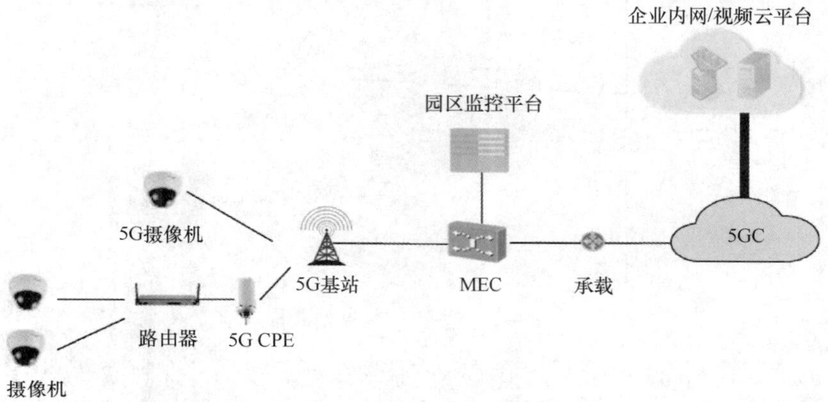

图 4-25　5G 视频监控典型组网场景

在企业园区视频监控应用中，基于 5G 的园区视频监控系统如图 4-26 所示。5G 能够实现视频监控的灵活接入，可以随需部署视频监控节点，包括无人机、园区机器人等。支持高清视频、更精细视觉识别等应用。

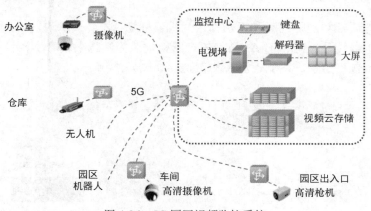

图 4-26　5G 园区视频监控系统

4.3.2　远程控制技术及应用

在工业制造环境中，通常存在环境恶劣或工作环境危险的场景，例如，有毒有害、易燃易爆的危险场所，存在地质灾害的工作场所。比如，挖矿、炼钢或者过于狭小的作业空间，施工难度大，且对操作人员的人身安全构成威胁。此外，工程施工安全事故频发也在不断困扰着施工方。对于这些痛点，越来越多的企业开始考虑通过远程控制来完成作业。远程控制的处理流程主要有两类角色：控制者和受控者，如图 4-27 所示。受控者需通过通信网络向控制者发送状态信息，控制者首先根据收到的状态信息（比如位置、声音、环境、温度、湿度等）进行分析判断并做出决策，然后再通过网络向受控者发送相应的动作指令，受控者根据收到的动作指令执行相应的动作，完成远程控制。

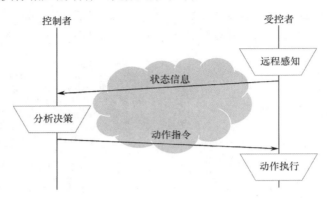

图 4-27 远程控制处理流程

在简单的远程控制系统中，受控者的状态信息中一般包括了视频信息，远程控制需要将作业现场实时的视频回传。复杂的远程控制系统中，还包括大量物联网终端的传感信息。在远程控制中，下行控制指令传输的稳定性非常重要，如某一控制指令在传输时发生丢失的现象，轻则出现控制误差导致设备工作异常，重则发生严重的安全事故。

4.3.3 机器视觉技术及应用

机器对图像或视频进行判断和识别称之为机器视觉。随着技术的发展，图像的观看对象正在从人眼向机器转移，结合了 AI 技术的机器视觉的应用越来越广泛，目前较为成熟的四类机器视觉应用包括定位、检测、测量和识别，如图 4-28 所示。

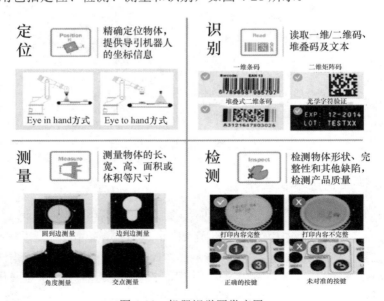

图 4-28 机器视觉四类应用

5G 机器视觉应用较为广泛，比如在道路桥梁巡检中，传统道路桥梁巡检主要通过人工进行巡检，巡检效率低且人工成本高。在基于 5G 的道路桥梁视觉识别系统中，通过对视频的识别可以快速精准地实现道桥路面损害的实时识别。道桥监控车通过 5G 不间断地将 4K 视频实时回传到视觉识别平台，平台自动识别沉陷、坑槽、裂缝、网裂、破损、拥包等路面损害情况，能够做到 7×24 小时的实时巡检，智能精准地分析问题路段，实现自动派遣维修、验收的闭环管理，如图 4-29 所示。

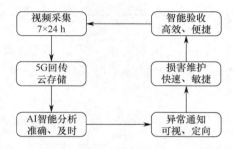

图 4-29　基于 5G+机器视觉的道桥智能检测系统

道路桥梁 5G+智能视频监控巡检方案不仅能助力道桥的安全管理问题，还能提升巡检效率。

4.3.4　室内定位技术及应用

室外定位通常借助于全球卫星导航系统，但无法满足室内位置业务服务需求（例如实时跟踪在制品状况、资产定位、人财物数字化管理等）。常用的室内定位技术包括 Wi-Fi、蓝牙、超宽带（Ultra Wide Band，UWB）、视觉、光学、激光、电磁等，当前室内定位市场碎片化，专有定位方案成本高，成为限制应用的主要因素。依托 5G 网络，融合室内专有定位，一张网实现一网多用和一专多能，将室内定位技术集成到 5G 大产业上，成为推动定位业务广泛应用的重要举措。5G 和其他定位技术的组合方案以及优劣势对比和应用场景见表 4-5。5G 混合式定位方法对于满足随时随地实现高精准度定位来说非常重要。

表 4-5　室内定位技术组合方案以及优劣势对比和应用场景

融合定位方案	优　势	劣　势	应 用 场 景
5G+UWB/蓝牙	定位精度高，可以实现分米级别定位	成本较高	高精度定位需求的领域，比如制造业
5G+蓝牙	成本低，定位精度米级	定位精度一般	医院、商场、停车场
5G+Wi-Fi	成本低，定位精度米级	定位精度一般	商场、交通枢纽
5G+激光/视觉	成本高，定位精度厘米级	技术不成熟	智能制造、自动驾驶

以室内自动导引小车（Automatic Guided Vehicle，AGV）的定位为例，AGV 目前已经成为柔性生产线、柔性装配线、仓储物流自动化系统的重要设备，也是工厂智能化、无人化的核心组成部分。当前 AGV 的定位导航方式主要包括固定路径引导、半自由路径引导和自由路径引导三种方式。固定路径引导通过提前规划 AGV 的行驶轨迹，并在行驶轨迹上布设

标志物，引导 AGV 沿着设置好的路径运动，标志物包括磁带、磁条等。这种方式灵活性较差，如果更改 AGV 的行驶轨迹，需要重新铺设磁带。半自由路径引导通过在路径中设置标志物来构建场景地图，使 AGV 在运动过程中基于地图自行规划路径，比如在 AGV 行驶轨迹上铺设二维码，但是二维码方式容易磨损；激光定位装置成本较高，对环境（如光线、能见度等）要求相对也较高。自由路径引导主要通过激光进行同步定位与地图构建（Simultaneous Localization And Mapping，SLAM），激光 SLAM 方式无须在行驶轨迹上铺设标志物，AGV 通过激光扫描对工作场景进行建模构建场景地图，自主进行路径规划，但是激光 SLAM 方式成本较高。

基于 5G 云化的 AGV 视觉导航方案如图 4-30 所示，集成 5G 模组和相机首先对周围环境进行扫描，然后数据经过 5G 网络传递到部署在 MEC 上的机器视觉识别系统输出位置信息，最后将位置信息传递到 AGV 的控制调度中心。

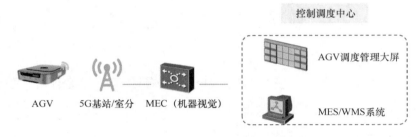

图 4-30   5G 云化的 AGV 视觉导航方案

5G 云化 AGV 相对于传统 AGV，利用 5G 大连接、低时延的能力，AGV 控制能力上移，增加了 AGV 的统一调度协同能力，同时集中控制还可以降低单台 AGV 的成本。

4.3.5   其他技术及应用

1. 数据采集/加载技术及应用

随着企业业务数字化转型的推进，企业对生产数据的采集以及数据的加载提出了新的挑战。原来平台的数据输出和人工录入能力已经远远满足不了企业在数字化下的运作需求。企业构建数据感知能力，需要采用现代化手段采集和获取数据，减少人工录入。以工业为例，数据源主要来自各种元器件，数据类型包括结构化数据和非结构化数据，而且数据在传输时是海量、实时的，数据经过 AI 处理后，系统下发的决策也是实时的。5G+云计算+大数据+人工智能的组合是实现数字化的技术基础。

2. 集群调度技术及应用

集群调度技术的规模应用主要集中在公安、安防等行业，以警务集群业务为例，警务集群业务主要包括集群指挥调度、警用无人机、车辆调度、视频监控、接出警业务调度等。在应急处置时，需要同时调度语音、查看现场视频、召开视频会议和查询关联数据等，如果数据共享和业务联动程度较低的话，将会导致应急处置效率低下，延误时机。5G 是一张空天立体覆盖的网络，基于 5G 的集群调度系统除了可以指挥地面大规模的调度，还能支持空中无人机的调度，增加各业务流的协同，打通数据间的互联互通。

3．物联传感技术及应用

物联传感技术主要实现近距离通信，比如无线射频识别（Radio Frequency Identification，RFID）、近场通信（Near Field Communication，NFC）。随着物联网的快速发展，业务对无线通信技术提出了更高的要求，专门为低带宽、低功耗、远距离、大连接的物联网应用而设计的窄带物联网（Narrow Band Internet of Things，NB-IoT）技术和远距离无线电（Long Range Radio，LoRa）技术逐渐普及开来。数字化的发展，会带动物联终端连接个数、数据类型的增加，而 NB-IoT 和 LoRa 在连接个数、移动性、带宽等方面不及 5G 网络。另外在智能时代，5G 将为每一个终端赋予"AI"能力，让每一个终端都会思考。

4．C2C 控制技术及应用

C2C 的全称为 Control to Control，通常指主从可编程逻辑控制器（PLC）之间的通信，利用 5G 网络大连接、低时延的特性，主从 PLC 之间可通过 5G 网络进行通信，如图 4-31 所示。

图 4-31　C2C 控制

本章小结

本章介绍了 5GtoB 的产业需求。与 5G 在个人领域的应用不同，5G 在行业应用的推进过程中，定制化需求将会是一种常态。通过对各个细分应用场景的分析，发现它们有一定的共性——对网络的关键能力的诉求是趋同的，这也是 5G 在行业应用中的特点。同时，本章从应用的角度介绍了 5G 视频监控、远程控制、机器视觉、室内定位、数据采集/加载、集群调度、物联传感、C2C 控制的应用场景。

通过本章的学习，读者应对 5G 网络能力和应用有一定的认识，能够掌握 5G 网络能力的指标，并对 5G 在应用中扮演的角色有清晰的认知。

课后练习 4

一、判断题

4-1　载波聚合技术主要是为了减低网络的时延。（　　　）

二、选择题

4-2　（多选）应用服务器到终端的时延比较大的时候，可以从哪些方面进行优化？（　　　）

A．网络架构　　　　B．空口　　　　　C．设备　　　　　D．业务

4-3　（单选）基于场强测量的定位方法可以用于下列哪个场景？（　　　）

A．高铁沿线　　　　B．城市道路　　　C．室内商场　　　D．无人机空中定位

4-4　（多选）下列选项中，属于近距离通信物联传感技术的包括哪些选项？（　　　）

A．RFID　　　　　　B．NFC　　　　　C．NB-IoT　　　　D．LoRa

4-5　（多选）机器视觉主要应用场景包括下面哪些选项？（　　　）

A．定位　　　　　　B．检测　　　　　C．测量　　　　　D．识别

三、简答题

4-6　简述上下行解耦的原理和目的。

Chapter

5

第 5 章
5G+新技术融合创新应用

当前人类社会正面临新一轮科技革命和产业变革，人类社会即将演变成一个万物感知、万物互联、万物智能的智能社会，而以 5G、物联网、云计算、大数据、人工智能为主的新兴技术将成为推动此次产业变革和经济发展的重要引擎。

本章将探讨 ICT 技术在数字化经济时代的角色和作用，介绍物联网、云计算、大数据、人工智能等新兴技术，并讨论如何实现 5G 与这些新兴技术的融合赋能和融合创新。

课堂学习目标

- 了解 ICT 技术融合发展趋势
- 掌握新技术的特征与现状
- 掌握 5G+新技术的融合创新应用

5.1 ICT 技术融合驱动数字经济

5.1.1 ICT 的发展历程

IT 是指互联网技术（Internet Technology），在 IT、CT 大融合之前，IT 并不是 Information Technology（信息技术），这也是为什么 IT 业被称作互联网行业的原因。在开始的时候，IT 和 CT 还是泾渭分明的两种技术，IT 业可以说是代表了计算机业，一些涉及计算机的软硬件企业也被称为 IT 企业。CT 是指通信技术（Communication Technology），最早的 CT 业也被称为电信业（Telecommunication），因为最早期的通信都是电报、电话之类的技术，所以也被称为电信技术。通信企业又分为运营商、通信制造业、通信服务支持和通信业施工单位等。在国内比较熟悉的运营商是中国移动、中国联通、中国电信和中国广电，而华为则是一家国内外比较知名的通信制造业企业。

IT 业和 CT 业的融合，开始时是 IT 业向 CT 业的入侵，IP 技术就是 IT 业的技术，IP 打败了异步传输模式（Asynchronous Transfer Mode，ATM）技术之后，ICT 业就开始了大融合。IT 业的软硬件公司开始大规模地向 CT 业进军，同时 CT 业的公司也开始研发 IT 技术，双向融合开始之后，IT 业和 CT 业的壁垒越来越不明显，现在已经形成了一个新的行业——ICT。

联合国在 2008 年 8 月 11 日发布了第四版国际标准产业分类，国际经济合作与发展组织（Organisation for Economic Co-operation and Develop，OECD）参照此分类在 2017 年给出了 ICT 的定义："ICT 是指主要通过电子手段完成信息加工和通信的产品和服务，或使其具有信息加工和通信功能。"这个定义包括 ICT 制造业、ICT 贸易行业和 ICT 服务业。

在经济上，ICT 产业未来的发展将促进传统经济向数字经济转型。近年来，数字化基础设施已成为国民经济发展的重要支撑，ICT 的未来将体现出数字经济与传统电网、公路网、铁路网等深度融合，形成万物互联、泛在感知、空天一体的智能化综合信息基础设施，极大地提升经济活动的网络化、数字化、智能化水平和运行效率，"数字技术–经济范式"加速形成。数字经济与各行业各领域融合渗透，有力推动传统产业技术进步，引发新工业革命。数字化的知识和信息成为驱动放大全部生产力的"乘数型"生产力，成为重塑经济结构和提升生产率的主导力量。

5.1.2 ICT 产业正加速向生态化、智能化转型

据中国信息通信研究院研究数据显示，2016 年我国数字经济产业规模达到 22.6 万亿元，在 GDP 中的占比达到 30.3%，已经成为我国经济增长的核心组成部分。尤其是伴随着云计算、大数据、人工智能等技术与垂直行业的结合，ICT 产业各个生态成员助力不同类型的传统企业实现"互联网+"转型升级的步伐正在加快。在 ICT 产业生态化发展的趋势下，IT 软硬件设备、运营商、服务提供商、解决方案厂商以及企业用户共同组成了云生态必不可少的部分，它们之间开展不同层面的合作，实现互利共赢的同时，不断壮大 ICT 生态的发展。除了生态化的发展趋势，越来越多的企业开始关注利用人工智能、大数据、5G 等新兴技术应

用，加快传统行业数字化转型。金融、电信、制造等重点行业客户的业务开始由对视频、图像、语音等非结构化数据的处理，向图像鉴别、语义语境分析等智能化技术领域拓展。同时，各个新兴技术之间开始加速融合，如结合人工智能和深度学习技术，通过神经网络的训练学习，使非结构化数据的应用变得更"聪明"，智能化成为 ICT 产业发展的另一主流趋势。可以说，在 2018—2020 年这三年间，随着数据基础设施的不断完善及企业"信息化-互联网化-智能化"意识的不断觉醒，生态化、智能化将是 ICT 产业加速发展的两大方向。

5.1.3　ICT 驱动数字经济

1. 数字经济正由消费互联网转向产业互联网

在新旧动能转化的背景下，数字化正在加速向全领域、全区域渗透，如何借助云计算、大数据、人工智能等新兴技术应用实现数字化转型已成为全社会的关注点。而与此对应，作为企业数字化转型的服务方，ICT 企业也正在进入加速生态化、智能化的变革阶段。

生产力的发展经历了原始时代、蒸汽时代、电气时代，目前正由消费互联网时代转型到产业互联网时代，图 5-1 显示了在各时期的产业变革中的关键技术，5G 作为新一轮变革的契机，将把数字经济推向新的高度。

（1）从农业时代、工业时代到信息时代，纵观世界发展史，每一次科技革命和产业变革都推动了生产力的大幅跃升和人类文明的巨大进步，技术力量不断推动人类创造新的世界，人类正站在一个新的时代到来的前沿。而数字经济作为信息时代新的经济社会发展形态，更容易实现规模经济和范围经济，日益成为全球经济发展的新动能。数字经济是以数字化的知识和信息为关键生产要素，以数字技术创新为核心驱动力，以现代信息网络为重要载体，通过数字技术与实体经济深度融合，不断提高传统产业数字化、智能化水平，加速重构经济发展与政府治理模式的新型经济形态。

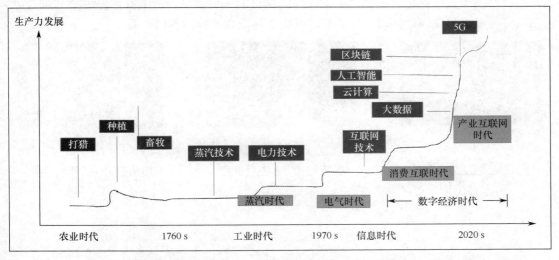

图 5-1　全球进入数字经济新时代

（2）5G+云+AI 成为推动数字经济发展的重要引擎。5G 的可靠网络、云计算的海量算力、AI 的应用智能正相互协同，深入到各行各业之中，创造出新的业务体验、新的行业应用以及新的产业布局。从数字政务到智慧城市，从工业自动控制到农业智慧管理，5G+云+AI 的融合创新发展将打开千行百业的新发展空间，为政企转型和产业升级注入新的动能。

当前，数字经济正在由消费互联网向产业互联网转变。随着全球数字经济发展的进程不断深入，数字化发展进入了动能转换的新阶段，数字经济的发展重心由消费互联网向产业互联网转移，数字经济正在进入一个新的时代。图 5-2 展示了 ICT 技术将重构经济发展、政治治理模式，将智能制造、智慧农业和智慧服务业等产业数字化，将基础网络、电子元器件和软件与服务业等数字产业化，实现城市运营、城市管理和城市服务等数字化治理。

产业数字化　　　　　数字产业化　　　　　数字化治理

智能制造、智慧农业、　　　基础网络、电子元器件、　　　城市运营、城市管理、
智慧服务业　　　　　　　软件与服务业　　　　　　城市服务

图 5-2　数字经济的产业融合

2. 端管云：新型网络架构与服务模式

未来二三十年，人类社会将演变成一个智能社会，图 5-3 显示了智能社会的三个特征：万物感知、万物互联、万物智能。在智能社会中，万物皆可被感知，通过感知物理世界，将其转变为数字信号，借助多感官渠道（温度、空间、触觉、嗅觉、听觉、视觉）实现情境感知和交互、沉浸式用户体验。网络连接万物，将所有数据实现在线连接，从城市、高山、太空等不同领域实现宽、广、多、深的连接，实现智能化。基于大数据和人工智能的应用将实现万物智能，数字孪生将在个人、家庭、行业、城市中逐步普及，满足物理世界更美好的需求，同时将出现数字化生存的第二人生，使精神世界更加富足。由于有了先进的 ICT 技术，这三大特征将能够实现。同时，ICT 基础设施也将成为智能世界的基石。

图 5-3　ICT 基础设施成为智能世界的基石

3．5G 助力全域感知

5G 作为物理世界和数字世界连接的重要纽带，凭借其容量和速度优势将带来全新的全域感知。物理世界通过各种传感器设备和高速网络实现全连接的统一，绘制出一个孪生的数字世界。图 5-4 显示了未来 VR 在高速网络下的实时体验。

物理世界　　　　　全域感知 + 全连接　　　　　数字世界

图 5-4　5G 助力全域感知

5G 让智慧城市发展迎来了新契机、新时代。城市中的每个人、物、组织都将变为智能体，5G 为城市智能体提供随时随地的连接能力，人、物、组织在数字孪生城市中实时连接、交换数据和需求，数字孪生城市与物理城市无缝融合、交换，推动城市中的一个个智能体连接成为一个分布式超级大脑。

5.1.4　ICT 新兴领域中的人才需求趋势

ICT 产业发展具有典型的先进带动后进的特点，即通过先发、示范试点的成果，进而带动全行业的产业跟进、升级。因此，新兴技术的成功应用决定了 ICT 产业发展的潜力和增速。新兴技术往往伴随着更高的技术门槛和更为新兴的应用领域，对于人才技术能力、应用门槛、综合能力均提出了更高的要求。新兴领域人才成为 ICT 产业保持高速增长的关键。以人工智能为例，人工智能不仅在技术上要求从业人员对晦涩难懂的机器学习、算法模型等有较为突出的理解能力，同时在高等数学、框架应用等方面也构建了较高的学习门槛。此外，人工智能的应用往往是开创性领域，需要对业务流程进行全面梳理并重新解构，这就需要对行业用户流程具有深入的理解和前沿引导性创新，行业知识储备将更为凸显其价值。以人工智能为代表的新兴领域人才需求缺口将持续放大。伴随着产业政策、资金、行业关注度向新兴领域的不断倾斜，行业人才需求的结构正在发生正向变化。据计世资讯研究数据显示，从人员总规模看，2017 年 ICT 领域的总体人才需求缺口约 765 万，2020 年达到 1246 万，每年需求缺口增速接近 20.8%。

伴随着 ICT 在全行业渗透进程的不断加快，新兴技术在不同场景下的应用开始加速，这也进一步对新兴领域应用的人才提出了差异化要求。图 5-5 对不同产业的应用场景和人才数据进行了综合对比。图中涉及了云计算、大数据、物联网和人工智能四个领域，也显示进入各领域所需要的核心竞争力。当前的热门领域都迫切需要涌入人才，人才缺口都将超过 200 万，人才趋势也将紧密结合领域特性，更具专化性和场景性。

领域	能力要求	技术方向	2020年人才缺口	人才趋势
云计算	技术能力：核心云平台，监控工具和配置管理系统，云安全，容器技术 综合能力：强调协同，注重沟通、协同、责任心等	Java/Linux/Puppet等语言 OpenStack/Apache/Zabbix等平台	210万	云计算产业正在加速推进行业应用的上云进程，推动"业务上云"的咨询需求迫切，人才压力突出
大数据	技术能力：业务模型构建、数据挖掘算法、数据库架构、可视化技术、数据安全 综合能力：强调懂业务，注重沟通、数学、建模等	Java/Python/SQL等语言 Caffe/Hadoop/Spark/Storm等平台	257万	大数据的需求将向更懂数据以及数据背后的业务逻辑转变，数据科学家将替代数据成为行业核心竞争力
物联网	技术能力：物联网系统设计、物联网硬件开发、嵌入式开发、通信协议开发 综合能力：强调整合能力，注重团队、合作、沟通等	Zigbee/Wi-Fi/RFID/蓝牙/NB-IoT等协议 C++/Linux/CAN等架构	211万	物联网加速向细分化、专业化、综合化发展，对产业链的综合认知能力要求将更为突出
人工智能	技术能力：机器学习、AI算法、深度学习、图像处理 综合能力：强调前瞻性，主动性学习，数学能力	Python/Java/C++等语言 Caffe/TurnsorFlow/SciKit-learn等平台	226万	人工智能将带动产业模式创新，加快向场景化应用实践转变

图 5-5　ICT 的四大新兴领域分化

5.1.5　ICT 技术融合趋势

当前，我国的 ICT 产业处于高质量发展、热点技术需求互相驱动、聚焦行业拓展力和补强核心能力短板的时期。在此基础上，我国 ICT 产业创新将呈现：数据价值释放、边缘赋能、5G 蓝海、广泛安全、AI 下沉、区块链共识、多云管理、软件核心、原生渗透、超级体验等十大趋势。

数据价值释放。重要资源的数据将稳步进入资源价值释放期，数据的应用场景愈加丰富，数据资源持续整合，同时数据资源向数据资产价值转化已进入关键期。

边缘赋能。随着智能应用和数据量激增，网络带宽与计算吞吐量均成为计算的性能瓶颈，同时终端设备产生海量"小数据"等实时处理需求激增，带动边缘计算成为智能时代技术落地的重要计算平台，也成为满足行业数字化转型中敏捷连接、实时业务、隐私保护等的关键支撑。

5G 蓝海。随着 5G 商用的深入，蓝海市场全面启动。虽然 VR/AR、超高清是目前能预见的少数 5G 落地应用，但未来，工业互联网、车联网、远程医疗等领域将带动 5G 应用爆发。

广泛安全。随着各行业数字化进程的加快，制造、教育、能源等行业的网络安全需求不断释放，网络安全向人工智能、云计算、大数据、物联网、移动互联网等新兴领域不断扩展，网络安全问题现在不仅是信息化的问题，还涉及国家安全、社会安全、人身安全等方方面面，不容忽视。

AI 下沉。作为智能经济时代的核心技术，人工智能的发展持续下沉：一方面表现为技术下沉，即加速与大数据、云计算、物联网等新兴技术的深度融合创新；另一方面表现为应用下沉，即行业应用从重点突破到均衡分布，越来越多的市场机会深入小场景和传统场景。

区块链共识。在国家政策指导下，区块链技术已回归赋能实体经济的主线，炒币行为的衰落与央行数字货币推出形成鲜明对比，各产业主体已形成新的共识。政产学研用围绕区块链技术赋能实体经济——脱离"币"的表象，回归"链"的本质。

多云管理。作为云计算的主要部署模式，私有云灵活性差且成本高，公有云信息易泄露且迁移复杂，混合云则面临应用兼容、适配连通、维护等难题，而多云管理则能够有效解决上述问题而成为大势所趋，到 2023 年，超过 90%的大中型上云企业会采用多云管理。

软件核心。软件技术正成为新一轮 IT 变革的核心竞争力。技术方面，软件成为 AI、云计算、大数据等新技术发展的关键；企业方面，数字化过程中的基础设施建设趋于稳定，而通过软件提升 IT 价值，完成数字化转型和创新，成为新动力；行业方面，越来越多的传统企业派生出以软件及服务为主的新公司，而软件人才也向传统企业流动，成为支撑传统行业数字化转型的重要力量。

原生渗透。在数字经济浪潮下的新阶段，需求变化越来越快，迫切需要以云原生、数据原生、智能原生等"原生"思维构建企业数字架构，从而打破资源和业务边界，消除信息孤岛，灵活应对变化，实现企业的组织变革、资源拓展、模式创新、业务边界破除，完成数字转型和创新赋能。

超级体验。新技术新应用持续爆发，"体验"正从消费者的个人需求走向行业市场，逐步迈向支持以人机交互为核心、体验效果大幅提升的产品技术，以及成为企业新的竞争力的体验式商业模式，相关产品技术和商业模式正形成全新的超级体验。

5.1.6　ICT 产业未来前景

当前，全球的 ICT 创新更易受到大环境的影响，这些影响因素包括国际贸易、政策环境、突发疫情等。各国愈加重视产业政策对创新的作用，致力于从金融、市场、科技、人才等多方面出台相关的纲要规划。

从产品和服务看，中高端技术产品更能反映一个国家将研发成果在国际市场上商业化的能力。多国的 ICT 产品创新竞争趋于中高端，产业链上游的竞争将更加激烈。模式上人工智能、区块链等技术借助开源实现了广泛应用，降低了进入成本，避免了技术垄断。与此同时，高新技术的引领者更热衷于以知识产权保护市场，以标准的推广来统一产业朝向自身期望的方向发展，从而掌握市场话语权，开源和标准在 ICT 产业发挥的作用越来越显著。

从 ICT 产业内部看，全球 ICT 制造业分工体系多分布在中国、美国和韩国等。从短期的方向上看，很多经济体出于确保产业链本土安全目的，可能会更强调创新要素的完备性，延迟或减缓去工业化步伐以提升商业化转化能力。而从长期的方向上看，制造业回流和产业多元化将导致经济活动的分布更广泛，新晋者将获得更多介入机会。ICT 产业作为新工业要素将融入工业制造业领域，推动以智能为标识的新工业革命，最终在工业技术、信息技术和智能技术的创新推动基础上实现智能制造的腾飞。

在接下来的 20 年里，可以预见 ICT 行业加速生态化转型的风口，也可以预见中国加速数字化的巨大市场机遇。ICT 生态中的每一个参与者都不能置身事外。唯一的不变就是变化，这里将没有稳定的公司，没有稳定的职位，只有时刻保持谦虚的心态、渴求的探索，才能不断向前。在 ICT 技术融合驱动数字经济的时代，ICT 行业成员携手共进，服务 ICT 产业新发展，助力 ICT 产业新动能，繁荣 ICT 产业新生态。

5.2　新技术的特征与现状

随着近年来科技的发展，全球网民数量与日俱增，涌现出了众多新技术，主要有物联网、云计算、大数据等。本节对这些技术进行简要的介绍。

5.2.1　物联网

5.2.1.1　物联网概述

物联网（Internet of Things，IoT）是指通过各种信息传感器、射频识别技术、全球定位系统、红外感应器、激光扫描器等各种装置与技术，实时采集任何需要监控、连接、互动的物体或过程，采集其声、光、热、电、力学、化学、生物、位置等各种需要的信息，通过各类不同的网络接入，实现物与物、物与人的泛在连接，实现对物品和过程的智能化感知、识别和管理。物联网是一个基于互联网、传统电信网等的信息承载体，它让所有能够被独立寻址的普通物理对象形成互联互通的网络。

物联网是新一代信息技术的重要组成部分，是物-物相连的互联网，如图 5-6 所示。物联网的核心和基础仍然是互联网，是在互联网基础上的延伸和扩展的网络，其用户端延伸和扩展到了任何物品与物品之间进行信息交换和通信。因此，物联网是通过射频识别、红外感应器、全球定位系统、激光扫描器等信息传感设备，按约定的协议，把任何物品与互联网相连接，进行信息交换和通信，以实现对物品的智能化识别、定位、跟踪、监控和管理的一种网络。

图 5-6　网络的分类

5.2.1.2　物联网的应用技术架构

物联网的架构一般分为三层或四层，如图 5-7 所示。三层架构从底层到上层依次为感知层（端）、网络层（包含云、管、边）与应用层（应用）；四层架构从底层到上层依次为感知设备层（或称感知层）、网络连接层（或称网络层）、平台工具层和应用服务层。三层与四层架构之差异，在于四层将三层的"应用层"拆分成"平台工具层"和"应用服务层"，对于软件应用做更细致的区分。由端到行业应用总共经过以下三层，即边、管和云。由边将端的信号传输，由管接入并传输到网络，再由云解决数据存储、检索、使用和业务规划等问题，最后到行业应用，呈现数据给客户并进行交互。

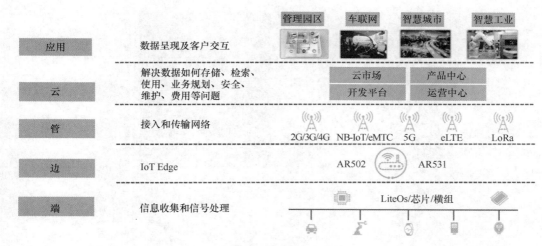

图 5-7　物联网的架构

5.2.1.3　物联网的应用

物联网的应用领域涉及方方面面，如图 5-8 所示，在工业、农业、环境、交通、物流、安保等领域的应用，有效地推动了相关行业的智能化发展，使得有限的资源得到更加合理的使用与分配，从而提高行业效率和效益。

（1）消费者应用：联网车辆、家庭自动化、联网的可穿戴设备、健康监控设备、远程监控设备、智能停车、电子道路收费系统等。

（2）工业应用：机器人和软件定义生产流程等。

（3）农业应用：收集温度、降水、湿度、风速、病虫害和土壤成分的数据，并加以分析与运用。

（4）基础设施应用：监控与控制各类基础设施，如铁轨、桥梁、风力发电厂、废弃物管理等。

（5）军事应用：侦察、监控与战斗有关的目标，包括传感器、车辆、机器人、武器、可穿戴式智能产品，以及在战场上相关智能技术的使用。

5.2.2　云计算

5.2.2.1　云计算的定义

在互联网时代的初期，网络服务提供商要购置专用服务器并聘请专职运维人员，但是随着网络服务的多样化，企业很难独自开发出可以满足用户需求的网站或软件。同时，近年全球网民数量与日俱增：根据互联网世界统计（IWS）的数据显示，在 2021 年全球网民人数达到 51.7 亿人，占人口总数的 65.6%。如此庞大的用户数量对互联网基础建设带来了新的挑战，于是云计算应运而生。

云计算（Cloud Computing）这一概念最早由谷歌前 CEO 埃里克·施密特在 2006 年提出，其目标就是让用户可以像使用水电煤一样便捷地使用计算、存储资源，而将复杂的技术隐藏在背后，使用户可以不受时间、空间限制，也无须专业培训，从而有效提高生产效率，降低生产成本。

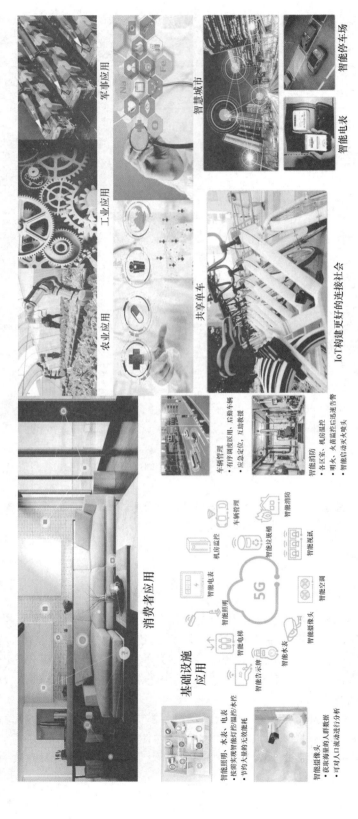

图 5-8 物联网的应用

美国国家标准与技术研究院（NIST）对云计算的定义是：云计算是一种模型，它可以实现随时随地、便捷、随需应变地从可配置计算资源共享池中获取所需的资源（例如，网络、服务器、存储、应用和服务），资源能够快速供应并释放，使管理资源的工作量和与服务提供商的交互减小到最低限度。

维基百科上对云计算的定义是：云计算是一种通过互联网以服务的方式提供动态可伸缩的虚拟化的资源的计算模式。

另一个对云计算更通俗的定义是：云计算是指由几十万甚至上百万台廉价的服务器所组成的网络，为用户提供需要的计算机服务，这是近年来计算机科学领域中的分布式计算（Distributed Computing）、并行计算（Parallel Computing）和网格计算（Grid Computing）的新发展。

5.2.2.2　云计算的关键特性

云计算有五大关键特性：

（1）按需自助服务（On-demand Self-service）。由于客户对 IT 资源的需求是不定时、不定量的，可以用技术手段实现对 IT 资源的动态分配，根据客户需求分配虚拟资源，从而可以实现高效利用资源。

（2）无处不在的网络接入（Ubiquitous Network Access）。为保障服务质量，服务提供商需要保障全天候、无处不在的网络接入服务，可以帮助用户提升工作的灵活性和工作效率。

（3）与位置无关的资源池（Location Independent Resource Pooling）。服务提供商将 IT 资源（网络、服务器、存储、应用和服务等）建成一个池，分配资源时从池中按需获取。

（4）快速弹性（Rapid Elastic）。通过技术手段实现资源的快速分配和释放，从而提高工作效率和服务质量。

（5）按需付费（Pay Per Use）。云服务的计费标准一般采用精细化计量，按使用的资源数和使用时长计费，有效提高运营效率。

5.2.2.3　云计算常见分类

按服务的层级对云计算进行分类，如图 5-9 所示，可分为基础设施即服务（Infrastructure as a Service，IaaS）、平台即服务（Platform as a Service，PaaS）和软件即服务（Software as a Service，SaaS），下面分别进行简要介绍。

（1）IaaS：主要提供/出租计算、存储、网络等基本 IT 服务，用户可以通过操作系统管理申请到的虚拟资源，并且自己安装需要的软件，IaaS 给予客户较大的自由，但是也需要专业人员管理，如弹性云服务器。

（2）PaaS：主要提供应用运行、开发环境和应用开发组件，云服务提供商为客户提供编程语言、库、服务，以及开发工具来创建、开发应用程序，并部署在相关的基础设施上，如数据库服务。

（3）SaaS：主要通过 Web 界面提供软件的相关功能，云服务提供商提供直接的客户端应用，如 Office 365、石墨文档。

下面按服务的部署方式和服务对象对云计算进行分类。

（1）公有云（Public Clouds）。"公有"表明这类云服务并非个人用户所拥有，而是面向大众提供计算资源的服务类型。一般由 IDC 服务商或第三方提供资源，如应用和存储资源。其优点在于成本低，扩展性非常好。其缺点是对于云端的资源缺少控制、数据的安全性较弱、存在网络性能和匹配性问题。

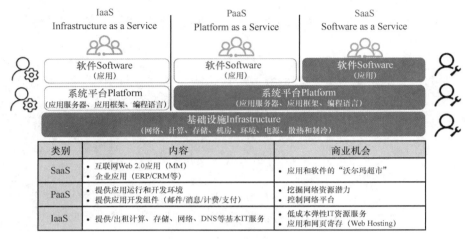

类别	内容	商业机会
SaaS	• 互联网Web 2.0应用（MM） • 企业应用（ERP/CRM等）	• 应用和软件的"沃尔玛超市"
PaaS	• 提供应用运行和开发环境 • 提供应用开发组件（邮件/消息/计费/支付）	• 挖掘网络资源潜力 • 控制网络平台
IaaS	• 提供/出租计算、存储、网络、DNS等基本IT服务	• 低成本弹性IT资源服务 • 应用和网页寄存（Web Hosting）

图 5-9   云计算的分类

（2）私有云（Private Clouds）。私有云是企业传统数据中心的延伸和优化，能够针对各种功能提供存储容量和处理能力，是为一个客户单独使用而构建的，所以这些数据、安全和服务质量都较公有云有着更好的保障。用户可以构建云的基础设置，并在此基础设置上部署应用程序。

（3）混合云（Hybrid Clouds）。在混合云模式中，云平台由两种不同模式（私有或公有）的云平台组合而成。这些平台依然是独立实体，但是利用标准化或专有技术实现绑定，彼此之间能够进行数据和应用的移植（例如，在不同云平台之间的均衡）。机构可以将次要的应用和数据部署到公有云上，充分利用公有云在扩展性和成本上的优势，同时将关键应用和数据放在私有云中，从而安全性更高。

5.2.2.4　虚拟化技术

虚拟化（Virtualization）的含义很广泛，将任何一种形式的资源抽象成另一种形式的技术都可称作虚拟化。虚拟化是资源的逻辑表示，其不受物理条件的约束。虚拟化技术是云计算的基础。简单地说，虚拟化使得在一台物理的服务器上可以同时运行多台虚拟机，虚拟机共享物理机的 CPU、内存、I/O 硬件资源，但在逻辑上虚拟机之间是相互隔离的。

常见的虚拟化应用有：

（1）内存虚拟化（Page File）。Windows 系统下虚拟内存技术，常称为页面文件，在内存不足的情况下，使用硬盘空间模拟内存空间，从而达到扩展内存的目的。

（2）磁盘虚拟化（RAID Volume）。独立硬盘冗余阵列（Redundant Array of Independent Disks，RAID），简称磁盘阵列，解决的是磁盘容量不足的问题，使用虚拟化技术将多个磁盘组合成一个磁盘阵列组，从而达到提高读写效率和降低数据冗余的目的。

（3）虚拟局域网（VLAN）。虚拟局域网（VLAN）是目前最常用的局域网虚拟化技术，由于 IP 地址有限而互联网上的主机数迅速增加，采用虚拟局域网技术可以实现多个主机共用一个公网 IP 地址。

虚拟化创建了一层隔离层，把硬件和上层应用分离开来，允许在一个硬件资源上运行多个逻辑应用，如图 5-10 所示。

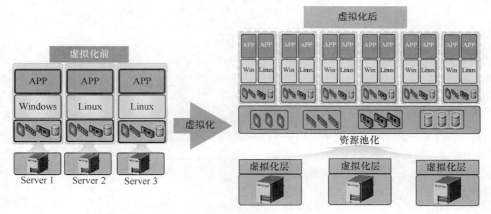

图 5-10　虚拟化示意图

FusionSphere 是华为公司自主研发的云操作系统，集虚拟化平台和云管理特性于一身，可以实现 x86 服务器的虚拟化，更确切地说，包含以下三个方面：

（1）计算（CPU/Memory 的虚拟化）。CPU 资源的虚拟化通过时分、空分方式实现多个虚拟机共享 CPU 资源，对虚拟机的敏感指令进行截获并模拟执行；内存资源的虚拟化是将包装成多份虚拟的内存给虚拟机使用，物理内存和虚拟内存通过虚拟机监视器（Virtual Machine Monitor，VMM）进行映射（映射表），但不一定是一一映射，并且支持内存超分配（内存复用技术）。

（2）存储（VIMS 文件系统）。虚拟镜像管理系统（Virtual Image Management System，VIMS）是一个高性能集群文件系统，突破了单个存储系统的限制，其设计、构建和优化针对虚拟服务器环境，可让多个虚拟机共同访问一个整合的集群式存储池，从而显著提高了资源利用率。VIMS 是跨越多个存储服务器实现虚拟化的基础，它可启用存储热迁移、存储动态资源调度和高可用性等各种服务。

（3）网络（分布式虚拟交换机）。分布式虚拟交换机是管理多台主机上的虚拟交换机（基于软件的虚拟交换机或智能网卡虚拟交换机）的虚拟网络管理方式，包括对主机的物理端口和虚拟机虚拟端口的管理。分布式虚拟机交换机可以保证虚拟机在主机之间迁移时网络配置的一致性。

5.2.2.5　虚拟化的特点

虚拟化具有以下四个特点，如图 5-11 所示。

（1）分区。分区是指在服务器上划分出多个虚拟机，每个虚拟机都可以同时运行一个独立的相同或者不同的操作系统，使用户能在一台服务器上运行多个应用程序。每个操作系统只能看到虚拟化层为其提供的"虚拟硬件"（虚拟网卡、CPU、内存等），在逻辑上可认为每个操作系统运行在自己的专用服务器上。

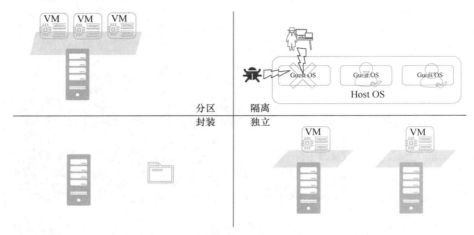

图 5-11　虚拟化的四大特点

（2）隔离。虚拟机是相互隔离的。一个虚拟机的崩溃或者故障，比如说操作系统故障、应用程序崩溃或者驱动程序故障等，不会影响到同一台服务器上的其他虚拟机；一个虚拟机中的病毒、蠕虫等与其他虚拟机相互隔离，就像每个虚拟机都位于单独的物理机器上一样。可以进行资源控制以提供性能隔离，也可以在单一机器上面同时运行多个负载、应用程序、操作系统，而不会出现应用程序之间的冲突。

（3）封装。封装是指将整个虚拟机信息（硬件配置、BIOS 配置、内存状态、磁盘状态、CPU 状态）存储在独立于物理硬件的一个小组文件中，用户只需要复制几个特定文件就可以随时随地根据需要复制、保存和移动虚拟机。

（4）独立。因为虚拟机运行于虚拟层之上，所以只能看到虚拟层提供的虚拟硬件。此虚拟硬件也同样不必考虑物理服务器的情况，这样，虚拟机就可以在任何 x86 服务器（IBM/DELL/HP 等）上运行而无须进行任何修改，因此就避免了硬件对操作系统的约束，以及操作系统对应用程序的约束。

5.2.2.6　5G 时代下的云计算

1．5G 时代为云计算带来新的发展机遇

第一，5G 时代，云服务将得到全面升级。4G 时代，云计算的普及让许多企业用户享受到了云带来的便利，但对于个人用户来说，接触和使用云的机会并不多。5G 时代的到来及计算机性能的提升，将让更多的云服务实现升级，直接影响人们的吃穿住行。5G 将与物联网、车联网、智慧城市、工业互联网、智慧医疗等场景深度融合，从而真正进入智慧生活时代。

第二，5G 时代的到来，必将推动云厂商的全面升级。5G 时代，网络建设的速度与规模势必大大提升，随之将会带动云基础架构的全面发展。云服务商需要从网络架构、基础设施、服务模式和运营体系等方面进行升级改造，加快推进面向垂直行业领域的云解决方案，以紧跟云计算时代发展的步伐。

第三，5G 时代，云计算将由中心转向边缘。随着互联网的进一步普及，越来越多的设备接入网络中，用户获取数据的需求将会大大增加，如果用户侧的数据每次都需要从数据中心获取，那么将大大影响 5G 网络的使用体验。使用了边缘计算技术后，用户只需从离用户最近的边缘数据中心传输数据即可，从而进一步降低网络时延，满足未来 5G 实时响应业务的交付需求。同时，借助边缘计算，可进一步加快整合产业生态，挖掘新业务场景，探讨面向垂直行业的云服务模式。

2．5G 时代的应用将基于端管云协同

我们认为，5G 时代的应用将主要基于移动场景下的端管云协同，如图 5-12 所示，将其定义为 Cloud X 业务。

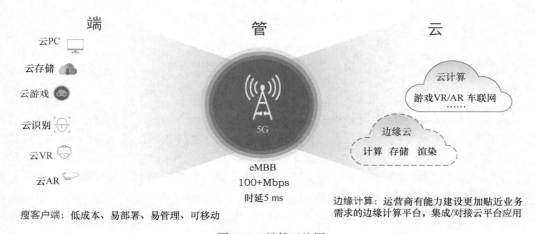

图 5-12　端管云协同

5G 带来了全新的 eMBB 管道，更贴近用户的边缘计算，将有望改变整个业务链条。

端侧无处不在的 5G 连接和边缘云，可以将原来在客户端上的计算、存储甚至渲染能力放在云端，而终端将变得更"瘦"、成本更低、移动性更强，更重要的是，能降低业务部署和普及的门槛，增强业务的生命力。

云侧集成了大量业务，从而更依赖于管道、边缘计算以及未来网络切片的能力，从而进一步凸显网络能力的重要性、强化运营商的控制力。

我们知道，4G 时代是以视频质量来衡量网络能力的，运营商被管道化，而 5G 时代将以 Cloud X 来衡量网络能力，也给运营商带来了重塑业务模式和网络价值的机会。

3．应用案例——5G+云 AR/VR

华为 Wireless X Labs 研究表明，通过云端渲染的 Cloud VR 将是未来 VR 的发展趋势。在本地 VR 模式下，VR 终端需要通过线缆连接到本地服务器，用户体验差，且成本较高，而 Cloud VR 实现了终端的无线化，并通过云端服务器完成了图像渲染，极大地降低了终端成本并提升了用户体验。

Cloud VR 对移动网络带来了更高的要求，主要是带宽和时延两个关键需求，比如，VR 入门级的体验需要 125 Mbps 带宽和 5 ms 时延，而极致的体验则需要 3.2 Gbps 带宽和 2 ms

的低时延，只有 5G 网络才能满足 VR 极致体验诉求，如图 5-13 所示。目前，VR 的应用场景主要还是视频和游戏，未来将会向更多的应用场景拓展。

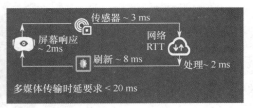

图 5-13　Cloud VR 应用场景

5.2.3　大数据

5.2.3.1　大数据概述

大数据（Big Data）是由海量庞大、结构繁杂、类型众多的数据所构成的集合体。截至 2020 年年底，全球已经有 500 亿台联网设备且不断地产生着数据，其所互联而成的网络正在改变着商业模式和人们的生活方式。物联网、工业互联网、车联网、人工智能等新兴产业的发展都需要大数据提供基础支持，各行各业也越来越依赖于大数据手段来开展工作，人类的日常生活已经与数据密不可分。根据最新百度指数和谷歌趋势（Google Trends）提供的数据，从 2012 年大数据概念引起关注起，大数据的搜索指数呈爆发式增长，至今仍受到持续关注。而随着 5G 时代的来临，数据量已经达到了前所未有的规模，如图 5-14 所示，根据国际数据公司（International Data Corporation，IDC）在 2017 年 4 月发布的白皮书《数据时代 2025》预测，未来数据产生量将持续保持高增长，到 2025 年全球的数据量预计达到 163 ZB。并且，数据增长的速度已经超过了技术演进的速度，全球已进入以数据研究应用为导向的时代。大数据作为一项新兴且潜在价值巨大的资产，正深刻改变着世界的经济格局、利益格局和安全格局。

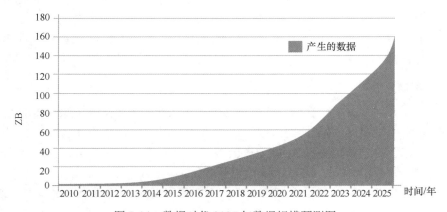

图 5-14　数据时代 2025 年数据规模预测图

目前，大数据尚未有一个公认的定义，各种不同的定义基本上都是从特征出发试图给出大数据的定义。由维克托·迈尔-舍恩伯格（Viktor Mayer-Schönberger）和肯尼思·库克耶（Kenneth Cukier）编写的《大数据时代》中提出，大数据具有"4V"特性，分别是多样性（Variety）、海量性（Volume）、高速性（Velocity）和价值性（Value）。

传统数据分析和大数据分析之间的对比如图 5-15 所示，相比传统数据分析，大数据分析主要存在以下四个方面的变化。

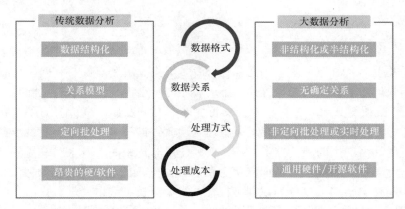

图 5-15　传统数据分析和大数据分析之间的对比

1. 数据格式的变化

与传统数据分析相比，大数据分析存在数据格式的变化，具体如下：

（1）数据结构化。传统数据分析通常面向的是结构化数据，并且数据集较小。大多数数据仓库都有一个精致的提取、转换、加载（Extract-Transform-Load，ETL）流程和数据库限制，这意味着加载进数据仓库的数据是容易解析的、清洗过格式的数据。

（2）数据非结构化或半结构化。大数据最大的优点是能够捕捉到传统数据之外的非结构化的数据。这意味着数据格式的范围更广，分析方式更具有挑战性。

2. 数据关系的变化

与传统数据分析相比，大数据分析存在数据关系的变化，具体如下：

（1）关系模型。传统分析是建立在关系型数据库之上的，系统内建立了主体之间的关系，并在此基础上进行数据分析。

（2）无确定关系。大数据分析所面向的非结构化数据（视频、音频等）形式，很难在所有的信息间以一种正确的方式建立关系，因此数据之间很难存在确定关系。

3. 处理方式的变化

与传统数据分析相比，大数据分析存在处理方式的变化，具体如下：

（1）定向批处理。传统的数据分析是定向的批处理，而且我们在获得所需的洞察力之前需要等待提取、转换、加载工作的完成。

（2）非定向批处理或实时处理。大数据分析是利用对数据有意义的软件的支持，针对数据的非定向批处理或实时分析处理。

4．处理成本的变化

与传统数据分析相比，大数据分析存在处理成本的变化，具体如下：

（1）昂贵的硬/软件。传统的数据分析系统通常依赖于昂贵的硬件及软件，如大规模并行处理（Massively Parallel Processing，MPP）系统或对称多处理（Symmetrical Multi-Processing，SMP）系统等，成本相对较高。

（2）通用硬件/开源软件。大数据分析系统可以基于通用的硬件和开源的分析软件来实现，如 Hadoop 等。

5.2.3.2　大数据关键技术

随着大数据时代的蓬勃发展，多元异构、海量汇集、快速增长的数据已经渗透到了各行各业，改变着人们对于数据的思考方式，推动着信息社会的变革。但与此同时，大数据价值密度低的特性，又使得其需要多种技术的支持才能够充分发掘出有价值的可以利用的部分数据。因此，各种各样的大数据技术应运而生。所谓大数据技术，是指伴随大数据的采集、存储、分析和应用等而产生的相关技术，是一系列使用非传统的工具来对大量的结构化、半结构化和非结构化数据进行处理，从而获得分析和预测结果的处理和分析技术。如图 5-16 所示，大数据关键技术架构可以分为数据可视化、数据分析、数据处理、数据存储和管理、数据采集/预处理和基础资源/云平台这六个方面。接下来，我们就将围绕这几个方面来介绍大数据的关键技术。

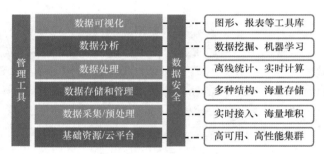

图 5-16　大数据关键技术架构图

1．数据可视化

数据可视化是大数据关键技术之一，为大数据的实践落地提供了直观、形象的展现方式。目前，数据可视化技术还处在一个不断演变的阶段，很多跨领域的新兴技术，比如图形图像处理技术、计算机视觉技术等都被用来提升大数据的可视化水平。概括来说，数据可视化流程主要包括数据收集、数据处理、数据分析、数据可视化展示等四个步骤。为了满足大数据可视化的诉求，目前已有很多针对性的工具，比如 Power BI、Tableau、QlikView、Apache Superset、Apache Zeppelin 等。

2．数据分析

数据分析指的是采用合适的方法对收集的数据进行解析，并从中提取有用信息的过程。通过将大量看似无规律的数据进行集中分析，提炼出其中的内在规律，以此辅助人们做出判

断和预测。在统计学领域中，数据分析可以分为
描述性统计分析、探索性数据分析和验证性数据
分析三大类。其中，描述性统计分析对数据集整
体进行统计性描述，是一种初级分析；探索性数
据分析使用几个关键字来描述整体数据集，即侧
重于数据集中新特征的发掘；验证性数据分析则
是分析判断模型和假设测试的条件是否达到，是
对传统统计学假设检验手段的补充。如图 5-17
所示，典型的数据分析通常包含数据采集、数据
预处理、数据挖掘、结果呈现等步骤。

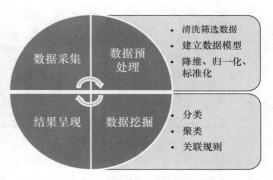

图 5-17　数据分析的几个步骤

3．数据处理

对于已经收集并存放在各种存储设备中的数据，我们需要对其做进一步的处理。如
图 5-18 所示，根据数据存储的时效性，对大数据的处理大体可以分为离线统计、近线处理
和实时计算三大类。由于近线处理主要考虑的是数分钟或数小时之前的数据，处于离线统计
和实时计算之间，其界限比较模糊，因此这里我们仅简要介绍离线统计和实时计算这两大类
数据处理方式。

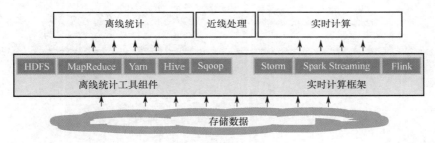

图 5-18　数据处理

离线统计主要考虑的是以天为延迟单位的数据处理周期，其对时效性并没有较强需求。
离线统计通过各种技术，在处理开始前就已准备好所有的输入数据，并在处理完成后就可以
得到计算结果。

实时计算主要考虑的是以秒为延迟单位的数据处理周期。在当今大数据时代的浪潮下，
对数据的需求已不仅仅局限于分析和挖掘，在很多场景下，需要对实时产生的数据进行捕获，
并做出针对性的动作，如广告推送、商品推荐等。因此实时计算被广泛应用在这种对于时效
性敏感的领域里，是大数据开发的未来方向。

4．数据存储和管理

数据存储和管理方式在一定程度上会直接影响整个大数据系统的性能表现。下面我们分
别介绍传统集中式存储、分布式存储和云存储。

1）传统集中式存储

传统集中式存储方式所存储的数据类型较为单一、结构较为稳定，适用于早期传统互联

网数据。但是随着 5G、大数据等技术的快速发展，数据类型和架构发生了巨大改变，传统集中式的数据存储系统在容量大小、扩充速度、读写速度和数据备份等方面已难以满足互联网发展的需求。因此，新的数据存储技术相继出现，主要包括直连式存储、网络附加存储和存储区域网络三大类。

2）分布式存储

分布式存储与传统集中式存储最直观的区别在于存储设备在地理位置上的分布情况。分布式存储将数据分散在多个存储节点上，各个节点之间通过网络进行互连管理，解决了本地存储系统在存储容量和维护成本上的限制。一个典型的分布式存储架构如图 5-19 所示，目前主流的分布式存储系统架构为主/从（master/slave）体系结构，通常包括主控节点、多个数据节点和各种大数据应用或终端用户组成的客户端。通过数据的分布式存储，大数据可以被划分为小数据，将数据规模降低到单个节点可以处理的粒度。

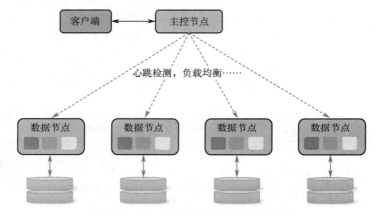

图 5-19　一个典型的分布式存储架构

3）云存储

随着云计算的飞速发展，云存储作为其衍生技术成为了一种新兴的网络存储方式。云存储通过虚拟化技术从物理硬件层抽象出存储空间，从而构建出云环境。待存储的资源由管理工具在云环境中按需归档、整理和分发。根据云的开放程度可以将云存储分为公有云存储、私有云存储和混合云存储三类，根据存储对象的格式又可分为块存储、对象存储和文件存储三类。

5. 数据采集/预处理

数据采集和数据预处理是在获取数据的同时进行数据的初步加工，以此提高所收集数据的质量，为大数据的后续处理提供高质量的数据输入。

1）数据采集

数据采集又称数据获取，是指通过 RFID 射频数据、传感器数据、社交网络交互数据和移动互联网数据等数据来源而获得的各种类型的结构化、半结构化及非结构化的海量数据，这些海量数据是大数据服务的根本。大数据采集方法可以分类为系统日志采集方法、网络数据采集方法（例如爬虫技术）以及其他数据采集方法（通过特定接口、设备），其中系统日志采集方法是大数据采集最传统的方式。

2）数据预处理

要想对采集到的海量数据进行有效的分析，需要对现有的数据做进一步的数据清洗、数据集成、数据变换等预处理工作，从而提升整体数据的质量。由于大数据具有低价值特性，数据的预处理工作变得至关重要。如图 5-20 所示，预处理工作主要包括数据清洗、数据集成、数据变换和数据归约四个方面。

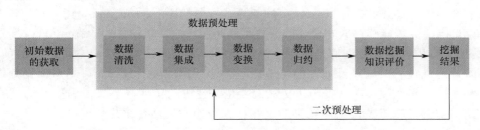

图 5-20　数据预处理步骤

（1）数据清洗：主要进行异常数据清洗、缺失值处理、噪声数据清除、一致性检查等工作。

（2）数据集成：将不同应用系统、不同数据形式的数据源中的数据结合并统一存储，建立数据仓库。其目的是解决多重数据格式不一致、数据重复冗余等问题，以提高后续数据分析的效率。

（3）数据变换：采用线性或非线性的数学变换方法，例如平滑聚集、规范化等手段，对数据进行降维压缩，消除部分不必要的特性，将其变换成适用于数据挖掘的形式。

（4）数据归约：用于寻找与发现与目标有关的特征，在尽量不影响原数据完整性的前提下，最大限度地精简数据量。一般而言，数据归约可以分为特征归约、样本归约和特征值归约。

6. 基础资源/云平台

由于大数据的复杂多样性、海量性、高速性等特点，因此对大数据处理平台提出了极高的要求。目前，大数据处理通常借助于分布式云平台来完成。主流的分布式计算云平台包括 Hadoop 和 Spark。

1）Hadoop

Hadoop 是由 Apache 软件基金会研发的一个分布式系统基础架构，使得用户可以在不了解分布式底层细节的情况下，处理大于 1 TB 的海量数据。Hadoop 核心组件包括分布式文件系统（Hadoop Distributed File System，HDFS）和分布式计算框架 MapReduce。HDFS 具有高容错性的特点，能够在低廉的硬件上提供高吞吐量的数据访问，MapReduce 能够为海量数据提供高效的分布式计算。这样的结构设计实现了计算和存储的高度耦合，成为大数据技术的事实标准。

2）Spark

Spark 是加州大学伯克利分校的 AMP 实验室在 2010 年发布的一个开源大数据处理引擎，

可以兼容 Hadoop 生态。由于其快速的处理能力、先进的设计理念，Spark 在推出后的 8 个月就成为 Apache 顶级项目，并迅速围绕着 Spark 推出了 Spark SQL、Spark Streaming、MLlib 和 GraphX 等组件。当前，Spark 已经成为主流的数据分析、数据流式处理、机器学习平台之一。

5.2.3.3　5G 与大数据融合赋能

大数据的落地应用需要在 5G 普及的基础上实现，传输庞大的数据量对于现有的通信传输技术来说难以满足其性能要求。5G 在性能等多方面都遥遥领先于 3G、4G，其推动着大数据由理论走向实际，能够在成本合理的前提下满足用户高质量的体验。在 mMTC 场景下，5G 通信技术提供海量连接支持，重点解决传统移动通信无法很好支持物联网发展的问题，实现了海量终端设备的智联互通，但也造成了终端数据的爆发式增长，这对数据处理的实时性、可靠性、安全性等能力提出了更高的要求，也进一步促进了大数据技术的发展。5G 与大数据的融合势将迸发出更加精彩的火花，为我们的生活带来更多的便捷。

5.2.4　人工智能

5.2.4.1　人工智能概述

1. 人工智能的基本概念

人工智能（Artificial Intelligence，AI）是研究、开发用于模拟、延伸和扩展人类智能的理论方法及应用系统的一门新的技术科学。人工智能这一概念由约翰·麦卡锡于 1956 年在达特茅斯会议上首次提出，当时的定义为"制造智能机器的科学与工程"，其目的就是让机器能够像人一样思考，让机器拥有智能。时至今日，人工智能的内涵大大扩展，如图 5-21 所示，人工智能已经演变成为一门融合了计算机科学、数学、脑科学、认知科学、心理学、语言学、逻辑学、哲学和社会科学的交叉学科。人工智能与其他智能一样，也需要在不断重复的现象观察、数据收集、信息提取和知识提炼这一过程中完成，最终使机器具备一定的思维认知能力。

图 5-21　人工智能：多学科的交叉融合

数据、算法、算力和场景是人工智能系统的四要素。具体来说，人工智能以数据为基础，结合人类设计的算法逻辑，通过把计算机程序式算法植入硬件（算力）中运行，并经过丰富的数据量进行反复训练，最终使得机器可以获得一定程度的智能并应用到具体场景中。目前，人工智能利用其强大的计算和存储能力已经能胜任一些搜索型和计算密集型（如机器人、围棋）的任务。然而，在较高层级的认知，特别是在类似语言、思维和文化这种高阶认知层级上的表现仍然远逊于人类智能。

2. 人工智能的分类

人工智能的分类在国际上至今尚无统一的标准，如果按照智能强弱划分，目前普遍将智能机器分为两类：弱人工智能和强人工智能。弱人工智能（Artificial Narrow Intelligence，ANI）是指擅长完成单方面的任务，但是它也只擅长特定的任务，如果让它完成其他任务，将不能胜任。比如，Google 的 AlphaGo，它仅仅是利用其强大的计算能力尽快地赢棋，而不可能试图模仿围棋大师的思维方式。弱人工智能追求尽快尽可能完美地完成特别任务。强人工智能（Artificial General Intelligence，AGI）是指制造的机器具有类人级别的智能。它拥有意识，能像人一样思考、解决问题、抽象思维、理解复杂理念和快速学习，能执行多种任务（甚至是任何任务），是人工智能的最高理想。但是，由于技术尚不成熟，目前还没有合适的例子。同时，人类无法确定强人工智能是否具有与人相似的道德标准，所以它可能带来的道德和伦理问题也值得深究。

此外，按照人工智能的技术划分，又可以分为传统机器学习、深度学习、计算机视觉、自然语言处理和推荐系统等。其中，传统机器学习还可以分为监督学习、无监督学习、强化学习和其他学习。

3. 人工智能、机器学习、深度学习之间的关系

如图 5-22 所示，机器学习（Machine Learning）属于人工智能的一个分支，主要设计能够让计算机自主学习的算法，这些算法分为监督学习算法、无监督学习算法等。而深度学习（Deep Learning）是机器学习的一个子域，通常用来增强特征表达能力，其本身也会用到传统机器学习方法来训练深度神经网络。近几年，深度学习受到了学术界和工业界的广泛关注，研究进展迅猛，一些新型的神经网络结构被设计出来，并表现优异，因此越来越多的人将其作为一种独立的人工智能学习方法进行研究讨论。深度学习的动机主要在于建立、模拟人脑的神经网络，模仿人脑来进行分析和解释图像、声音和文本等数据。

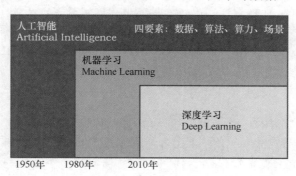

图 5-22　人工智能、机器学习、深度学习的区别与联系

5.2.4.2　机器学习和深度学习

1. 机器学习

机器学习（包括深度学习分支）是研究"学习算法"的一门学问。所谓"学习"是指：对于某类任务 T 和性能度量 P，一个计算机程序在 T 上以 P 衡量的性能随着经验 E 而自我完善，那么我们称这个计算机程序在从经验 E 学习。如图 5-23 所示，机器学习的基本流程包括数据收集、数据清洗、特征提取与选择、模型训练、模型评估测试和模型部署与整合。

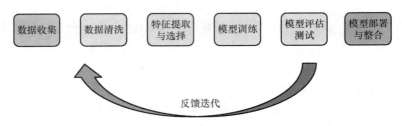

图 5-23　机器学习的基本流程

（1）数据收集和数据清洗。数据收集可以通过数据库拉取、网络爬虫和 API 获取等方式进行收集数据。不同的机器学习方法在不同的应用场景下各有优劣，但是，都具有数据贪婪性，无论哪种算法都能通过提供更多的数据来达到更好的效果。所以，尽量多采集有效数据是机器学习流程中基础且重要的一步。但是，原始数据往往异构多样且有噪声，无法直接使用，所以通常需要在特征工程之前进行大量的数据清洗工作，并且要特别注意对无效值、缺失值和异常值的处理。

（2）特征提取与选择。特征提取与选择是将数据属性转换为数据特征的过程，属性代表了数据的所有维度。虽然在数据建模时对原始数据的所有属性进行学习，但是并不一定能够找到数据潜在的趋势，所以需要先用特征工程对原始数据进行预处理，减少算法模型受到噪声的干扰，从而找出更好的趋势。特征工程常用的方法有离散型变量处理、时间戳处理、分箱/分区、特征缩放、特征选择和特征提取等。

（3）模型训练。模型训练过程中要注意选择合适的初始化方法，防止过拟合（增大样本量、减少特征量），选用合适的激活函数和参数调优。

（4）模型评估测试。在模型评估测试中，通常通过交叉验证对模型的性能进行评估。交叉验证的思想是，把数据重复多次切分成训练集和测试集，然后训练模型和评估模型的预测能力。在多次重复切分的过程中，不同次测试集中的样本和训练集中的样本互有交叉。

（5）模型部署与整合。将训练好的模型进行存储并投入使用。

2．深度学习

深度学习是机器学习的一种，也是机器学习的进阶研究，其模拟人脑的分层结构模型提取输入数据的高级别特征，解决一些复杂的模式识别难题。深度学习和机器学习的对比见表 5-1。深度学习源于人工神经网络的研究，其核心思想就是通过对原始数据，经过多层特征变换，将数据原空间的特征表示变换到新的特征空间中来，以便提取出来的高级别特征更能表示输入数据内在的规律。常见的典型神经网络结构主要包括传统的全连接深度神经网络（Deep Neural Network，DNN）、卷积神经网络（Convolutional Neural Networks，CNN）和循环神经网络（Recurrent Neural Network，RNN）三类。可以将 DNN 理解为有很多隐藏层的多层神经网络。DNN 内部的神经网络层可以分为输入层、隐藏层和输出层。CNN 是一种包含卷积计算且具有深度结构的前馈神经网络，由输入层、卷积层（convolution）、激活层（activation）、池化层（pooling）和全连接（full connection）五个层级结构组成。RNN 是一种以序列数据作为输入，在序列的演进方向进行递归且所有节点按链式连接的递归神经网络。

表 5-1 机器学习与深度学习的对比

机 器 学 习	深 度 学 习
对计算机硬件需求较小	进行大量的矩阵运算，可以使用 GPU 优化该进程
适合小数据量训练，再增加数据量难以提升性能	高维的权重参数，海量的训练数据下可以获得高性能
需要将问题逐层分解	"端到端"地学习
人工进行特征选择	利用算法自动提取特征自行学习

5.2.4.3 人工智能的应用方向

在了解了人工智能的基本概念和关键技术之后，我们将关注人工智能应用的各种场景。虽然人工智能技术在我们生活的各个方面都有广泛的应用，但是主要还是集中在计算机视觉、语音识别以及自然语言处理等几个方面。本章将对计算机视觉、语音处理以及自然语言处理等几个人工智能的关键应用进行简要介绍。

1．计算机视觉

计算机视觉是人工智能（AI）的一个领域，研究的主题主要包括图像分类、目标检测、图像分割、目标跟踪、文字识别和人脸识别等。通过使用计算机视觉领域的相关技术，使计算机和系统能够从数字图像、视频和其他视觉输入中获得有意义的信息，并根据这些信息采取行动或提出建议。如果说人工智能使计算机思考，那么计算机视觉则能使它们看到、观察和理解。计算机视觉的工作原理与人类视觉的基本相同，只是它们之间的训练方式不同。人类的视觉有一个巨大优势，那就是能够通过之前的经验来训练如何区分物体、它们的距离有多远、它们是否在移动，以及图像中是否有什么问题等。而计算机视觉则通过训练机器来执行这些功能，相比于人眼，它必须在更短的时间内用摄像机、数据和算法而不是用视网膜、视神经和视觉皮层来完成。在计算机视觉领域，随着新的硬件和算法的发展，计算机对于物体识别的准确率也随之提高。在不到十年的时间里，系统在对图像识别的准确率上已经超过了 99%，使得它们在对视觉输入做出快速反应方面比人类更准确，而且系统对于视觉信息的识别速度也在不断加快。

计算机视觉技术倾向于模仿人脑的工作方式来处理视觉信息，即通过基于模式识别的方式来完成。我们在大量的视觉数据上训练计算机来处理图像，在图像上标记物体，并在这些物体中寻找模式。例如，为了训练计算机能够识别"花"这一类别的模式，我们向计算机发送一百万张花的图像，接着计算机将分析这些图像，识别与所有"花"相似的模式，并在这一过程结束后，创建一个"花"的模型。因此，每次我们向计算机发送图片时，它们将能够准确地检测出某一特定图像是否为一朵花。在实现学习模式这一过程中主要使用了深度学习（DL），尤其是卷积神经网络（CNN）技术。

计算机视觉应用场景如图 5-24 所示。目前计算机视觉在各行各业中都得到了广泛的应用，例如，在零售业中通过计算机视觉对顾客行为进行跟踪，在线支付场景下的身份验证，在农业上通过计算机视觉对农作物病害进行监测，在医疗卫生领域通过计算机视觉技术对医疗图像进行分割，在自动驾驶领域对交通中的物体进行识别和分类，等等。随着人工智能技术和其他技术的发展，计算机视觉技术将在更多领域大展身手。

视频动作分析   身份验证

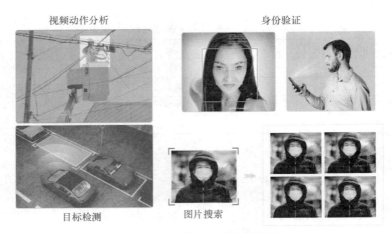

目标检测   图片搜索

图 5-24　计算机视觉应用场景

2．语音处理

语音处理是对语音信号进行解释、理解和处理的过程。它特指计算机系统对人类语音的处理，如语音识别软件或语音转文本程序。语音处理旨在对语音信号进行建模和处理，使其能够产生或者合成自然语言，或者识别人类语言。

由于语音处理的是数字信号，所以为了获取数字信号，首先，需要用麦克风或其他装置收取并采样信号并由模拟数字变换装置进行量化和编码；其次，将语音信号标准化，使其数值落在同一个范围并进行音框选择；最后，先是经过端点侦测使信号处理的范围更精确，然后通过简单的高频滤波器去掉部分噪声，这样就可以获得所需的语音数字信号。获取数字信号之后，我们就可以进行语音理解和语音识别等方面的相关工作了。语音理解是指利用知识表达和组织等人工智能技术进行语句自动识别和语意理解，语音识别是指利用计算机自动对语音信号的音素、音节或词进行识别，两者的主要不同之处在于对语法和语义知识的充分利用程度。

目前，语音处理在交互式语音系统、虚拟助理以及机器人等方面得到广泛的应用，如图 5-25 所示，如智能音箱、声纹识别、口语测评、问诊机器人等。随着人工智能技术和其他技术的发展，语音处理在其他领域也将大有可为。

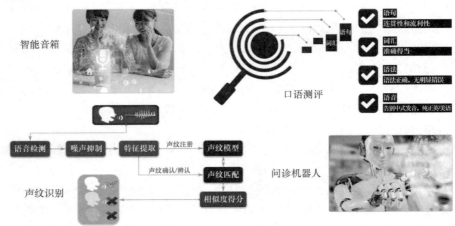

图 5-25　语音识别应用场景

3. 自然语言处理

自然语言处理（NLP）是计算机科学的一个分支，更具体地说是人工智能的一个分支，其目的是致力于建立能够理解和响应文本或语音数据的机器，并以与人类相同的方式用自己的文本或语音做出回应，从而让计算机有能力以与人类相同的方式理解文本和口头语言。

人类语言充满了歧义，这使得编写软件准确判断文本或语音数据的预期含义变得异常困难。同义词、同音字、讽刺、成语、隐喻、语法和用法的例外情况、句子结构的变化等人类语言中存在的不规则现象使得人类不得不花费数年来学习，但这些问题在 NLP 算法中都能够得到很好的解决。NLP 算法将计算语言学与统计学、机器学习和深度学习模型相结合，从而使计算机能够处理文本或语音数据形式的人类语言，并"理解"其全部含义，包括说话者或作者的意图和情感。NLP 驱动的计算机程序能够在实时条件下完成将文本从一种语言翻译成另一种语言，响应口语命令，并迅速总结大量的文本等任务。图 5-26 给出了几种自然语言处理的应用场景。NLP 的迅速发展已对社会产生了深远的影响，NLP 取得的成果已远超我们的预期，在可见的未来，NLP 将极大改变未来工业和消费者体验的许多领域，并将成为我们智慧生活中的必需品。

图 5-26　自然语言处理的应用场景

5.2.4.4　5G+AI 融合赋能

5G 和 AI 是世界上最具颠覆性的两项技术，虽然每一项技术都在为行业带来变革和新的体验，但 5G 和 AI 的融合将带来真正意义上的变革（见图 5-27）。事实上，这种技术的交叉是实现智能无线边缘网络愿景的基础，在这一愿景中，用来处理任务的设备、边缘云和 5G 齐头并进，以此创造一个智能设备和服务无处不在的连接结构。在本节中，我们将着重描述 5G 与 AI 技术如何融合赋能，即 5G 技术如何让 AI 驱动的体验变得更好以及 AI 技术如何赋能 5G 带来更好的通信服务。

1. 5G 赋能 AI

5G 具有高带宽、大连接、低时延的特点，能够提供更高的传输速率，同时也能够全面提升移动网络的容量和可靠性，为 AI 技术的发展提供了强力的通信基础设施平台支撑。首先，在 AI 技术的普及上，5G 技术的使用会加快终端 AI 与云端 AI 的高效通信及协同工作，会让整个统运转更高效，从而使 AI 技术在终端和云端更普及发展。其次，在数据上，5G 技术的使用将会开创万物互联的时代，从而带来数据体量、种类、形式的爆发式增长，能够为 AI 训练建模采集海量优质数据提供保障。最后，在使用场景上，5G 技术的高速率和高可靠性将会丰富 AI 技术的使用场景，从而我们对 AI 技术的使用有了更多的想象空间，如边缘场景下的无线联邦学习等。

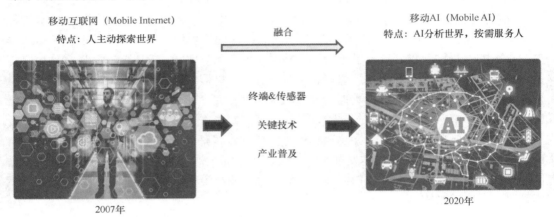

图 5-27　5G+AI 融合赋能

2. AI 赋能 5G

将 AI 应用于 5G 网络和设备将带来更高效的无线通信、更长的电池寿命和增强的用户体验。AI 作为一个强大的智能工具，适合用来解决 5G 网络中难以用传统方法解决的重要且极具挑战的无线问题。目前，通信行业已围绕着人工智能如何让 5G 网络变得更好进行了大量的研究和实践。实践表明，AI 将对 5G 网络管理的几个关键领域产生强大的影响，比如，可以增强 5G 网络的服务质量、简化 5G 网络的部署、降低 5G 网络运维复杂度、提高 5G 网络的网络效率和网络安全性。此外，AI 技术还可以被用来改进 5G 网络中的端到端系统。比如，AI 技术可以通过增强无线电的感知能力从而增强设备的使用体验，改进系统的工作性能以及带来更安全的无线网络。

总的来说，AI 和 5G 技术的相互融合赋能带来的不仅是 5G+AI 的效果，还是 5G×AI 的效果，我们相信随着 5G 技术和 AI 技术的发展，两种技术的深入融合将会给通信行业带来更多的惊喜。

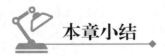 **本章小结**

本章探讨了 ICT 技术在数字经济化时代的角色和作用，详细介绍了一些新兴技术的基本概念、原理和应用，包括物联网、云计算、大数据、人工智能等，并讨论了如何实现 5G 与新技术的融合赋能、融合创新。

通过本章的学习，能够了解 ICT 技术融合的发展趋势，了解物联网、云计算、大数据、人工智能等新兴技术的特征与现状，掌握如何实现 5G+新技术融合创新应用。

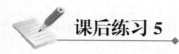

课后练习 5

一、填空题

5-1　物联网的应用技术架构有_____、_____、_____。

5-2　云计算虚拟化技术具有四个特点：_____、_____、_____、_____。

二、选择题

5-3　（单选）以下不属于云计算服务类型的是哪一个？（　　　）

　　A．基础设施即服务（IaaS）　　　　　B．平台即服务（PaaS）

　　C．软件即服务（SaaS）　　　　　　　D．系统即服务（SaaS）

5-4　（单选）以下不属于当前云计算特点的是哪一个？（　　　）

　　A．私有化　　　　　B．超大规模　　　　　C．高可靠性　　　　　D．虚拟化

5-5　（单选）以下不属于大数据"4V"特性的是哪一个？（　　　）

　　A．Value　　　　　B．Variety　　　　　C．Velocity　　　　　D．Various

　　E．Volume

5-6　（多选）传统数据分析和大数据分析相比，存在哪些方面的变化？（　　　）

　　A．数据格式的变化　　　　　　　　　B．数据关系的变化

　　C．处理方式的变化　　　　　　　　　D．处理成本的变化

5-7　（单选）对于大数据的数据存储和管理，下列描述错误的是哪一个？（　　　）

　　A．传统集中式存储方式所存储的数据类型较为单一、结构较为稳定，适用于早期传统互联网数据。

　　B．分布式存储将数据分散在多个存储节点上，各个节点之间通过网络互连管理，解决了本地存储系统在存储容量和维护成本上的限制。

　　C．根据云的开放程度可以将云存储分为公有云存储、私有云存储和混合云存储三类，根据存储对象的格式又可分为块存储、对象存储和文件存储三类。

　　D．NoSQL 泛指关系型数据库，主要解决 5G、大数据时代下的超大规模和高并发的数据，其在大数据应用领域已经引起了广泛的关注。

5-8　（单选）数据清洗的方法不包括哪一个？（　　　）

　　A．缺失值处理　　　　　　　　　　　B．噪声数据清除

　　C．一致性检查　　　　　　　　　　　D．重复数据记录处理

5-9　（单选）关于人工智能的分类，下列描述错误的是哪一个？（　　　）

　　A．强人工智能（Artificial General Intelligence，AGI）是指制造的机器具有类人级别的智能，当前已经有不少技术公司推出了具备这一级别的产品。

　　B．人工智能研究在国际上至今尚无统一的定义，如果按照智能强弱划分，目前普遍将智能机器分为两类：弱人工智能和强人工智能。

C. 按照人工智能的技术划分，可以分为：传统机器学习、深度学习、计算机视觉、自然语言处理和推荐系统等。

D. 传统机器学习算法可以分为监督学习、无监督学习、强化学习和其他学习。

5-10 （单选）人工智能、机器学习、深度学习之间的关系可以怎样描述？（　　）

A. 人工智能>深度学习>机器学习　　B. 机器学习>人工智能>深度学习

C. 人工智能>机器学习>深度学习　　D. 人工智能=机器学习>深度学习

5-11 （单选）机器学习的基本流程包括数据收集、数据清洗、_____、_____、模型评估测试、以及模型部署与整合。（　　）

A. 数据压缩、模型训练

B. 特征提取与选择、模型训练

C. 特征合并、模型训练

D. 数据压缩、特征合并

5-12 （单选）5G 和 AI 是具有颠覆性的两项技术，虽然每一项技术都在为行业带来变革并带来新的体验，但 5G 和 AI 的融合将带来真正意义上的变革，下列描述哪一个是错误的？（　　）

A. 5G 具有高带宽、大连接、低时延的特点，能够提供更高的传输速率，同时也能够全面提升移动网络的容量和可靠性，为 AI 技术的发展提供了强力的通信基础设施平台支撑。

B. 将 AI 应用于 5G 网络和设备将带来更高效的无线通信、更长的电池寿命和增强的用户体验。

C. 在使用场景上，5G 技术的高速率将会丰富 AI 技术的使用场景，但 5G 技术的不稳定性是当前全球运营商及相关行业将 5G 技术落地的重大阻碍。

D. AI 和 5G 技术的相互融合赋能带来的不单单是 AI+5G 的效果，而是 AI×5G 的效果。

三、简答题

5-13 ICT 来源于哪两种技术的融合？ICT 包含哪些产业？

5-14 为什么说 5G 是连接物理世界和数字世界的重要组带？5G 对于智慧城市有什么意义？

5-15 ICT 产业创新将呈现什么样的趋势？

Chapter

6

第 6 章
5G 局域专网场景及解决方案

5G 局域专网是指在一些行业、部门或单位内部，为满足其进行组织管理、安全生产、调度指挥等需要所建设的通信网络。5G 专网是 5G 走向千行百业的必由之路。虽然 5G 局域专网的发展渐入佳境，但若要真正使能千行百业的数字化转型，5G 局域专网依然面临着诸多挑战。

本章我们重点讨论钢铁、港口、煤炭、3C 制造这 4 个行业的 5G 专网解决方案。

课堂学习目标

- 掌握 5G 在钢铁行业的应用与解决方案
- 掌握 5G 在港口行业的应用与解决方案
- 掌握 5G 在煤炭行业的应用与解决方案
- 掌握 5G 在 3C 制造行业的应用与解决方案

6.1　5G+钢铁行业应用与解决方案

随着 5G 网络的快速发展，5G 使能千行百业是网络新的发展趋势。钢铁行业作为影响经济民生的重要行业，是 5G 使能行业发展的重要突破口，下面从钢铁行业洞察、5G 应用场景及网络需求分析、场景化解决方案和应用案例等方面介绍 5G 如何使能钢铁行业数字化转型。

6.1.1　钢铁行业洞察

6.1.1.1　钢铁行业简介

钢铁行业主要是指生产销售钢铁产品的行业。钢铁是铁（Fe）与 C（碳）、Si（硅）、Mn（锰）、P（磷）、S（硫）以及少量其他元素所组成的合金。其中除 Fe 外，C 的含量对钢铁的机械性能起着重要作用，故钢铁也可统称为铁碳合金。钢铁是国民经济中最重要的，也是最主要的、用量最大的金属材料。

图 6-1 中显示了钢铁行业上中下游生态情况。产业链上游主要涉及各种原材料生产和供应，产业链中游涉及钢铁冶炼及钢铁产品生产，产业链下游涉及使用钢铁的各种行业。接下来，分别介绍各部分之间的关联以及组成。

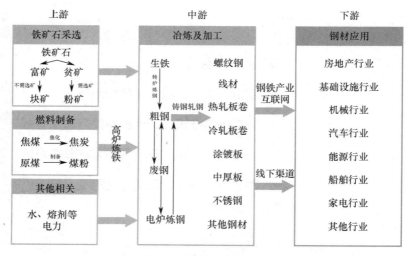

图 6-1　钢铁产业链分布

1.　钢铁产业链上游部分

钢铁端到端生产过程主要包括两种生产类型，即长流程和短流程。其中，长流程主要以铁矿石为铁元素来源，经过还原熔炼、氧化精炼及二次精炼，把钢水凝固成连铸坯（或钢锭）后轧制成钢材的生产过程。短流程主要以各种废钢作为主要铁元素来源进行炼钢，废钢熔化成为钢水，再经过凝固和轧制加工成钢材的生产过程。

钢铁行业长流程生产过程中的上游涉及最主要的原材料有焦炭、铁矿石、石灰石等。原材料的供给情况直接制约了钢铁的生产流程，例如，原材料资源分布不均衡造成钢铁生产的成本增加，竞争力下降。其中，石灰石资源相对丰富，用量较少，下面重点介绍煤炭和铁矿石的供给情况。

首先，了解一下煤炭供给。中国煤炭资源分布极不平衡，北多南少，西多东少。大量煤炭自北向南、由西到东长距离运输，给煤炭生产和运输造成很大压力。煤炭又是钢铁生产过程中的主要生产原料之一，所以煤炭的供给情况制约着钢铁原材料的成本和生产效率。

其次，重点了解一下铁矿石供给的痛点。国内铁矿资源有两个特点：一是贫矿多，铁元素含量不足 20%的贫矿的储量约占总储量的 80%；二是多元素共生的复合矿石较多，矿体复杂。例如，有些贫铁矿床，上部为赤铁矿，下部为磁铁矿。

国内钢铁行业上游铁矿石对外依存度大，国际形势、贸易以及政策容易对国内钢铁生产成本造成较大的不确定性。我国铁矿砂及其精矿进口量统计如图 6-2 所示，图中对 2014—2020 年国内铁矿砂进口量进行了统计，其中，2020 年铁矿砂和精矿的进口总量达到 11.7 亿吨，增长率为 9.5%。国内主要是贫矿，精矿、富矿等则依赖进口，但是一旦大量质量不好的进口铁矿进入国内，将会严重吞噬国内钢厂的利润。

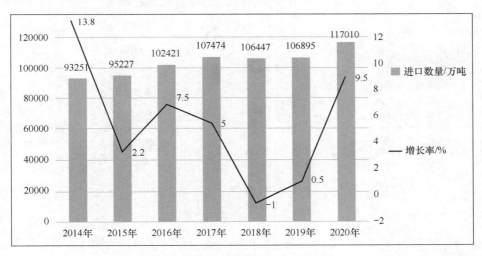

图 6-2　我国铁矿砂及其精矿进口量统计

2. 钢铁产业链中游部分

钢铁产业链中游主要涉及钢铁冶炼，钢铁产品生产等环节。

其中，钢铁长流程生产过程如图 6-3 所示，主要步骤包括配煤、配矿、焦化烧结、炼铁、炼钢、连铸和轧制等。通过粉碎机把铁矿石等材料粉碎，通过一定比例混合，进行烧结，经烧结而成的有足够强度和粒度的烧结矿可作为炼铁的熟料。然后通过高炉进行炼铁，炼铁的原材料由铁矿石及球团矿、燃料（焦炭）和熔剂（石灰石）等部分组成。炼铁材料通过高温还原反应，实现把铁从铁的氧化物中还原出来，完成铁水冶炼。铁水预处理后通过电炉或转炉进行炼钢。铁水预处理主要是对高炉出产的铁水进行脱硫、脱磷、脱硅处理。精炼之后的钢水通过连铸机完成凝固，切成坯料。再根据不同的钢铁产品形态进行轧制，可以通过粗轧和精轧完成各种钢铁材料输出。

　　钢铁产品按照钢材的成材形态分为型材、板材、管材和金属制品等不同种类。其中，型材主要是指金属经过塑性加工成形、具有一定断面形状和尺寸的实心直条，型材的品种规格繁多，用途广泛，如重轨、轻轨、大中小型型钢和线材等不同种类型号。板材主要是指锻造、轧制或铸造而成的金属板卷，主要包括宽厚板、热轧板和连轧板等。管材就是用于做管件的材料，包括无缝钢管和焊接钢管等。金属制品包括冷热拔钢丝、钢丝绳和钢绞线等。

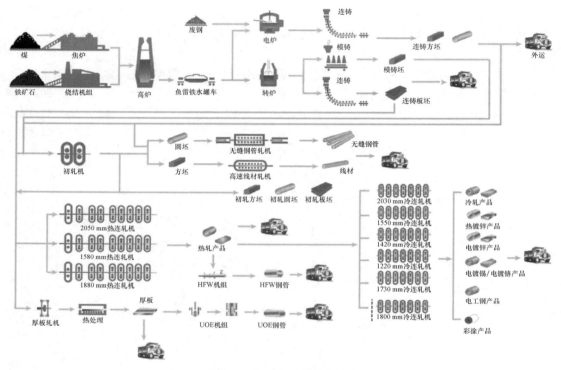

图 6-3　钢铁长流程生产过程

　　钢材产品也可根据其他方式进行分类。比如，按板卷厚度可分为薄板、中板、厚板和特厚板；按生产方法可分为热轧钢板和冷轧钢板；还可以按照用途、表面特征等进行分类，在不同场景可使用不同种类的钢材。

　　虽然我国钢铁产量已超过全球的 50%，几乎覆盖世界已有的所有钢材品种，几乎没有任何一个钢材品种完全依赖进口，但是在高精尖钢铁方面，仍然有部分不足。我国的特种钢，从种类到产量缺口依然较大，在极特殊的钢材方面，还处于长期受制于人的局面。

3. 钢铁产业链下游部分

　　钢铁行业作为我国工业经济的基础，其可持续发展，与钢铁下游部分的房地产、机械制造、家电汽车工业、船舶、基建等行业的发展不可分割。钢铁行业主要为下游的产业提供钢铁原料，下游行业发展快，就意味着对钢材的需求量就大，从而带动钢铁产业高速发展，反之则影响钢铁产业的发展。

　　其中，房地产行业对钢铁的需求量最大，大概占钢铁总消耗量的 40%，钢价的涨跌，很大程度上受房地产行业的兴衰而决定。基建同样是钢铁的重要消耗者。截至 2020 年年底，全国公路总里程 519.81 万千米，其中高速公路里程 16.1 万千米；铁路营业里程达 14.6 万千米，其中高铁里程达 3.8 万千米。随着交通运输等方面的高速发展，对钢铁的供应提出了更高的要求。制造行业（包括汽车、家电、船舶以及其他的装备制造业）整体增速放缓，不管是终端消费增速还是产业投资增速，都随着经济增速的下降而逐渐放缓，但是制造行业依然是钢铁的重要消费者。

房地产、基建和工业制造三大产业基本上消化掉钢材总量的 90% 左右，然而随着经济增速的继续下滑，以上三大产业难以长期维持中高增速增长，未来钢铁消耗量必然会进一步的下降。下游产业对钢材需求的降低，直接导致钢铁市场库存增加、价格降低，进而影响钢铁企业的效益，所以钢铁企业需要调整整体钢铁产品的结构，维持自己的竞争力。

6.1.1.2　钢铁行业趋势

我国钢铁行业的发展大体经过了 5 个阶段：1977 年以前，起步阶段，主要追求钢铁产量提升，大炼钢铁；1978—2000 年，缓慢发展阶段，改革开放政策为钢铁产业利用技术和外资提供了保障，1996 年，钢铁产量突破 1 亿吨；2001—2010 年，快速扩张阶段，我国加入 WTO 后，经济快速发展，钢铁出现爆发式增长；2011—2015 年，增速放缓阶段，因为成本上升、经济危机、政策调控等外部因素，钢铁产量增长放缓；2016 年至今，供给侧改革阶段，"十三五"规划引导去产能、调结构、绿色制造、智能制造，给钢铁行业带来直接影响。

据世界钢铁协会数据，2020 年全球粗钢产量达到 18.64 亿吨，同比下降 0.9%。其中，我国的粗钢产量为 10.53 亿吨，同比增长 5.2%，我国占全球粗钢产量的份额从 2019 年的 53.3% 上升至 2020 年的 56.5%，是世界钢铁生产第一大国，并逐步迈向钢铁强国。"十三五"以来，我国主要钢铁企业装备达到了国际先进水平，智能制造在钢铁生产制造、企业管理、物流配送、产品销售等方面的应用不断加强，关键制造工艺流程的数控化率超过 65%，企业资源计划（ERP）装备率超过 70%，信息化程度得到了跨越式发展。

我国是钢铁生产大国，但距离钢铁强国还有一定距离，主要差距体现在以下 4 个方面。

一是发展不均衡：目前我国钢铁工业机械化、电气化、自动化、信息化并存，不同企业的发展水平差异较大。

二是行业基础薄弱：智能制造整体处于起步阶段，智能制造的标准、软件、信息安全基础薄弱，缺少行业标准，共性关键技术亟待突破。关键软件、底层操作系统、开发工具等技术领域基本被国外垄断，缺少核心专利。

三是投资回报率难以量化，智能化尚未成为主要生产模式：伴随着人工成本的不断加大，企业员工对作业环境和劳动舒适感、职业尊崇感的诉求不断提升，远程化、自动化生产的需求和趋势愈加明显和迫切。

四是核心知识产权掌控不足，原始创新应用比例不高：在研发方面尚未形成以产学研深度融合的技术创新体系，原始创新研发积极性不高，政策扶持力度有待加强。

随着技术的不断发展，国内钢铁行业通过不断调整产业结构从而提升自己的竞争力。我国为了更好地发展钢铁行业，出台了一系列政策支持钢铁行业发展，主要政策包括去产能、去杠杆、减污染、优结构等，这为钢铁行业的发展提供了方向。

因为发展不均衡，所以产业重组、淘汰落后产能成为钢铁行业发展的新趋势，国务院发布的《关于推进钢铁产业兼并重组处置僵尸企业的指导意见》是钢铁行业去过剩产能、结构优化调整的顶层设计方案。文件中提到，到 2025 年，排名前 10 家企业的产能集中度（Concentration Ratio，CR）达到全行业的 60%～70%，钢铁企业通过兼并重组、产能置换等手段，提高资源利用效率，提升企业竞争力，杜绝钢铁产能过剩。

在炼铁炼钢的过程中，对能源消耗、环境污染的挑战都很大。国家政策对节能减排方面也提出了新的要求，需要对钢铁的生产线进行改造，从而保证能够满足节能减排的要求，并淘汰落后生产线；通过碳达峰和碳中和倒逼钢铁行业减量调整再升级，未来数十年，"降碳"将成为产业转型和能源结构调整工作的重点。

随着新时代的快速发展，钢铁厂的需求会更加灵活、定制化，原来的生产线设备很难满足灵活的业务需要，需要对原来的钢铁生产线进行智能升级，通过 5G+AI 等方式实现精细化管理。以新的生产模式，实现快速生产多品种、小批量、高质量的产品。随着预测式制造的到来，将催生对新技术的需求，包括下游客户需求 AI 预测、设备状态 AI 预测、上游原燃料市场 AI 预测等。

在国家大力推进生态文明建设的大背景下，钢铁行业已经进入提质、控量的发展阶段，智能、绿色发展成为钢铁未来发展的主要方向，也是行业转型升级的关键所在。今后的钢铁行业会从产量向优质、高效、智能、绿色的方向不断探索、前进，这也会是钢铁行业的长期发展趋势。

6.1.1.3　钢铁行业的痛点

钢铁生产涉及不同的场景，需要利用有限的生产要素来更高效、更低成本、更安全、更环保地生产更优质的产品。钢铁生产具备以下特征：

（1）涉及大量的工作人员；

（2）设备集中、庞大，技术含量高；

（3）生产流程长，涉及多种多样的生产工艺；

（4）原料、辅料、半成品货物吞吐量大；

（5）高能耗、高污染、高危险，工作环境恶劣。

随着社会的不断发展，企业工作者对生产工作环境提出了更高的要求。但是钢铁行业工作环境艰苦，存在高温、粉尘、噪声等恶劣条件，严重损害员工的健康，造成钢铁企业招工越来越困难。

面向钢铁行业的快速发展，在智能化改造的大背景下，希望能够通过一定的技术解决企业的需求，解决或减少钢铁行业中碰到的问题。

6.1.2　5G 应用场景及网络需求分析

钢铁行业拥有着工业制造领域最丰富和最复杂的应用场景，比如，超高温、超低温环境，超快、超慢的设备运动需求，多种设备智能化检测，高精度定位等工业应用需求。5G 助力智慧钢铁场景，大体分为远程控制、视频监控和机器视觉三类。其中，远程控制主要包括远程天车（起重机）控制、无人天车远程自动控制和（加渣）机械臂远程控制；视频监控主要提供视频监控回传，强调业务状态监控；机器视觉主要包括钢表检测和自动转钢，更多强调通过高清视频实现的 AI 识别。

6.1.2.1　远程天车

在钢铁生产的端到端业务流程中，其原材料、中间产品和最终商品都涉及吊装作业，主要包括原料吊装、中间品吊装、成品吊装，以及生产过程中产生的废料吊装。因此，在钢铁生产的原材料进厂、炼铁、炼钢、热轧、冷轧、成品库和废钢库的材料搬运几乎所有环节都需要使用天车起重机。图 6-4 展示了在端到端业务流程中涉及天车的环节。

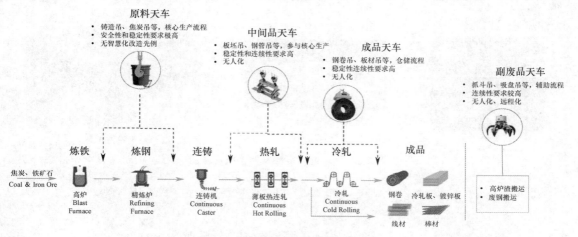

图 6-4　钢铁生产中涉及天车的环节

天车是多个生产作业场景的核心生产设备，涉及生产的各个环节。钢铁企业在工业自动化、信息集成度不断提升的情况下，天车搬运作业依然是一个重大瓶颈和盲区，让整个信息化链条呈现了明显断裂，传统钢铁行业的天车操控对人力和成本都有较大的消耗，高危作业环境导致工作满意度低，综合工作效率和效益受影响明显。天车操控急需实现少人化、无人化作业。

当前，天车操作的痛点包括：

（1）高温、粉尘、噪声工作环境损害员工健康。

（2）特殊岗位，工作环境艰苦，连续作业，疲劳驾驶，易发生人为操作错误，导致安全和生产事故。

（3）现场高空登车环境狭窄，存在安全隐患，下车需要较长时间，影响工作效率。

（4）天车工岗位分散，组织管理效率低。

（5）一台天车需要多个专人负责，人力资源形成较大浪费。

（6）传统光纤连接方式部署难、成本高，Wi-Fi/微波方式抗干扰差、不稳定，无法满足改造要求。

因此，对天车的控制进行远控改造、改善一线作业人员的工作环境、提高作业操作效率，成为行业的通用诉求。

天车远程视频操控系统示意图如图 6-5 所示，图中示意了通过 5G 网络实现远程天车控制，图中左侧是天车接入设备，主要通过高清摄像头实现视频实时回传，通过 5G 网络实现数据转发，天车操控系统和天车之间存在视频流和可编程逻辑控制器（Programmable Logic Controller，PLC）控制流两种流量。天车控制室和天车通过双端无线的方式实现设备的接入和司机在中控室对天车进行控制。图 6-6 中示例了用 5G 改造之后的天车实景图。

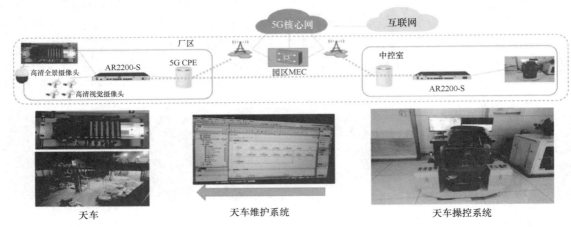

图 6-5　天车远程视频操控系统示意图

图 6-6　天车实景图

天车远程控制系统一般由操控椅（含 PLC）、5G 网络、天车（PLC、摄像头）三部分组成。通过车端进行智能化改造，包括打通 PLC 和 5G 网络链路，通过 5G 专线与控制端进行连接；配置视频摄像头实现操作相关全景和局部高清视频监控，通过 5G 网络提供超低时延，满足指令实时下发，实现天车远程操控要求。

天车改造前需要多人轮班形式工作，在噪声、粉尘、高温现场进行操作，职工工作环境和工作时间受到极大的挑战，工作状态无法保障，效率不高，通过 5G 智能化改造后，具有以下优势：

（1）生产工作环境极大改善，让工人体面地工作，提升归属感和社会地位，减少员工流失。

（2）提高天车运行效率、降低故障率、降低能源消耗，同时减轻工人的劳动强度，提升安全性。

（3）有线连接到无线随时接入，部署效率极大提升、监控盲区补点高效快捷。

（4）缓解人为不规范操作对设备冲击造成的磨损，提高设备使用寿命，降低检修强度和成本。

（5）采用大数据分析技术，天车可以自行判断最经济的吊运方式和最优路径。

6.1.2.2　无人天车

类似远程天车，行业领先的钢铁企业也在进行自动化程度更高的全无人桥式起重机（简称无人天车）方案的生产现场落地。无人天车由于对接了库存管理系统以及企业 IT 系统，并且通过更丰富的传感器实现了对现场作业的高度自动化控制，其作业效率更高，作业数据更准确，在大型钢铁生产企业强调效率的吊装场景，有更迫切的应用需求。前期由于吊装算法原因（无法准确、智能地识别搬运的物体），部分场景主要使用远程天车，通过远程控制解决初期算法的缺陷，例如，不规则物件装卸效率不高、应急场景响应不及时等。所以在应用前期，可以采用远程天车和无人天车共存。如果吊装材料相对规则，工作环境相对安全可控，建议部署无人天车；如果吊装材料不规则，或者存在人员出入移动等危险动作，建议初期部署远程天车。

典型的无人全自动控制桥式起重机架构图如图 6-7 所示。桥式起重机北向受库存管理系统（Warehousing Management System，WMS）的指挥及调度，通过通信链路实现南向对 PLC 的控制，从而实现通过 PLC 对输入输出设备的控制。因此，在整个系统中，实现南北通信的通信链路是由核心模块完成的。

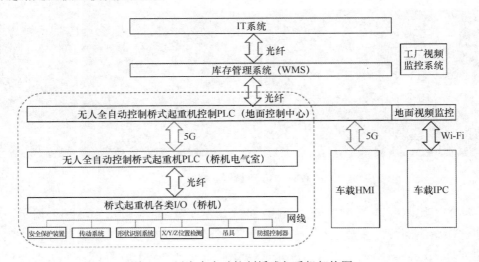

图 6-7　无人全自动控制桥式起重机架构图

基于无人桥式起重机方案构成，其操控不依赖于视频监控数据，同时，当前控制方案中依赖无线通信的环节主要是地面控制中心 PLC 与桥机 PLC 之间的控制通信，因此无人桥式起重机对 5G 网络的需求集中在控制链路上。

无人桥式起重机的控制过程，包括桥吊现场控制（现场层）、吊桥与地面控制中心控制（控制层）及地面控制中心与 WMS 控制（操作层）三层。

（1）现场层：通过现场部署一些摄像头、激光、雷达扫描仪探测现场数据，实现环境建模、防撞等本地闭环功能。

（2）控制层：行车 PLC 将输入输出数据周期性传递给控制系统，包括大车、小车、卷盘、吊具等的状态及精准位置等信息，控制系统基于从 WMS 获取的吊装任务目标，计算后规划并向行车下发控制指令。

（3）操作层：WMS 基于业务系统作业任务，向地面控制中心下发作业任务。

无人天车系统由采集器（含 3D 扫描仪、激光测距仪、编解码器、摄像头）、5G 网络和 PLC 控制器三部分组成。通过扫描仪采集水平方向与垂直方向信息，测距仪采集距离信息，获取周边物料、坑料、车辆、车斗高度及装卸位置的信息和画面，实时将数据传输至边缘云端进行数据处理，建立现场三维数据模型。同时，通过 AI 智能算法构建动作指令集，下发给天车执行，从而实现天车无人化自主生产。

6.1.2.3　加渣机械臂

在钢铁生产过程中，连铸流程需要在结晶器中添加保护渣，以覆盖在钢水表面防止钢水被氧化。但是加渣车间环境温度高、灰尘大、钢渣飞溅，传统人工加渣现场操作存在安全隐患、劳动强度大；并且保护渣的厚度由操作工的经验来控制，容易导致钢水表面保护渣厚度不均匀。加渣机械臂安装前后对比如图 6-8 所示，部署前工作环境艰苦，部署后通过机械臂远程控制，使工人远离艰苦的工作环境。

图 6-8　加渣机械臂安装前后对比

自动加渣组网由 PLC 控制器、摄像头和 5G 网络三部分组成，如图 6-9 所示，中控室可以通过摄像头回传的视频进行分析，通过机械臂远程控制系统实现一键加渣，实现远程自动化处理。这样减少了人工人力成本，保障员工安全，同时能够减少人工加渣带来的厚度误差。

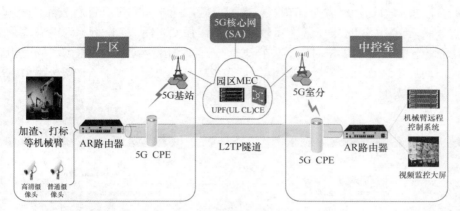

图 6-9　自动加渣组网

6.1.2.4　视频监控

在高温危险区域巡检存在安全风险，通过高清实时视频监控，控制中心可以及时、准确地掌握现场动态，实时预警，提前干预，避免安全事故，同时减少人员工作巡检，提高效率，并避免了安全生产事故。

钢铁的生产环境存在很小的生产区域需要进行大量视频回传的场景，5G 能够灵活适配，满足此类视频回传的需求。高清实时视频监控组网如图 6-10 所示，摄像头可以通过 5G CPE 把视频流量实时回传到视频检测平台，通过平台的软件处理及时识别出高风险场景，以减少人员伤亡和财产损失。

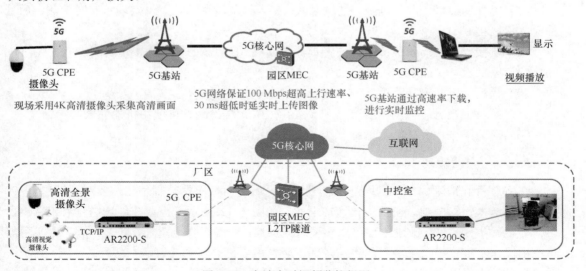

图 6-10　高清实时视频监控组网

6.1.2.5　钢表检测

钢材在运输和制造过程中不免会产生压痕、孔洞等表面缺陷的质量问题，长期暴露于空气中也会存在锈斑等问题。钢铁表面检测（简称钢表检测）通过摄像头高清视频回传，结合机器视觉算法自动识别钢材表面存在的一系列问题，能够大幅提升钢材表面质量检测效率，提升钢材产品质量，降低表面质量检测人员的工作强度。图 6-11 所示为钢表检测的运作原理，通过现场分布式推理引擎对高清视频进行分析，得出检测结果，通过现场应用软件推送检测结果，通过平台训练更新检测模型，支持客户自主更新模型，AI 算法越用越准，满足长期应用演进的需求。

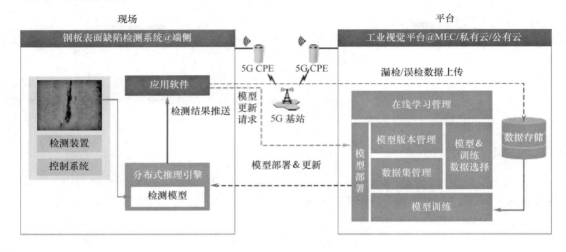

图 6-11　钢表检测原理

对钢表检测进行改造后将具有下列价值。

（1）提升抽检率：人工检测，抽检率低；机器视觉检测后，不仅实现了实时检测，而且抽检率可达 100%。

（2）非接触处理：避免二次损伤，提高可靠性。

（3）降低成本：改善生产线自动化，提高生产效率。

（4）提高品质：产品品质均一，提升品牌竞争力。

（5）高精度检测：检测精度可达到 μ 级，人眼无法检测，可使用机器完成。

（6）对缺陷进行分类，给钢材分级，实现精细定价。

6.1.2.6　自动转钢

在宽厚板轧钢流程中，钢坯进入轧机转钢区域之后，根据轧制工艺需要对板坯进行 90 度旋转再送入轧机轧制。在部署自动转钢前，如图 6-12 所示，需要在现场进行人工转钢，工作环境恶劣；在进行改进之后可以实现远程操控，但是工作效率还是不高，因为人工可能存在由操作不准、精力下降而导致的效率下降，所以部署自动转钢势在必行。

自动转钢组网示例如图 6-13 所示，自动转钢通过高清摄像头视频回传，通过平台侧 AI 软件自动识别钢坯的方向和角度，并根据视觉识别输入结果对接轧机 PLC 控制系统，自动控制转钢辊道的转向和转速，实现板坯的 90 度自动旋转。自动转钢业务推广后，能够有效减轻转钢操作人员的工作强度，降低企业人工成本；粗轧环节通过自动转钢每小时可以多轧 1 块板，粗轧环节效率增加，从而实现产能增加。

图 6-12　部署自动转钢前

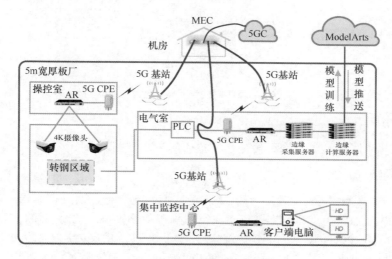

图 6-13　自动转钢组网示例

6.1.3　场景化解决方案

5G 钢铁专网定位不是取代钢厂原有的有线网络（如光纤网络等），而是作为现有网络的延伸或补充，而对于新建钢厂厂区，5G 专网可以作为统一网络为其提供服务，光纤、Wi-Fi 或微波网络可以作为某些重要场景的备份，从而满足客户的高可靠性要求。

智慧钢铁 5G 专网服务能力，通过 5G+MEC 技术构建全连接的无线网络，对重点监控地区要素实现全面感知，实现不同的业务场景，满足数据不出场等业务需求。MEC 平台部署在靠近业务区域的网络边缘位置，采用核心网 UPF 下沉方式，在网络能力上配合无线侧资源块（Resource Block，RB）预留等特性，提供可保障的低时延网络，并在此基础上能够部署视频监控自动化分析、车辆自动化调度、安全防护等智能控制应用，显著提高用户体验和数据安全性。

6.1.3.1　网络架构

基于以上分析，钢铁行业 5G 专网方案应包含无线网、承载网、核心网等，一个典型的 5G 钢铁行业专网整体网络架构如图 6-14 所示。图中以某运营商为例，展示了 5G 钢铁专网架构。首先，无线侧同基站实现 toB 定制终端和 toC 个人终端的接入，个人终端主要通过

2.6 GHz 接入，进行下载业务，定制终端通过 2.6 GHz/4.9 GHz 异频组网进行上传业务。中间承载侧共用汇聚切片分组网络（SPN）设备，个人业务通过核心 SPN 连接大网 UPF 进行各种互联网业务，定制终端通过汇聚 SPN 连接 MEC，流量本地闭环，业务不出园区。

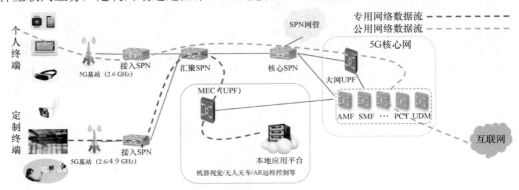

图 6-14　5G 钢铁专网整体网络架构

6.1.3.2　组网方案

钢铁场景化专网涉及无线网、传输网、核心网三个子网。

1. 无线网组网方案

由于 5GtoB 项目几乎全部以上行业务为主，瓶颈在上行，而下行容量一般非常充足，故容量覆盖设计重点考虑上行。钢铁场景属于室内半封闭区域，室内空间相对宽敞，建议网络流量在 200 Mbps 以下的，则连片部署有源天线单元（AAU）模块，保障覆盖、提升容量。后期针对个别热点区域，采用 Easy Macro 模块异频部署实现容量补充。

当上行网络流量在 200 Mbps 以下，且站间距大于 50 m 的时候，推荐使用 AAU 模块同频组网，构建厂区基础覆盖能力。当同频干扰较大，如上行噪声功率抬升为 20～30 dB 时，建议优先考虑引入异频组网，整体上建议优先考虑同频段新增异频，同频段新增异频是为了减少小区的新增成本，利用已有基站宽频的特点引入异频频点。

网络覆盖设计先按覆盖目标来设计基本的网络；然后再基于容量诉求以及低时延高可靠等应用进行网络叠加设计。

无线站点部署需要满足以下 5 个原则。

（1）均衡原则：每个小区/站点所覆盖的通信终端数量及容量相对一致，尽量避免出现个别小区容量过载或个别小区容量轻载。

（2）同频站点规划避免对打：可以参考背靠背来减少同频干扰，如图 6-15（a）所示。

（3）天线安装位置：如 AAU 主瓣覆盖方向避免金属物遮挡，设置合适下倾角，主瓣对准 CPE 方向。

（4）利用物理环境隔离覆盖：AAU 点位选择上尽量利用厂房内的建筑物来实现同频信号在物理上的隔离，减少干扰，如图 6-15（b）所示。

（5）站高选择：优先选择高度较高的位置放置站点，但站高不宜过高，需考虑重叠覆盖，如图 6-15（c）所示。如天车高度为 3 m 左右，为避免天车遮挡，建议站高高于天车高度为 2～3 m 即可，原则上保障目标覆盖区域无明显障碍物遮挡。

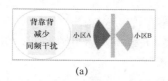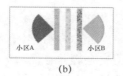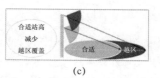

图 6-15　基站部署原则的部分示意图

2．传输网组网方案

传输网部署策略需要综合考虑钢铁厂园区 5G 基站的规划情况和钢铁行业的用户发展需求，统筹规划端到端的传输专网建设。

无线侧与接入传输设备对接，可根据用户的需求进行对接，园区 5G 基站可以通过 C-RAN 方式接入到传输设备，前传网方案采用光纤直驱/无源波分的形式。针对钢铁企业涉及远程控制、安全生产、应急通信等需要网络优先保障的特殊场景，可以通过定制通信卡方式进行切片选择和优先级调度，同时通过不同传输管道绑定 DNN 以满足不同业务场景应用（多级传输设备需要具备切片功能）。例如，钢铁行业高清视频回传、无人天车和远程天车控制、增强现实（AR）远程装配和机器视觉质量检测等场景，可以通过不同的配置匹配不同的传输路径，以及匹配不同的传输切片。如图 6-16 所示，不同流量会根据钢铁企业需求的不同使用不同层级的 SPN 设备转发，同时可以通过汇聚 SPN 和核心 SPN 连接 5G 核心网控制面。

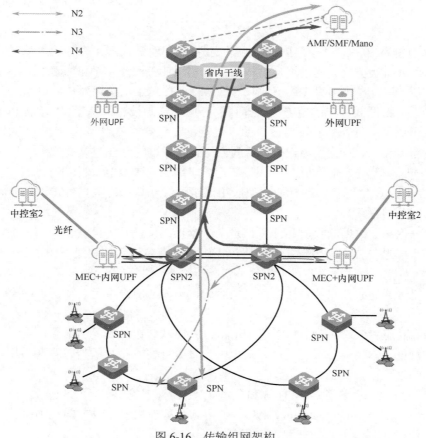

图 6-16　传输组网架构

3. 核心网组网方案

核心网均采用 5G SA 技术架构，结合 5G 标准特有的边缘计算和网络切片技术满足钢铁行业高可靠、低时延、大带宽、数据安全等业务保障需求。

钢铁 5G 专网整体架构如图 6-17 所示。以某运营商为例，运营商在大区中心建设网络云数据中心，并面向垂直行业统一规划 5G SA 行业网（toB）切片，采用虚拟化方式部署核心网控制面网元。钢铁行业可以根据不同业务需求选择性地部署或使用专用 UPF 或共享 UPF。控制面使用 toB 公共部分，用户面根据签约切片属性相互隔离。

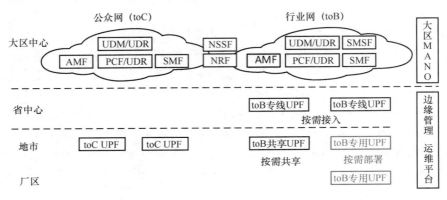

图 6-17   钢铁 5G 专网整体架构

5G SA 行业网（toB）切片可根据钢铁行业特点和业务模式，为行业用户提供灵活可定制的用户面网元部署方案，通过用户面按需下沉实现业务流量本地汇聚和数据分流。用户面下沉作为实现 5G 边缘计算的前置条件，为钢铁行业提供了更具针对性的网络功能，边缘计算通过在靠近数据源或用户的地方提供计算、存储等基础设施，基于 IT 架构和云计算的能力为边缘应用提供运行在移动网络边缘的、运行特定任务的云服务。

在行业自动化、信息化不断提升的大背景下，大型钢铁企业对数据安全性提出了更为严格的要求，同时，远程天车控制、视频监控、光学字符识别、加渣机械臂、无人机高炉测温、堆料测重、AR 远程辅助等钢铁行业典型应用对于边缘计算提出数据保护、极低时延、节省传输和能力开放等需求。

（1）数据保护：数据的收集和计算都是基于本地网络的，不再被传输到云端，重要的敏感信息可以不经过外部网络传输，数据不出厂区能够有效避免传输过程中的数据暴露风险。

（2）极低时延：通过将服务器下沉部署在靠近客户终端设备的接入环、汇聚环等企业侧、网络边缘，使终端能够在本地直接访问到内容源，从数据传输路径上降低了端到端业务响应时延。

（3）节省传输：5G 网络通过用户面功能 UPF 在网络边缘的灵活部署，实现了数据流量本地卸载，避免了本地业务流量迂回，减少了大量数据传输带来的传输资源占用，从而有效抑制了网络阻塞。

（4）能力开放：实现运营商与和垂直行业的业务创新，通过开放应用程序接口（Application Programming Interface，API）的方式为行业用户提供专网运维管理信息、位置信息、业务使能控制及丰富的行业定制服务。

UPF 作为边缘计算的用户面，能够实现边缘数据的转发功能，边缘计算平台系统为边缘应用提供运行环境并实现对边缘应用的管理。如图 6-18 所示，在 5G 网络架构中，边缘 UPF 可实现园区内外业务分流，并可作为专网业务锚点 UPF 完成本地流量卸载，同时厂区内本地分流需要覆盖厂区内所有基站。

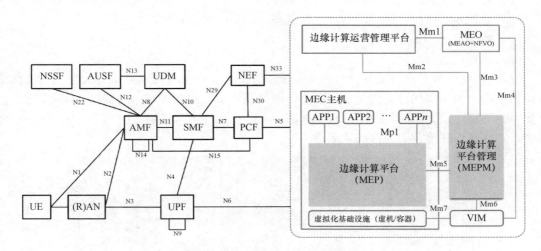

图 6-18　5G 边缘计算系统逻辑架构

在面向钢铁行业的 5G 专网，运营商可以提供本地业务保障、数据不出场、边缘节点等三类重要网络能力，均需要通过 MEC（边缘 UPF）来满足。

6.1.4　应用案例

以湖南 X 钢项目为例，2019 年 7 月湖南 X 钢联合运营商和华为，启动智慧钢铁 5G 项目，试点阶段在湖南 X 钢 5 m 宽厚板厂进行，通过为湖南 X 钢提供专享+尊享的网络服务，实现了包括 5G 无人天车远程操控、5G AR 远程辅助和高危区域 5G 高清视频监控等典型应用场景。

6.1.4.1　项目背景

湖南 X 钢拥有当今世界先进水平的焦化、烧结、炼铁、炼钢、精炼、轧钢等完整的钢铁生产工艺流程和装备技术，产品涵盖了宽厚板、线材和棒材三大类 400 多个品种，先后有 33 种产品获得国家和部、省级优质产品称号，12 种产品获得国家冶金产品实物质量金杯奖。湖南 X 钢造船板通过了九国船级社认证。经历 60 年艰苦奋斗、拼搏发展，湖南 X 钢资产总额达到 420 亿元，营业收入超过 600 亿元，在岗职工 10 204 人，是湖南省单体规模最大、综合实力最强的国有企业，整体竞争力跻身行业前列。

湖南 X 钢将以钢铁主业、钢材深加工、循环经济、重工设备制造、物流贸易及服务等五大产业集群为支撑，着力打造一个千万吨级的精品制造企业、一个反应快捷的综合服务企业、一个管理精细的高效运营企业、一个产业互补的多元发展企业、一个智慧型的节能生态的"两型"示范企业。

6.1.4.2 痛点分析

湖南 X 钢痛点分析：

（1）24 小时轮班作业；

（2）天车悬挂操控室人工操作，劳动成本高；

（3）高危作业环境，非常辛苦，危险源多（高温/粉尘/噪音/有害气体）；

（4）高架空（20～50 m）；

（5）智能化程度低。

"增产降耗"是企业智慧化升级的第一需求，其中工厂劳力成本是消耗大项，员工作业环境很危险，急需实现自动化无人作业，传统光纤连接方式部署难、成本高，Wi-Fi 方式抗干扰差、不稳定，无法满足改造要求。如图 6-19 所示，在钢铁冶炼生产过程中，环境十分恶劣，网络通信环境差，通信部署困难。

图 6-19 工作环境恶劣

6.1.4.3 解决方案

如图 6-20 所示，针对湖南 X 钢园区范围内网络业务进行分析，包括外网非生产类和生产类。在实际部署过程中，湖南 X 钢园区业务目前主要聚焦园区生产类应用，不考虑非生产类应用。

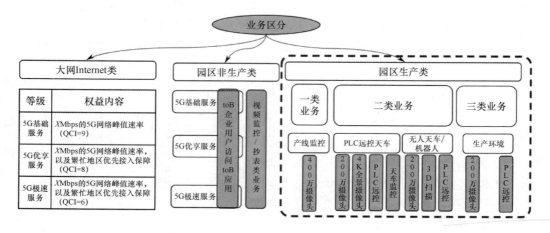

图 6-20 湖南 X 钢业务分析

园区业务保障需要考虑的维度多，既需要按照重点区域实现差异化的"面"状保障，又需要根据重点区域里面的不同业务（如 PLC 监控、摄像头视频回传等）实现差异化的"点"状保障，对网络规划、业务下发和保障提出了非常大的挑战。

如图 6-21 所示，湖南 X 钢项目通过 5G+MEC 技术构建全连接的无线网络，对重点监控地区要素实现全面感知，从而满足设备远程控制、AR 远程运维辅助、机器视觉、设备数采、高清视频监控、5G 数据采集、数据不出场等主要应用需求。MEC 平台部署在湖南 X 钢靠近监控区域的边缘机房位置，除了提供可保障的低时延，还能部署视频监控自动化分析、车辆自动化调度、安全防护等相关远程智能驾驶控制应用，显著提高用户体验和数据安全性。

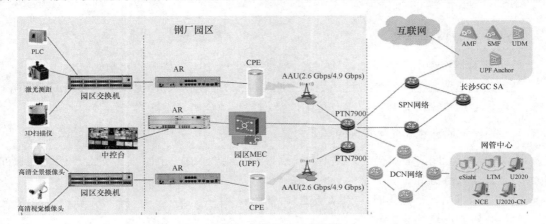

图 6-21　整体组网架构图

6.1.4.4　业务价值

通过 5G 网络应用，湖南 X 钢实现天车远程控制、环境改善、效率提升 25%；远程半自动天车效率预计提升 60%（一人控制三台车）；无人天车实现数字化输入并按指令执行，实现无人化，机器效率提升 25%，降低劳务成本，改善工作环境，生产效率和生产安全性得到极大提升，未来将向"黑灯工厂"演进。

6.1.5　本节小结

本节首先介绍了钢铁行业背景知识，包括钢铁生产流程、钢铁产业链生态等；然后介绍了钢铁行业趋势，了解钢铁行业的发展；最后介绍了钢铁行业常见痛点。

针对不同的痛点，华为提供了不同的解决方案，本节首先详细讲解了 5G 在钢铁的应用场景，包括远程天车、无人天车、加渣机械臂、视频监控、钢表检测和自动转钢等场景。然后介绍了 5G 钢铁专网整体解决方案，包括无线、承载网/传输网、核心网等组网策略。最后通过湖南 X 钢介绍了实际应用案例和业务价值等。

通过本节的学习，读者应对 5G 在钢铁行业的解决方案有一定的了解，知晓产业的进展和应用场景。

6.2　5G+港口行业应用与解决方案

港口作为交通运输的枢纽，在促进国际贸易和经济发展中起着举足轻重的作用。在数字化转型的大背景下，当前港口也在进行全自动、数字化的转型升级。随着 5G 在全球的部署，5G 将推动港口进行自动化、智能化的持续升级，打造"绿色、环保、高效"的智慧港口。

下面从港口行业洞察、5G 应用场景及网络需求分析、场景化解决方案和应用案例等方面介绍 5G 如何使能港口行业。

6.2.1　港口行业洞察

6.2.1.1　港口行业简介

航运是国际物流中最主要的运输方式，承载了全球 70%的国际贸易量。

港口是航运贸易的重要集散地。港口企业为船舶、旅客和货物提供港口设施或者服务。例如，提供船舶进出港、靠离码头、移泊、货物装卸、仓储、港区内驳运等服务。

1．我国是促进全球航运增长的重要力量

随着"一带一路"倡议提出以来，我国已经成为第一贸易大国，是促进全球航运增长的重要力量，主要数据如下。

（1）我国进出口货运总量约 90%通过海上运输。

（2）我国的海运货物运输量世界第一。

（3）全球吞吐量前 20 大港口，我国占 15 个，全球前 10 大集装箱港口，我国占 7 个。

2．港口布局

下面介绍我国港口布局情况。

（1）港口数量：2019 年我国货运港口有 145 个，其中沿海港口有 55 个，内河港口有 90 个，分布在 21 个省市。

（2）泊位数量：全国泊位共有 23 919 个，其中万吨以上的泊位有 2444 个。

（3）产能：年度吞吐量超过亿吨的港口有 35 个，其中沿海港口有 25 个，内河港口有 10 个。

（4）沿海五大港口群：2007 年，交通部出台《全国沿海港口布局规划》和《全国内河航道与港口布局规划》，形成环渤海、长三角、东南沿海、珠三角和西南沿海五大港口群。

3．港口作业流程

集装箱被称为"改变世界的箱子"，实现船舶、港口、公路、中转站、桥梁、隧道等全球范围内物流系统的标准化。

集装箱在港口的流转涉及岸桥、场桥、集卡、闸口等系统。港口的运输系统可分为水平运输和垂直运输两大类。水平运输的主要工具为集卡、AGV、跨运车，垂直运输的主要工具为桥吊、轨道吊、轮胎吊。

集装箱码头作业区域分为装卸作业、堆场作业和闸口作业三大区域，港口卸货作业流程如图 6-22 所示。卸货将码头作业流程分为四个步骤。

（1）船到岸，通过岸桥卸货（垂直运输）。

（2）内集卡、AGV 和跨运车将货物运到堆场（水平运输）。

（3）场桥（轨道吊、轮胎吊）装货到外集卡（垂直运输）。

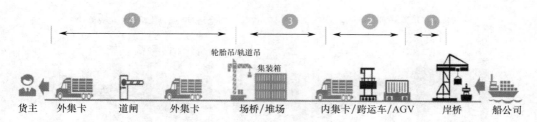

图 6-22　港口卸货作业流程

（4）外集卡将货物拉出海关（水平运输）。

4. 支撑系统

支撑系统主要有垂直运输系统、水平运输系统和码头操作系统三部分。

1）垂直运输系统

垂直运输系统设备包括岸桥和场桥两大类。

场桥又分轨道吊和轮胎吊两种，区别在于移动方式不同。轮胎吊可实现转场作业，单机利用率比轨道吊高。轨道吊有固定的轨道，移动位置有限。

岸桥是集装箱码头作业的核心，决定着集装箱码头的生产力。

2）水平运输系统

水平运输系统设备主要包括人工驾驶内集卡、AGV。

3）码头操作系统

码头操作系统（Terminal Operating System，TOS）的作用是统一调度，实现调度监控中心和装卸、堆场、闸口（道闸）三个现场作业区域的协同和管理。视频监控系统和集群通话系统是重要的协同工具。

6.2.1.2　港口行业趋势

2019 年 11 月，交通运输部、国家发展改革委等九部门联合发布《关于建设世界一流港口的指导意见》，目标是："到 2025 年，世界一流港口建设取得重要进展，主要港口绿色、智慧、安全发展实现重大突破，地区性重要港口和一般港口专业化、规模化水平明显提升。"因此，港口的资源整合、大型化、专业化以及效率提升成为港口行业的发展趋势。

1. 港口区域资源整合，避免同质竞争

交通运输部针对产能过剩，同质化竞争激烈的现状，将优化港口总体布局，加大港口宏观调控力度。后续将审慎、有序发展新港区，严格控制港口岸线使用审批。

2. 大型化，专业化

码头结构升级优化，现代化港口体系形成。港口泊位与万吨港口泊位数量如图 6-23 所示。全国港口泊位数量，2019 年有 22 893 个，自 2013 年以来 5 年下降 28%；全国万吨及以上港口泊位数量，2019 年有 2520 个，自 2013 年以来 5 年增长 26%。

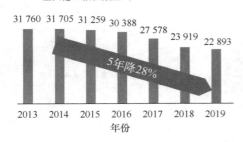
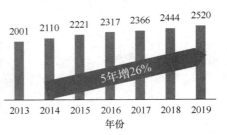

图 6-23   港口泊位与万吨港口泊位数量

3．港口提升作业效率，压缩货物在港停留时间

集装箱装卸作业是港口效率的重要体现，优秀港口可达到 30 TEU/小时，作业效率直接影响货物的港停时间。

6.2.1.3   港口行业的痛点

当前，全球港口面临工作环境恶劣、劳动强度大、人工误操作多、作业效率提升难、网络运维复杂等难题，通过自动化改造来降本增效，成为全球港口共同的诉求。

1．作业环境艰苦

港口作业环境恶劣，通常表现在岗位危险、工作艰苦和职业病 3 个方面。

（1）岗位危险：司机室距地面 30 m，需要沿竖梯爬上去。

（2）工作艰苦：作业现场存在噪声和震动，几个小时不能下来，禁食禁水。

（3）职业病：长期低头作业，易得颈椎病等，一般工作到 45 岁就需要转岗。

2．人工误操作，事故多

集装箱码头商业保险理赔中，轨道吊、桥吊、堆垛、集卡吊臂等操作中碰撞导致的事故，理赔占比约为 50%。

3．集装箱人工装卸效率难提升

集装箱人工装卸效率为 25～27 箱/小时，而自动化码头效率可提升 30% 以上。

4．港口无线通信多网多制式，运维复杂

港口无线通信系统如图 6-24 所示。5.8 GHz Wi-Fi、2.4 GHz Wi-Fi、1.4 GHz 专网、400 MHz 集群等各种通信制式并存，在各自领域发挥作用。其中，5.8 GHz Wi-Fi 用于回传视频监控数据，2.4 GHz Wi-Fi 用于回传作业状态信息、故障信息、风速等传感器信息，1.4 GHz 专网用于司机向拖车下发控制指令，400 MHz 集群用于港口所有区域语音调度。

6.2.2   5G 应用场景及网络需求分析

通过对网络需求的调研、讨论和分析，我们从中识别并筛选出了对于无线通信具有潜在需求、未来可被 5G 赋能、且有典型代表意义的三大智慧港口应用场景。

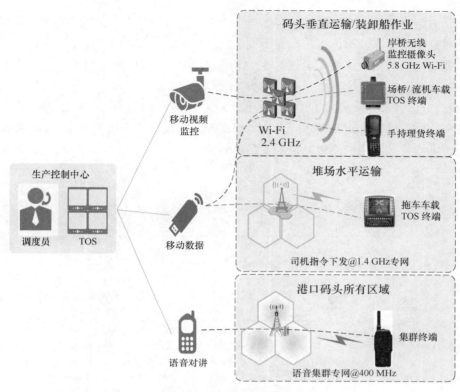

图 6-24　港口无线通信系统

（1）龙门吊远程控制。

（2）光学字符识别（Optical Character Recognition，OCR）智能理货。

（3）AGV 与智能引导运输车（Intelligent Guided Vehicle，IGV）辅助驾驶。

6.2.2.1　龙门吊远程控制

在集装箱码头中，轨道吊、轮胎吊这两种龙门吊，是广泛使用的港口机械设备。目前，存量码头多使用轮胎吊，新建码头多使用轨道吊，轮胎吊在存量码头中占比较高。

远程控制改造后，龙门吊上安装摄像头和 PLC。龙门吊远程控制如图 6-25 所示。司机由在现场操作改为在操作室远程操作，操作人员获取 TOS 下发的调度任务后，根据堆场现场龙门吊实时回传的高清视音频数据，通过操纵杆的通信来远程实时控制龙门吊及其抓手的移动、抓取、放开等操作，实现集装箱的高效、有序堆放与转运。龙门吊实现远程控制后，一个操作人员可以控制多台龙门吊，提升作业效率，同时可以降低安全风险。

图 6-25　龙门吊远程控制

无线化方案需要保证充足的连续覆盖效果，并满足 PLC 控制业务和监控视频回传业务的带宽、时延和包可靠性等诉求，在保障安全生产的前提下提升集装箱作业的效率。

单台龙门吊远程控制一般需要回传 5～18 路监控视频，1080P 分辨率下对带宽的需求为 15～54 Mbps。

龙门吊远程控制时延分析如图 6-26 所示。PLC 发送周期为 16 ms，若 PLC 收发两端的网络时延在 20 ms 以内，则可保障业务的良好运营。若超过 3 个周期即 48 ms，接收端未接到数据包，则接收端判断链路中断，触发吊机紧停。

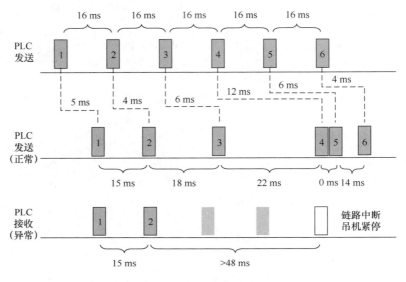

图 6-26　龙门吊远程控制时延分析

龙门吊 5G 远控方案如图 6-27 所示，方案说明如下。

（1）当前，场桥等港机设备采用 L2/L3 协议混传，需要在 CPE 前端新建工业网关或者 AR 路由器建立 GRE 隧道。

（2）为降低控制信号时延，组网方案中监控视频和控制信号通过不同的隧道（CPE1、CPE2）进行分离传输。

（3）场吊远控时延要求较高（20 ms 以内），当前，5G 场吊远控方案通过部署 MEC 来降低园区内控制信号端到端的时延。

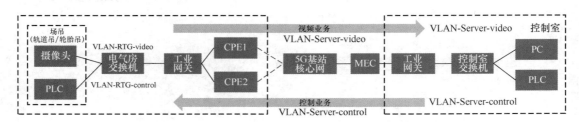

图 6-27　龙门吊 5G 远控方案

6.2.2.2　OCR 智能理货

OCR 有两个作用：一是文字识别，二是形状识别。文字识别的原理是电子设备采用光学的方法将物体中的文字转换成为图像文件，并通过软件将图像中的文字转换成文本格式。形状识别的原理是电子设备通过检测物体的暗、亮来确定其形状，然后将形状翻译成计算机文字。

OCR 技术可在装卸船、堆放、理货、验残、提箱、出关环节得到广泛应用，用于识别集装箱箱号、装卸提箱状态、有无铅封、箱体残损程度等；这些数据的采集、发送、统计，直接影响着整个物流大数据的流转效率。航运企业和港口都很注重对集装箱数据的采集及分析。

当前，OCR 理货存在诸多痛点，比如，每台岸桥上安装 10 个摄像头，这些视频利用 Wi-Fi 回传，稳定性较差，后台不能实时获取监控视频；若后台无法获取数据，工作人员则需要爬上高达几十米的岸桥，拷贝视频数据。

5G+AI 智能理货应用，能够精准地控制拍摄集装箱箱号图片时机，通过 5G 网络将高清图像和视频数据快速实时回传至云端 AI 系统，借助智能 AI 系统自动识别与核销箱号、箱损、拖车号等海量重复劳动工作，实现理货作业信息自动化采集，提高作业的准确率和效率。5G+AI 智能理货对 5G 网络上行带宽速率要求为 40～60 Mbps，时延低于 100 ms。

5G 智能理货组网方案如图 6-28 所示。智能理货场景通过同步 PLC 数据，控制摄像头进行抓拍，在组网方案中视频与 PLC 同路传输，因此只需部署 1 台 CPE，建立 GRE 隧道进行传输。

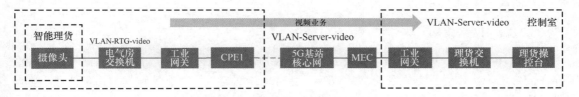

图 6-28　5G 智能理货组网方案

6.2.2.3　AGV 与 IGV 辅助驾驶

AGV 车辆通过无线网络系统进行集中控制和调度，在全港口铺设了磁钉定位系统的通道内全自动化运行。AGV 无人驾驶行走控制由网络调度中心自动控制，为了防止车辆间的急停、碰撞带来生产安全事故，对无线控制网络提出了高可靠、低时延的严格要求，保障 AGV 控制和调度指令下发准确、可靠。

AGV 自动导引车依赖地面部署的磁钉、车体上的惯导系统和车轮编码器等实现自主行驶（移动速率约 8 m/s），TOS 通过设备管理系统感知当前箱子的位置与状态，依据箱子的最终目的地，下发控制任务给 AGV，AGV 按设定的路线自动行驶至指定地点，再用自动或人工方式装卸货物。

目前，现有 AGV 使用 5.8 GHz Wi-Fi 无线技术进行车辆控制，存在通信可靠性低、易遭受无线干扰和网络深度覆盖能力不足等问题，5G 可帮助实现 AGV 集群管理，AGV 的自动化指令下发和状态上传，保障业务稳定及时延可靠性。AGV 单机对 5G 网络上下行带宽速率需求不低于 500 kbps，最大时延不超过 200 ms。

5G AGV 智能调度组网方案如图 6-29 所示。AGV 采用双电机驱动的冗余架构，故实际组网中虽然有两台 CPE，但均传输控制信号，对时延要求较高（50 ms 以内）。

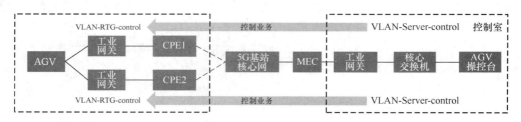

图 6-29　5G AGV 智能调度组网方案

IGV 是未来港口水平运输工具的一个重要发展方向。港口 IGV 无人驾驶集卡利用商用集卡底盘改装，集成激光雷达、毫米波雷达、摄像头等，利用高精度地图和定位，由控制中心监控 IGV 的位置、姿态、电量、载重等，下发车辆规划信息实现自主行驶，与 AGV 不同，IGV 不需要预埋磁钉，既可以应用于新建港区，也适用于存量港口，而且成本低。

IGV 应用需要支持车管平台调度和异常工况远程接管，IGV 驾驶对通信时延要求高，多台 IGV 在远程接管时存在视频回传需求，传统无线网络时延和带宽达不到自动驾驶要求，需要借助 5G 的网络能力。目前，IGV 对 5G 网络下行控制命令的时延要求低于 50 ms。

6.2.3　场景化解决方案

6.2.3.1　网络架构

港口环境特殊，如龙门吊远控场景，由于 CPE 安装在港机顶部，因此覆盖良好，但会存在较多的小区重叠覆盖及终端频繁切换；而对于路面覆盖，由于受到集装箱箱体遮挡影响极易形成路面弱覆盖，因此无线信号覆盖规划、优化在港口场景下均面临较大的挑战。

5G 智慧港口第一波应用主要以龙门吊远程控制为主，属于高清视频回传+PLC 远程控制的场景。港口 5G 网络规划设计与业务应用场景和分布强相关，传统的以基站为锚点的规划思路需要转变为以业务场景和终端部署为参考点的无线网络规划和设计。这里需要解决以下三大挑战。

（1）多台龙门吊应用并发，对 5G 网络上行容量要求高，需考虑多频段组网。

（2）高空信号视距传输，小区干扰、切换难控制。

（3）路面信号覆盖易受集装箱遮挡，容易形成覆盖较弱的区域。

当前港口行业均已投资建设数据中心，并满足当前及未来几年内的要求，对公有云的诉求较少；针对有 AI 的需求，可在其自建的私有云上部署。港口 5G 专网整体架构如图 6-30 所示。港口 5G 业务场景主要围绕 5G 无线网络、终端、传输、核心网（本地 MEC 部署）新建实现，其中在港口区域部署的网络及系统主要有以下两部分。

（1）网络设备，包括 5G 基站、传输及 MEC 等。

（2）终端及路由设备，包括 5G CPE 及建立隧道用的接入路由器（Access Router，AR）。

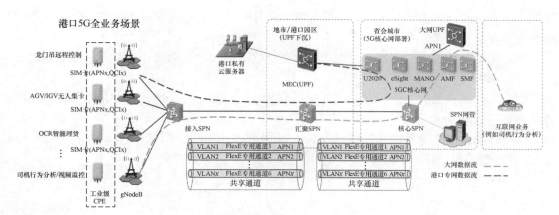

图 6-30　港口 5G 专网整体架构

6.2.3.2　组网方案

港口场景化专网涉及无线网、承载网、核心网三个子网。

1．无线网组网方案

1）站点部署原则

基站部署原则示意图如图 6-31 所示。同频站点规划避免互相干扰，若堆场内有灯塔站点，可参考背靠背减少同频干扰。在选择天线时，AAU 兼顾堆场和岸桥的场景，尽量采用宽的水平和垂直波瓣天线。在选择站高时需考虑重叠覆盖，不宜过高或过低，可就近部署在附近灯塔的上层，保障高度和视距覆盖。

图 6-31　基站部署原则示意图

2）终端部署原则

（1）避免终端距离基站太近。

CPE 点位选择需要考虑覆盖以及上行功率饱和问题，不能距离基站太近；经实验测试验证，如果电平较高（如 RSRP 大于 –68 dBm），上行功率饱和，则上行平均速率会下降，因此需要考虑调整终端位置，如终端距离基站大于 30 m。

（2）终端归属小区保持稳定，避免切换。

针对堆场上行需要固定的点位，考虑 toB 终端的位置也相对稳定，通过锁频、锁定 PCI

等方式来保持接入到固定小区，减少终端由于信号波动造成小区容量的冲击，确保小区容量的稳定和各个终端基本业务速率的需求。

针对移动范围较大的终端，可以考虑使用小区合并组网，避免小区切换导致时延过大。

（3）CPE 点位尽量少。

针对龙门吊和无人集卡而言，需要使用双 CPE 才能满足需求，这种情况可以根据需求进行部署。

针对视频监控类业务而言，尽量减少 CPE 的点位，减少邻区上行干扰水平，汇聚到单 CPE 的摄像头数量范围控制在 10～20 个。

3）高可靠低时延设计方案

高可靠低时延设计方案依赖于网络部署模型，端到端时延评估主要有下面两种场景：一是 UE 和云端服务通信场景，如图 6-32 所示。这是典型的远端数据采集、远端控制应用。二是 UE 和 UE 通信场景，如图 6-33 所示。这是典型的近端数据采集、移动端控制和近端逻辑控制应用。

图 6-32　UE 和云端服务通信场景

图 6-33　UE 和 UE 通信场景

实验测试表明，远、中、近点的部署位置，平均时延和时延可靠性的差异很大。尤其是在远点，劣化更加明显。因此，对于低时延方案，需要满足中、近点部署。

4）分场景无线方案描述

（1）堆场龙门吊网络方案。

AAU 部署在堆场内的加固灯杆或平台上，AAU 和 CPE 的位置高度尽量相近，这样可充分保障视距覆盖，因此对于单个堆场，从覆盖角度而言，覆盖龙门吊使用一个 AAU 就可以了。

根据单小区 AAU 容量口径，多台龙门吊并发时，若需求容量低于单小区容量口径，使用单 AAU 覆盖就可以了；若堆场内并发的龙门吊比较多时，单小区容量比需求容量低，此时可以考虑开通大上行特性。

若因周边邻区覆盖，导致龙门吊的服务小区上行干扰很大，为保证远程控制的低时延、高可靠要求，可进一步考虑异频部署。

（2）堆场 AGV 网络方案。

堆场内 AGV 高度约 3 m，集装箱全金属结构，穿损大，且层数实时变化，直接影响覆盖，为保证堆场内 AGV 的覆盖，400 m×400 m 堆场内可考虑部署两个 AAU。站点需依托高灯杆位置进行建设。

当堆场内部署的 AGV 数量较少时，可使用两个 AAU 部署覆盖整个堆场，当 AGV 数量较多时，两个 AAU 容量满足不了要求，可考虑开通大上行特性。

（3）OCR 智能理货网络方案。

智能理货对时延无诉求，可根据实际安装环境部署 AAU 小区，达到覆盖整个泊位区域。

若使用同一小区同时覆盖泊位的无人集卡和岸桥，需考虑容量是否满足诉求，当容量不足以同时满足两项业务时，需开通大上行特性。

2．承载网组网方案

承载网部署策略需要综合考虑港口 5G 基站的规划情况和港口的用户发展需求，统筹规划端到端的传输专网建设。为保障 5G 网络可靠的运行，园区 5G 基站通过 C-RAN/D-RAN 方式接入到传输设备，前传方案采用光纤直连/无源波分的形式。

无线侧基带单元（BBU）与承接接入设备对接，可根据用户的需求，特别是港口企业涉及远程控制、安全生产、应急通信等特殊场景需要网络优先保障，可通过定制通信卡方式进行切片选择和优先级调度，并通过不同传输管道绑定 DNN 满足不同业务场景的应用。

运营的承载网可采用不同的传输技术，若采用的是 SPN 技术，其设备为分组传送网（Packet Transport Network，PTN）产品；若采用的是 IP 无线接入网（IP Radio Access Network，IPRAN）技术，其设备为接入传输网络（Access Transport Network，ATN）产品。港口行业需根据运营商选择相应传输设备进行工业园区传输组网。

根据园区的大小和基站的分布情况，可以选择 SPN/IPRAN 一层组网或两层组网，针对 BBU 是 CRAN 组网的方式，推荐一层组网；如果 BBU 是 DRAN 场景，并且跨不同地点的多个机楼，或者园区比较大，推荐两层组网。具体建议参见表 6-1。

表 6-1　承载组网设计

BBU 放置位置	BBU 数量	组 网 层 级	
同机房	$X \leqslant 8$	一层	
	$8 < X \leqslant 12$	一层	
	$X > 12$	二层	接入层
			汇聚层
跨机房	不限	二层	接入层
			汇聚层

3．核心网组网方案

运营商一般在大区中心建设网络云数据中心，并面向垂直行业统一规划 5G SA 行业网切片，采用虚拟化方式部署核心网控制面网元。

5G SA 行业网络切片可根据港口行业特点和业务模式，为行业用户提供灵活可定制的用户面网元部署方案，通过用户面按需下沉，实现业务流量本地汇聚和数据分流。用户面下沉作为实现 5G 边缘计算的前置条件，为港口行业提供了丰富、高效的网络性能。边缘计算通过在靠近数据源或用户的地方提供计算、存储等基础设施，基于 IT 架构和云计算的能力，为边缘应用提供运行在移动网络边缘的、运行特定任务的云服务。

UPF 作为边缘计算的用户面实现数据转发功能，边缘计算平台系统为边缘应用提供运行环境，并实现对边缘应用的管理。在 5G 网络架构中，边缘 UPF 可实现港口内外业务分流，并可作为专网业务锚点 UPF 完成本地流量卸载，港口内的本地分流需要覆盖港口内所有基站。

在行业自动化、信息化不断提升的大背景下，大型港口对数据安全提出了更为严格的要求，同时，龙门吊远程控制、AGV/IGV、智能理货等港口行业典型应用对于边缘计算提出数据保护、极低时延、节省传输、能力开放的需求。

6.2.3.3 设备选型

5GtoB 站点在部署场景上需要结合覆盖场景部署限制来合理选择。当前，5GtoB 基站主要设备能力见表 6-2。

表 6-2　5G 基站设备能力

产品形态	技 术 规 格	多天线与配对能力	特点及适用场景
AAU	天线数目：64T64R 功率：320 W 体积重量：体积大，承重要求高	支持多用户–多输入多输出（Multi-User Multiple-Input Multiple-Output，MU-MIMO）配对，支持上行 4 流配对，小区峰值容量大；抗干扰能力最强	安装空间较大，承重要求较高； 覆盖距离较远、垂直宽，适用室外以及室内相对空旷场景
杆站	天线数目：8T8R 功率：功率小于 AAU 体积重量：体积小于 AAU，有一定的承重要求	MU-MIMO 配对能力差	安装空间较小，有一定承重要求；覆盖距离较远

港口为广域室外场景，无线环境相对空旷，波束易展开，整体可采用 AAU 或杆站作为主部署演进，设备选型原则如下：

（1）有铁塔、灯塔或者加固型灯塔型的堆场，堆场中集装箱穿损比较大，且要求覆盖的距离远，业务的分布高低兼顾，推荐使用 AAU。

（2）需要补盲的重点区域，或只需覆盖部分区域（100～200 m），可在承重有限的灯杆上部署杆站。

6.2.4 应用案例

浙江某港口是中国大型和特大型深水泊位最多的港口。该港口有 19 个港区，共有生产泊位 620 多座。

2018 年，货物吞吐量超 10 亿吨，继续保持超 10 亿吨超级大港地位，全球港口排名实现十连冠；年集装箱吞吐量超 2600 万标准箱。

6.2.4.1　项目背景

下面介绍港口当前的网络现状。

（1）光纤为主：Wi-Fi 有效覆盖范围小（约 30 m），沿海多台风，AP 不稳定，难以大规模室外部署，港区网络传输以光纤为主。

（2）二层组网：港区龙门吊上工业控制 PLC 系统为二层协议，PLC 信号和摄像头监控流量通过有线接入企业 L2 网络和控制室互通。

（3）网络隔离：生产网、安防网、办公网互相隔离，独立烟囱系统。

6.2.4.2　痛点分析

目前，痛点分析如下。

（1）每台吊车需部署 PLC 控制和监控视频，部署线缆的费用约为 200 万元人民币，且游动龙门吊需灵活移动，损耗快，需每两年更换一次。

（2）每个吊车需操作员 24 小时轮流工作，多人操作人力成本高。

（3）吊车工作条件艰苦。

（4）Wi-Fi AP 抗雷击能力弱，故障率高，网络质量差。

（5）桥吊之间相互遮挡，容易形成网络盲区。

（6）视频回传目前采用有线连接，线缆成本高，扩展性差。

6.2.4.3　解决方案

选取龙门吊远程控制场景进行改造，并验证远程操控性能。龙门吊远程控制主要由控制流和视频流两种业务流构成，其中对控制流有低时延、高可靠的要求，视频流需要保障其一定的容量，维持视频的流畅。每台龙门吊上部署 18 路 1080P 高清摄像头，视频回传至中控室，辅助工作人员通过 PLC 遥控杆实现精准移动、抓举集装箱等远程操控。

某港区，唯一全电龙门吊码头，桥吊 28 台，轮胎吊 91 台，计划对 6#堆和 7#堆的 6 台轮胎吊做无线远程操控改造。

1．整体解决方案

针对此港口，整体解决方案如下。

（1）龙门吊远控关键参数：PLC 发送周期 16 ms，看门狗（Watchdog）时延 224 ms，视频上行带宽 30 Mbps/台。

（2）无线组网方案：港口对上行容量有较高诉求，使用 AAU 宏站做连续覆盖，13 个小区满足上行容量诉求；toB 的大上行业务易导致邻区上行强干扰，使用异频组网缓减干扰。

（3）低时延、高可靠：对龙门吊控制流有较高的低时延、高可靠的要求。为提高可靠性能，使用路由器为 AR 的双发选收机制。

（4）5QI 规划：采用双 CPE 分别承载两种业务类型，控制流 5QI 为 6，视频流 5QI 为 8。

（5）CPE 终端选型：CPE 选型，考虑港口业务时延稳定性要求较高，优选匹配+24 V 单元 POE 供电模块的工业级 CPE。

（6）CPE 锁小区：针对同一堆场或者业务发生在同一个 5G 覆盖小区范围内，建议对 CPE 进行锁频、锁小区，避免因 CPE 在 5G 小区间频繁切换影响业务。

2．实测指标

实测双向往返时延（Round-Trip Time，RTT）约 10.6 ms，时延抖动平均 1.7 ms，满足 PLC 远程控制小于 18 ms 的时延要求。

上行平均速率 161 Mbps，满足单台龙门吊摄像头上行传输需求，监控视频清晰无卡顿，可精准辅助龙门吊远程作业。

3．解决方案端到端设备清单

龙门吊远程控制改造涉及无线网、承载网、核心网、第三方配套软件，龙门吊远程控制解决方案设备清单见表 6-3。

表 6-3　龙门吊远程控制解决方案设备清单

领　　域	名　　称	数　　量
终端	5G CPE	2 台
无线网	AAU	8 台
无线网	BBU	4 台
承载网	SPN	3 台
核心网	MEC	6 台
核心网	5GC	1 套
数据通信	交换机	2 台
数据通信	交换机	1 台
数据通信	防火墙	2 台
数据通信	VXLAN	2 台
第三方配套	PLC 控制系统	1 套

6.2.4.4　业务价值

龙门吊远程控制业务可以节省线缆、设备、人力等多方面成本，并提升工作效率。

1．省线缆

每台龙门吊有线光缆+电缆需每两年更换一次，更换总成本约 200 万元人民币，约合 100 万元/台/年。

2．省设备

无线替代有线，多台游动吊车可并行工作，可以提升工作效率 50%，实际降低了港口龙门吊设备购置数量，按每台价格 500 万元人民币、10 年折旧计算，可节省 25 万元/台/年。

3．省人力

传统控制每台需 3 人轮换，远程控制后，1 人可同时操控 3～6 台龙门吊，大幅降低人力成本，以同时操控 4 台、人力成本 10 万元/人/年计算，可节省 27.5 万元/台/年。

6.2.5　本节小结

依托 5G+云+AI 技术，到 2025 年，我国要在世界一流港口建设取得重要进展，主要港口绿色、智慧、安全发展实现重大突破，地区性重要港口和一般港口专业化、规模化水平明显提升。到 2035 年，全国港口发展水平整体跃升，主要港口总体达到世界一流水平，若干个枢纽港口建成世界一流港口，引领全球港口绿色发展、智慧发展。

本节先介绍了港口行业的趋势和业务痛点，再详细讲解了 5G 在港口的应用场景、5G 港口专网整体解决方案及行业实践案例。

通过本节的学习，读者需要对 5G 在港口行业的解决方案有一定的了解，知晓产业的进展和应用场景。

6.3　5G+煤炭行业应用与解决方案

我国现已研发出矿用 5G 系统，并在煤矿井下获得初步应用，展现出良好的效果和广阔的应用前景。5G 新技术在煤炭的融合应用，必将改变煤炭传统的生产组织与用工形式，打破安全、环境等对煤炭开发利用的制约。

下面从煤炭行业洞察、5G 应用场景及网络需求分析、场景化解决方案和应用案例等方面介绍 5G 如何使能煤炭行业。

6.3.1　煤炭行业洞察

6.3.1.1　煤炭行业简介

煤炭行业是指以煤炭资源开采和运输为主的一个产业，我国能源面临"富煤、贫油、少气"的格局，煤炭储量相对丰富，是国家能源的主要来源之一，也是国家经济的重要支柱之一。

1．煤炭消费

中国是煤炭的生产和消费大国，煤炭消费遍布发电、钢铁、建材等行业，如图 6-34 所示，短期难以替代。

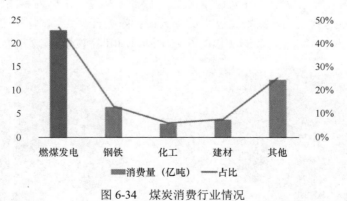

图 6-34　煤炭消费行业情况

2．中国煤炭分布

2019 年，我国原煤产量超亿吨的煤炭企业有 7 家，分别为国家能源集团、中煤能源集团、同煤集团、陕煤集团、兖矿集团、山东能源集团和山西焦煤集团，合计约 14.6 亿吨，占全国总产量的 38%，如图 6-35 所示。

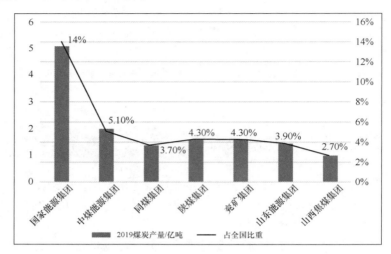

图 6-35   中国七大煤炭企业

除了超亿顿的煤炭企业，我国的主要煤炭企业还包括晋能集团、冀中能源集团、阳泉煤业、山西潞安矿业集团、河南能源化工集团、中国华能集团、淮南矿业、山西晋城无烟煤炭业集团、内蒙古伊泰集团、华电煤业集团、内蒙古霍林河露天矿业、内蒙古汇能煤电集团和黑龙江龙煤炭业控股集团等。

中国煤炭资源分布极不平衡，北部和西部煤炭资源较为丰富，东部和南部煤炭资源较少。从而形成了"北煤南运"和"西煤东调"的基本格局。

3. 煤矿作业流程

煤矿一般分为露天煤矿和井工煤矿两大类，露天煤矿是把覆盖在矿体上部及其周围的浮土和围岩剥去，把废石运到排土场，从露天的矿体上直接采掘矿石。当矿体埋藏较浅或地表有露头时，应用露天开采比地下开采优越。剥去上部岩土的工作称为剥离。剥离岩土量与采出矿石量的比例称为剥采比，剥采比过大的露天矿，露天开采成本高，应改用地下开采的方法。露天煤矿又分为山坡露天煤矿（如图 6-36 所示）和凹陷露天煤矿（如图 6-37 所示）。

图 6-36   山坡露天煤矿实景

图 6-37   凹陷露天煤矿实景

井工煤矿就是进行地下开采的煤矿，采掘面位于地下，可以有多个开采面。通过竖井或者斜井连接地面，作为人员和矿石运输通道。井工煤矿示意图如图 6-38 所示，井工煤矿实景图如图 6-39 所示。

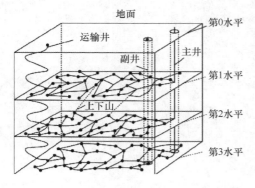

图 6-38 井工煤矿示意图

图 6-39 井工煤矿实景图

煤矿开采的基本业务流程如图 6-40 所示，主要包括地质勘探、露天开拓或井下开拓、露天开采或井下开采、粗加工、运输、按照不同功能进行加工并综合利用等。

（1）地质勘探：勘探一座矿床需要 2～5 年时间。

（2）开拓：大型矿开拓需要 3～7 年时间，中型矿开拓需要 2～3 年时间。

（3）开采：生产周期需要 30～50 年时间。

图 6-40 煤矿开采的基本业务流程

露天矿山开采流程主要包括穿孔、爆破、铲装、运输、破碎、排岩等，如图 6-41 所示。

1）穿孔

穿孔为爆破工作提供装埋炸药的孔穴，是露天矿山开采的首要工序，为爆破做准备。使用的设备主要包括凿岩机、凿岩台车、牙轮钻机和潜孔钻机。

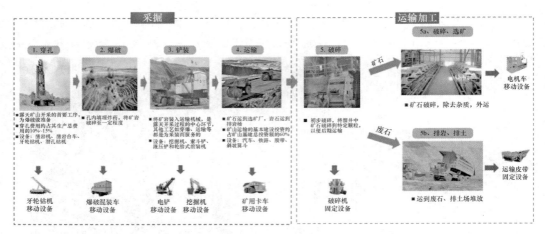

图 6-41　露天矿山开采流程

2）爆破

爆破是指在孔内填埋炸药并引爆，将矿岩破碎至一定程度，便于后续的铲装。根据矿石的硬度和风化度决定是否需要爆破。通常情况下，矿石硬度大的需要爆破，而对于矿石硬度小的，则直接用挖掘机挖掘，不需要爆破。

3）铲装

铲装是指使用装载机械将矿岩从爆破堆中挖掘出来，并装入运输机械的车厢，使用设备主要为挖掘机。

4）运输

运输是指将采出的矿石运送到选矿厂，将岩石运送到排土场，使用设备主要是矿用卡车。

5）破碎

矿石需要初步破碎，将矿石破碎到特定颗粒并除去杂质，以便后期运输，一般破碎设备为破碎机。

井工煤矿的作业界面如图 6-42 所示。

（1）主巷道：巷道长度为十至上百千米，通常可以通行两辆车。

（2）管线：管线沿着主巷道布置，包括电缆电线、光纤、瓦斯抽采管道等。

（3）综采面：采煤工作面，一般为 2～4 m 高（取决于煤层的厚度），宽为 300 m，长度为 2 km 以上。

（4）主工作巷道：井下生产系统监控中心和检修巷道。

（5）输煤皮带：把煤即时输送到井上洗煤中心。

（6）机电硐室：存放煤矿关键电器设备等。

（7）地面监控指挥中心：远程监控与控制。

井工煤矿业务流程主要包括落矿/采掘、运输、选矿等主要环节，如图 6-43 所示。

（1）落矿/采掘：一般采用综采设备、连采设备、爆破等方法，将矿石切割成细小块状，并使其自动掉落到下方的运输平台。

（2）运输：矿石掉落后，通常通过皮带系统自动从井下运出。

图 6-42　井工煤矿的作业界面

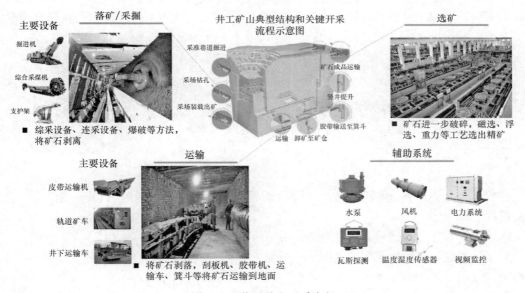

图 6-43　井工矿山开采流程

（3）选矿：矿石经过皮带运输系统到达选矿中心，进行洗选处理，过滤杂质，按照成色分类后向外运输。

4．煤矿设备介绍

井工煤矿常见设备包括掘进机、矿山支架、采煤机、皮带运输机和胶轮机等。

掘进机是用于平直地面开凿巷道的机器，如图 6-44 所示，主要由行走机构、工作机构、装运机构和转载机构组成。随着行走机构向前推进，工作机构中的切割头不断破碎岩石，并将碎岩运走。

矿山支架是指安装在矿山巷道中起支撑岩石作用的设备，如图 6-45 所示。其作用是控制围岩的移动，防止围岩冒落，以保护巷道的安全。

图 6-44　掘进机　　　　　　　　　　　　　图 6-45　矿山支架

采煤机是一个集机械、电气和液压为一体的大型复杂系统，一般由截割部、装载部、行走部（牵引部）、电动机、操作控制系统和辅助装置等部分组成，如图 6-46 所示。在采煤工作面，采煤机把煤从煤体上破落下来（破煤）并装入工作面输送机（装煤）。采煤机按调定的牵引速度行走（牵引），使破煤和装煤工序能够连续不断地进行。

皮带输送机是煤矿井下输送机械的一种，是运用皮带的无极运动运输物料的机械，如图 6-47 所示。物料被连续地送到运输带上，并随着输送带一起运动，从而实现对物料的输送。

图 6-46　采煤机　　　　　　　　　　　　　图 6-47　皮带输送机

胶轮车是井下设备及材料运输的专用运输设备，如图 6-48 所示，操作方便，是井下重要的运输工具。

露天煤矿常见设备主要包括挖掘机、矿用卡车等。

常见的挖掘机结构包括动力装置、工作装置、回转机构、操纵机构、传动机构、行走机构和辅助设施等，如图 6-49 所示，主要负责矿山的各种挖掘作业。

矿用卡车是在露天矿山为完成岩石土方剥离与矿石运输任务而使用的一种重型自卸车，如图 6-50 所示。

图 6-48　胶轮车　　　　　　图 6-49　挖掘机　　　　　　图 6-50　矿用卡车

6.3.1.2　煤炭行业趋势

一直以来，煤炭都是中国能源的主要来源，主要用于发电、供暖以及工业用能等。然而随着中国经济转型，以及对生态环境的保护，煤炭行业的粗放式生产方式已不可持续，不仅造成人力和物力的极大浪费，对生态环境也造成了严重的破坏。因此，推动新旧动能转换和能源消费结构升级成为煤炭行业发展的必然趋势。具体措施包括：兼并小型煤炭企业，实现产能集中化；提高节能减排，推动煤炭资源清洁化；加快科技与煤炭产业的融合，助力煤矿智能化。

工业和信息化部、科学技术部、国家发展改革委等八部门于 2020 年发布了《关于加快煤矿智能化发展的指导意见》，要求加快推进煤炭行业供给侧的结构性改革，推动智能化技术与煤炭产业的融合发展，提升煤矿智能化水平。

煤矿智能化发展的 3 个阶段性目标如图 6-51 所示。2021 年，建成多种类型、不同模式的智能化示范煤矿。到 2025 年，大型煤矿和灾害严重煤矿基本实现智能化。到 2035 年，各类煤矿基本实现智能化，构建多产业链、多系统集成的煤矿智能化系统，实现无人化煤矿生产。

图 6-51　煤矿智能化发展的 3 个阶段性目标

6.3.1.3　煤炭行业的痛点

传统煤炭行业，矿区作业环境恶劣，人员安全风险高；招工难，矿石运输成本高，人工操作效率低；矿区缺乏有效监管手段，人力巡查成本高、效率低；矿区信息化系统还是传统的"烟囱式"网络、部署维护成本高，严重制约了数据流通。

（1）作业环境艰苦，人员安全问题突出。

煤矿工作环境恶劣，伴随着瓦斯、煤尘、水害等侵害。当前顶板事故、瓦斯事故是我国煤矿主要事故来源，采煤工作面又是发生顶板和瓦斯事故的主要地点，时刻威胁着职工的生命安全。安全事故带来的经济损失包括直接经济赔偿和停产整顿导致的间接经济损失。

近年来，矿山安全水平提升显著，煤矿百万吨死亡率 10 年下降 98.9%。处于世界产煤中等国家水平，仍需继续改进。

因此，直接减少采煤工作面的人员数量是减少人员伤亡、保障安全的重要手段，也是煤矿安全生产的迫切需要。只有将工人从危险、恶劣、嘈杂的工作环境中解放出来，让设备替代工人进行煤矿开采，才能彻底改变这种局面。

（2）招工难，矿石运输成本高，人工操作效率低。

矿工薪资相对劳动强度较低，36.5%的员工勉强满意、32.8%的员工对薪资不满意。作业环境恶劣，以内蒙古为例，夏天 40℃左右，冬天零下 40℃左右。一些大型矿山所在地，商业、娱乐条件差。煤炭行业职业病得病率高，吸入矿物粉尘易得尘肺病，车辆颠簸、饮食作息不规律让工人易得胃病和腰椎间盘突出。

矿区薪资相对劳动强度较低、工作环境恶劣、职业病风险高等因素导致招工难，招不到年轻人，矿区员工平均年龄 45 岁以上；人员流动大，平均每 1.5 年几乎都要全部更换一遍工人；高级人才少，矿工工种社会认同度低，44.6%的大学生对自己的煤矿工作背景不满意，认为煤矿工作身份影响到了自己的社会地位与生活质量。

矿石运输成本高，运输成本约占矿石成本的 50%；矿山运输劳动量占总劳动量的 50%以上；矿区安全监管也越来越严格，操作工种的薪资、培训费用也不断增加。以矿区运输成本为例，在用工成本方面，司机年薪 15 万元，配 4 名司机，用工成本就是 60 万元/车/年；在材料损耗成本方面，人工操作对设备损耗大，事故率高。

人工操作效率低，以人工驾驶和自动驾驶为例。人工驾驶矿车每年工作 5500～6000 小时，而自动驾驶矿车每年工作 7000 小时。

（3）规章制度齐全，缺乏有效监管手段，人力巡查成本高、效率低。

煤炭行业相关规章制度齐全，但由于煤矿点多面广、矿点分散及缺乏有效监管手段，因此依靠人力巡查成本高效率低。

（4）当前，ICT 系统中，"烟囱式"网络、部署维护成本高，严重制约了数据流通。主要表现为：

- 矿山应用间点对点集成，耦合度高，系统接口难以管理与运维，数据集成时效性差；
- 大量设备对接困难，IT-OT 无法融合，难以对海量设备数据进行分析与建模；
- 适配云战略，潜在带来跨云接口，消息集成复杂度增加，可靠性与安全成为挑战；
- 跨集团、供应商、精炼厂之间系统跨网集成，带来集成安全、协议转换挑战。

6.3.2　5G 应用场景及网络需求分析

5G 助力煤炭行业智能化转型升级，5G 智慧煤矿主要包含六大类应用，即高清视频监控、统一网络接入、远程设备操控、智能巡检、无处不在的通信保障和精准定位。

6.3.2.1　高清视频监控

当前的视频监控系统大部分是矿业企业在早期部署的，具有基本的监控功能，但是存在几个常见的问题：固网传输，部署的摄像头不灵活，在有限的地方部署；视频摄像头分辨率不高，导致拍摄的视频画面或者图片不清晰，难以做出准确的判断；针对移动场景的监控，需要人工进行巡检，消耗人工成本。

实时监控矿区人员、环境及生产安全，需要在关键位置部署高清摄像头，实现矿区作业

可视可管。通常需要在每 2 千米采煤巷道部署 30～50
个摄像头，每 20 千米输煤皮带部署 50～100 个摄像
头，综采面部署 20～30 个摄像头。为实现矿区清晰
可见，使用 1080P 高清摄像头，单个摄像头需要 2～
8 Mbps 带宽。

采煤系统	运输系统	掘进系统
传感器 视频监控 应急通信 集群调度 UWB定位 语音呼叫	传感器 视频监控 应急通信 集群调度 UWB定位 语音呼叫	传感器 视频监控 应急通信 UWB定位 语音呼叫
排水系统	通风系统	机电系统
传感器 视频监控 应急通信 集群调度 语音呼叫	传感器 视频监控 应急通信 集群调度 语音呼叫	传感器 视频监控 应急通信 集群调度 语音呼叫

图 6-52　井下六大系统

6.3.2.2　统一网络接入

井下六大系统，如图 6-52 所示，包括采煤系统、
运输系统、掘进系统、排水系统、通风系统和机电系
统，各系统设备商自集成通信系统，用于信号采集和
传输。各系统独立组网，缺乏归一融合平台，运维复
杂，演进困难。

面对矿区的大量传感器、矿区检修人员通信、视频监控等业务，5G 作为统一的通信网
络，能够消除信息孤岛，利用 5G 网络超大连接能力和超大带宽实现人、机、环境海量数据
上传。

6.3.2.3　远程设备操控

在井工煤矿中，需要远程操控的设备主要包括掘进机和采煤机；在露天煤矿中，需要远
程操控的设备主要包括电铲和矿用卡车。

掘进机的远程控制系统可分为视频流、状态流和控制流。视频流：掘进机本地安装 6 个
高清摄像头，远程操作平台的监控主机，基于作业场景实时拉取相应的画面，并实时显示 6
个摄像头画面。状态流：远程操作平台的工控机人机界面（Human Machine Interface，HMI）
实时显示接收来自掘进机的 PLC 和雷达等的传感器数据，主要信息包括机身与巷道中轴线偏
移角、机身俯仰角、倾角等。控制流：结合远程操控平台上的 HMI 画面和视频画面，操作员
执行控制动作，产生 PLC 控制指令，并下发到掘进机的本地执行 PLC，实现掘进机实时控制。

为提供可靠的人工异常干预——紧急停止功能，视频+控制总延迟要求不超过 500 ms，
其中视频子系统的平均延迟 450 ms，控制链路的 RTT 最大不超过 50 ms。建议保证控制链路
优先，在异常干预时，避免网络拥塞造成的延迟。掘进机的远程操控对网络的需求见表 6-4。

表 6-4　掘进机的远程操控对网络的需求

	类　型	规格	应用层指标（KQI）	基本网络需求
上行	摄像机	6 路	标准 1080P（可配置 2～8 Mbps，至少 2 Mbps），视频（300 ms 抖动缓存），无卡顿	2 Mbps×2.5×6×0.8=24 Mbps
	激光雷达	2 个	在本地工控机采样，远程控制可视化	1 Mbps
	数据采集	1 路	周期 50 ms 的数据采集	500 kbps
	TCP ACK	1 路	对应下行控制信息，需保证 ACK 传输优先，不受网络拥塞影响	30 kbps
	上行总带宽			大于 26 Mbps
下行	电机控制	1 路	周期 50 ms，1.4 KB	300 kbps RTT<50 ms@99.99%

采煤机远程控制系统示意图如图 6-53 所示，同样分为视频流、状态流和控制流。视频流：采煤机本地安装 2 个高清摄像头，远程操作平台的监控主机，基于作业场景实时拉取相应的画面，并实时显示 2 个摄像头画面。状态流：远程操作平台的工控机 HMI 实时显示接收来自采煤机的 PLC 和雷达等的传感器数据，主要信息包括机身与巷道中轴线偏移角、机身俯仰角、倾角等。控制流：结合远程操控平台上的 HMI 画面和视频画面，操作员执行控制动作，产生 PLC 控制指令，并下发到采煤机的本地执行 PLC，实现实时采煤机控制。

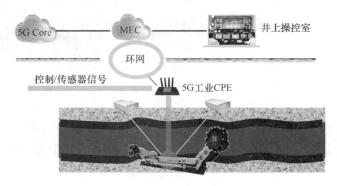

图 6-53　采煤机远程控制系统示意图

和远程操控挖掘机一样，远程操控采煤机要求控制链路的 RTT 最大不超过 50 ms。采煤机远程操控对网络的需求见表 6-5。

表 6-5　采煤机远程操控对网络的需求

	类　型	数　量	应用层指标（KQI）	基本网络需求
上行	摄像机	2 路	标准 1080P（可配置 2～8 Mbps，至少 2 Mbps）；视频（300 ms 抖动缓存），无卡顿	2 Mbps×2.5×2×0.8=8 Mbps
	数据采集	1 路	周期 50 ms 的数据采集	500 kbps
	TCP ACK	1 路	需保证 ACK 传输优先，不受网络拥塞影响	30 kbps
	上行总带宽			大于 9 Mbps
下行	电机控制	1 路	周期 50 ms，1.4 KB	300 kbps，RTT＜50 ms@99.99%

采煤区是露天煤矿的核心作业区域，主要包括大型吊斗铲挖掘作业、多电铲同时采掘和矿用卡车运输作业类型，在露天煤矿场景中对 5G 网络容量要求较高。以某煤矿为例，主要分南北两个采煤区交替作业，每个采煤区长 900 m，共计 3 层，其中煤顶层深 40 m，向下两层每层深 15～20 m，采煤区总深度约 80 m。采煤区在露出煤层之前有 3 辆电铲作业，每个电铲配套有 5～6 辆矿卡运输渣石；在煤层露出来之后，有 4 台采掘设备同时作业，总计有 30 辆矿用卡车运输煤石。若按最多 5 台矿用卡车同时处于远程控制模式，则采煤区要求总容量为 400 Mbps。采煤区远程操控对网络的需求见表 6-6。

每个采掘平盘区垂直高度约 15 m，水平宽度为 60～100 m，矿用卡车距离平盘内侧最小 10 m 左右。在每个平盘上，最多有 4 个电铲同时作业，每台电铲配套有 5～6 辆矿用卡车运输煤石，正常情况下 3 辆车在电铲处等候，最多不能超过 5 辆车在电铲处等候；若按最多 5

台矿用卡车同时处于远程控制模式，则采掘平盘区要求总容量为 400 Mbps。采掘平盘区远程操控对网络的需求见表 6-7。

表 6-6　采煤区远程操控对网络的需求

场景	覆盖范围	业务类型	业务诉求	同时远程控制作业数量	上行容量需求	RTT
采煤区	长 900 m 三层 深 80 m	矿用卡车自动驾驶	8 kbps	4 台电铲+5 台矿用卡车	400 Mbps	/
		矿用卡车远程控制	40 Mbps			平均 20 ms
		电铲远程控制	50 Mbps			平均 20 ms

表 6-7　采掘平盘区远程操控对网络的需求

场景	覆盖范围	业务类型	业务诉求	同时远程控制作业数量	上行容量需求	RTT
采掘平盘区	长 1800 m 10 层 每层高 15 m，宽 60～100 m	矿用卡车自动驾驶	8 kbps	4 台电铲+5 台矿用卡车	400 Mbps	/
		矿用卡车远程控制	40 Mbps			平均 20 ms
		电铲远程控制	50 Mbps			平均 20 ms

回填区与采掘平盘区相似，地貌呈现为按梯度下降的大平层，回填区共计约有 10 个平层，每个高 15～30 m，宽 60～90 m。回填区无电铲作业，每层有矿用卡车运输渣石回填，由于回填区矿用卡车需要倾倒渣石，因而需要保障远程控制业务；当矿用卡车倾倒完毕，即处于自动驾驶模式驶离回填区，矿用卡车行驶速度约 30 km/h。随着采煤业务的推进，回填区的 5G 基站也需要跟随调整站址，一般搬迁周期为 20 天左右。若按最多 5 台矿用卡车同时处于远程控制模式，则回填区要求总容量为 200 Mbps。回填区远程操控对网络的需求见表 6-8。

表 6-8　回填区远程操控对网络的需求

场景	覆盖范围	业务类型	业务诉求	同时远程控制作业数量	上行容量需求	RTT
回填区	10 层，每层高 15～30 m，宽 60～90 m	矿用卡车自动驾驶	8 kbps	5 台矿用卡车	200 Mbps	/
		矿用卡车远程控制	40 Mbps			平均 20 ms

破碎区是将矿用卡车从采煤区运输来的煤石进行破碎，并通过传送带回传加工的作业区域。破碎区地势平坦，占用面积较小，无电铲作业，主要存在矿用卡车自动驾驶业务，以及矿用卡车倾倒煤石的远程控制业务，平均一个破碎站约 4 台矿用卡车同时停留，所需容量需求约 160 Mbps。破碎区远程操控对网络的需求见表 6-9。

表 6-9　破碎区远程操控对网络的需求

场景	覆盖范围	业务类型	业务诉求	同时远程控制作业数量	上行容量需求	RTT
破碎区	—	矿用卡车自动驾驶	8 kbps	4 台矿用卡车	160 Mbps	/
		矿用卡车远程控制	40 Mbps			平均 20 ms

6.3.2.4　智能巡检

输煤巷主要用于把地下采出的煤通过输煤皮带输送至井上，该巷道距离较长，一般大于 10 km，宽、高约 5～6 m。皮带运输机作为煤矿运输的重要组成部分，存在皮带空转、跑偏、堆煤、异物、打滑、断带等异常现象，严重影响设备的使用寿命，降低企业生产效率和生产安全。通过 AI 智能视频应用可实现识别皮带空载率、皮带堆煤、皮带跑偏等自动化监视，提醒管理人员或将信号提供给皮带控制系统联动停机，降低事故发生的概率。

输煤巷的监控主要有移动巡检机器人和固定部署两种，每 50 m 部署一个固定摄像机，移动巡检机器人和固定部署混合使用。输煤巷监控对网络的需求见表 6-10。

表 6-10　输煤巷监控对网络的需求

种　类	业务类型	传输方向	编　码	秒级平均速率
固定布放摄像机	基础视频流	上行	1080P/ H265	4 Mbps（2～8 Mbps 应用规格可变，需与应用集成商与业主确定）
巡检机器人	基础视频流	上行	1080P/ H265	4 Mbps（2～8 Mbps 应用规格可变，需与应用集成商与业主确定）

当前，主流摄像机仍然采用普通摄像机，通过网络将视频回传和部署在云端的 GPU 或者 AI 处理卡进行智能视频的处理。可通过 5G 摄像机加装防爆壳或通过摄像机+5G 隔爆终端的形式进行 5G 回传。当局部存在多路相机时，多个普通相机汇聚到智能边缘节点进行处理后，通过 5G 隔爆终端进行回传。

近些年逐渐出现部署软件定义的前端智能相机，内置具备一定算力的神经网络芯片，或通过汇聚到内置算力的智能边缘节点进行处理。系统采用端/云协同的工作模式，可在本地进行目标检测，云端进行检索。端侧使用神经网络进行目标识别，对应的模型在云端训练端侧部署，可通过网络进行更新。

6.3.2.5　无处不在的通信保障

目前，在井工煤矿中，井上和井下进行通话主要靠固定电话，不支持视频通话，固网电话、广播、对讲系统等多系统维护复杂，井下作业人员出现紧急事故时无法获得实时通信。

5G 能够实现无处不在的通信保障，如图 6-54 所示。一是实现综采面和检修巷道通信覆盖，以及综采面井上井下协同工作和远程检修指导；二是实现全巷道实时通信，井下车辆实时调度。

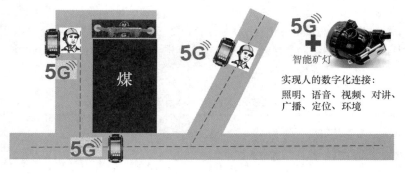

图 6-54　5G 通信保障

6.3.2.6　精准定位

在井工煤矿中，人员、车辆、设备数量多、分布分散，实现矿井人员和车辆精确定位是煤矿智能化关键技术之一。为遏制煤矿井下超定员生产，避免或减少煤矿重特大事故发生，《煤矿安全规程》规定，煤矿必须装备矿井人员位置监测系统。煤矿井下人员定位系统在遏制煤矿井下和采掘工作面等重点区域超定员生产、重特大事故发生、搜寻遇险人员、防止人员进入盲巷等危险区域、井下作业人员考勤等方面发挥着重要作用。矿井人员和车辆精确定位技术还将用于防治违章乘坐传输带，防止车辆伤人和车辆碰撞，以及煤矿井下胶轮车和电机车无人驾驶等方面。

早期的煤矿井下人员定位系统主要采用射频识别（RFID）技术，只能判别识别卡在哪个分站识别区。随着煤矿井下人员定位技术的发展，先后研制成功基于 ZigBee、超宽带（UWB）等技术的煤矿井下人员定位系统，如图 6-55 所示，定位误差由数十米、几米发展到今天的 0.2 m。但是覆盖范围只有 200 m 左右，并且这些定位系统是单独的，形成了信息孤岛。

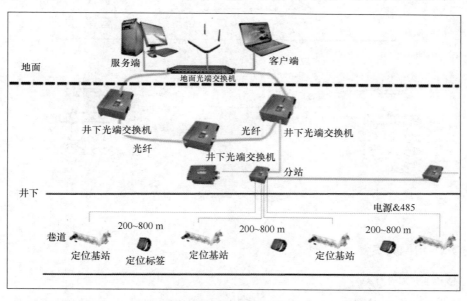

图 6-55　UWB 定位系统

5G 定位精度在 3GPP Rel-16 版本可达到米级，Rel-17 可达到亚米级，并且 5G 作为统一的通信系统实现了通信、监控、定位等一体化，利用 5G 网络的覆盖优势能更好地实现矿区人员、车辆的精准定位。

6.3.3　场景化解决方案

煤矿 5G 场景化解决方案涉及网络总体架构、核心网组网方案、承载网组网方案、无线网组网方案、设备选型。下面从网络架构、组网方案和设备选型三个方面进行介绍。

6.3.3.1　网络架构

煤矿 5G 通信网络是基于运营商 5G 大网而建设的行业专网系统，如图 6-56 所示。5G

网络主要包括：运营商集中部署的 5G 核心网，一般部署在大区或省会城市；部署在煤矿园区地面的 UPF 以及传输设备；部署在井下的 5G 基站和传输设备，固定在设备仓或者独立部署的 5G 行业终端。UPF 本地部署，实现煤矿本地业务分流至自有服务器和管控平台，保障数据不出园区。井上井下传输设备成环部署，提升煤矿链路传输的可靠性。5G 基站采用满足煤矿安全标准的低功耗小站形态，包含 BBU、射频汇聚单元（Radio HUB，RHUB）和微型射频拉远模块（pico Remote Radio Unit，pRRU）。

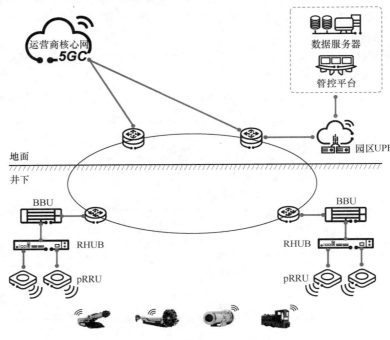

图 6-56   煤矿 5G 专网架构

6.3.3.2   组网方案

1. 核心网组网方案

为了满足客户数据不出园区的需求，在煤矿园区下沉部署 UPF，如图 6-57 所示。规划独立园区 UPF 数据网络标识（Data Network Name，DNN），在 SMF 选择 UPF 的策略中，园区用户附着激活后由 SMF 根据独立的 DNN 选择园区 UPF 作为主锚点，对园区业务进行本地分流。煤矿园区可部署双 UPF 分担负荷，实现容灾备份。

2. 承载网组网方案

煤矿井下的传输设备建议与地面的传输设备成环组网，任何一段光纤故障都不会影响业务正常传输，提高了传输的可靠性。地面传输设备与运营商承载网设备组成汇聚环。园区 MEC 组网可以双连到 2 台地面传输设备，如图 6-58 所示，也可以只连接 1 台地面传输设备，这取决于部署的地面传输设备数量。

对于中大型煤矿，根据井下物理位置的不同，可以部署多个井下传输环，如图 6-59 所示，这些井下环均与地面传输设备成环组网。

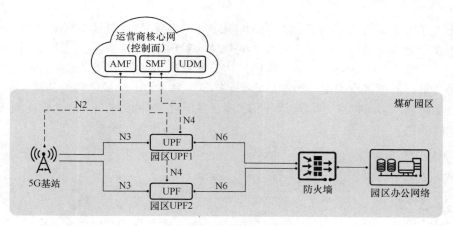

图 6-57　5G 核心网组网方案

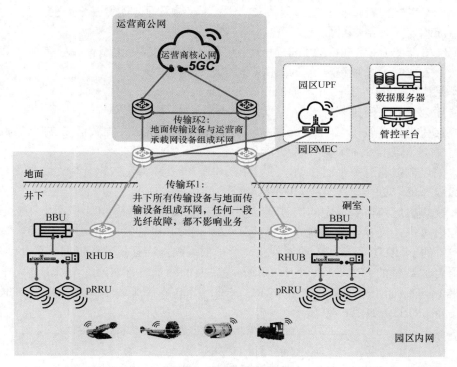

图 6-58　承载网组网方案

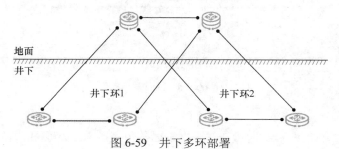

图 6-59　井下多环部署

BBU 与井下传输设备的互联接口为 10 GE 光口。传输环可以是 10 GE 环网或 50 GE 环网，这取决于无线基站数量及业务容量。为保障传输时延，MEC 与地面传输设备的接口不低于 10 GE，即最小速率应与基站传输接口速率配置一致。基站时钟同步优先采用 1588v2 时间同步技术，提供多个 BBU 之间的同步。若园区网络与时钟源之间的传输发生中断，园区业务会受影响，因此建议园区配置一个时钟服务器+GPS，以便在公网传输中断的情况下，不影响园区业务。

3. 无线网组网方案

煤矿分为井工煤矿和露天煤矿，井工煤矿涉及综采面、掘进面和巷道，露天煤矿涉及采煤区、采掘区平盘和回填区平层、破碎区。

1）综采面

综采面是井工煤矿的核心工作面，5G 连接落地综采面才能算是真正的 5G 下井。综采面的覆盖面临着如下诸多挑战：

（1）综采面巷道长 160～320 m，由于采煤机、液压支架等大型设备的遮挡，通常 pRRU 与终端接收天线间为非视距环境，单站覆盖距离受影响较大。

（2）采煤面巷道高 2～3 m，但液压支架的顶板支撑距离地面一般 3 m 左右，无线信号在巷道传播会受到空间压制。

（3）液压支架一般粗 30～60 cm，其工作时前进间距不等，导致液压支架顶部的终端天线会被左/右液压支架遮挡，影响无线信号质量。

（4）采煤机在巷道中来回移动，线槽中的电缆/供液缆都比较粗壮，光缆来回容易折损，而光缆比较昂贵，更换一次至少影响两个班次。

（5）采煤机远控需要稳定的低时延，而 Wi-Fi 需要切换解决方案不适用于该场景。

经综合考虑，推荐使用室内分布式基站 LampSite，设备包括 BBU、RHUB 和 pRRU。使用 4T4R 的 pRRU，每 2T2R 通道外接一个平板天线，增强覆盖。根据综采面的实际长度选择部署合适数量的 pRRU，如小于 100 m 综采面的两端各部署一个 pRRU，向中间覆盖；100～200 m 综采面，中间部署一个 pRRU；200～300 m 综采面中间部署两个 pRRU，两端各部署一个 pRRU，如图 6-60 所示。

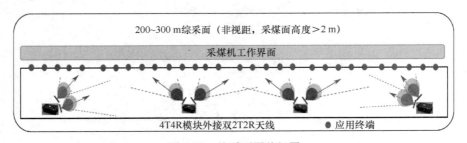

图 6-60　综采面覆盖部署

2）掘进面

掘进面覆盖部署如图 6-61 所示。对于掘进面的覆盖要求是尽可能远，因为掘进面是不断向前推进的，推荐 LampSite 4T4R，每 2T2R 通道外接一个平板天线，两面平板天线同向覆盖。

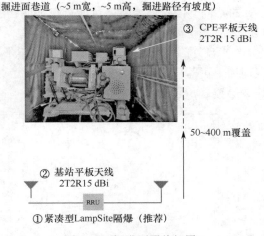

图 6-61　掘进面覆盖部署

3）巷道

基站主要提供巷道内无线网络覆盖，如图 6-62 所示。在主井、副井、人车场、运输大巷、皮带大巷、变电所、采/掘工作面等重要场所安装矿用隔爆型基站。5G 基站主要由 BBU、RHUB 和 pRRU 组成。BBU 和 RHUB 部署在巷道旁的硐室内，pRRU 挂墙安装在巷道壁上，通过电缆取电，RHUB 与多个 pRRU 通过光缆星型连接。通常，一个 BBU 连接 3 个 RHUB，每个 RHUB 挂接 6 个 pRRU。按站间距 400 m 计算，一个 BBU 能够覆盖约 7.2 km 长的平直巷道。

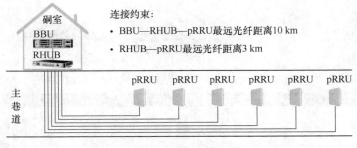

图 6-62　巷道覆盖部署

4）采煤区

采煤区采用宏站覆盖，设备采用 BBU、RRU 或 AAU。采煤区通常有三种覆盖方案，如图 6-63 所示，可依据实际需求，从三种方案中选取一种来布站。

（1）在采煤区上方的两侧平盘处，各摆放一个小区，向采煤区覆盖。

（2）在采掘区煤层放置 2 扇区站点，两小区背对背覆盖采煤区。

（3）若对容量有更高诉求，可以在采煤区上方和采掘区各部署一个基站，两站点采用异频组网方式覆盖采煤区。

5）采掘区平盘和回填区平层

采掘区平盘和回填区平层同样适用宏站部署，设备采用 BBU、RRU 或 AAU。由于存在高度落差，站点随摆放位置的不同，信号跨层覆盖可能存在被遮挡的风险，因而针对这种梯度落差的平层场景，站点部署应基于如下原则：

（1）每个站点位置需要与平盘外侧有一定的垂直距离，否则下平层信号有被遮挡的风险；

（2）每个三小区站点理论上可跨一层平盘覆盖；

（3）每个站点不可跨 2 层覆盖，否则第三层信号会被遮挡。

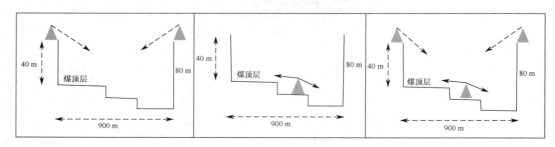

图 6-63　采煤区三种覆盖方案

6）破碎区

破碎区由于地势平坦，且需要覆盖的面积较小，最多有 4 辆矿用卡车同时停留，其容量诉求小，使用 AAU 单站覆盖即可满足业务需求。

6.3.3.3　设备选型

煤矿对设备有定制化的需求，包括 5G 基站设备和矿用终端设备，如图 6-64 所示。

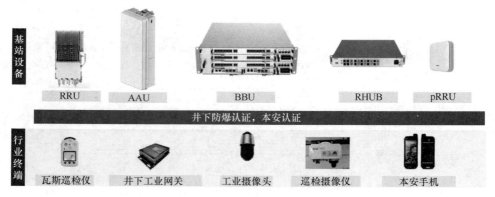

图 6-64　煤矿场景 5G 产品

井工煤矿的综采面、掘进面和巷道采用室内分布式基站 LampSite，设备包括 BBU、RHUB 和 pRRU。井工矿山对设备安全性要求高，1990 年，我国实施"煤矿矿用产品安全标志管理制度"，规定"涉及煤矿井下安全的产品，必须有安全标志"，即煤安认证。煤安认证是针对煤矿井下使用的防爆产品的认证（直接和井下设备相连并且有信号通信的井上设备也需要煤安认证），获得煤安认证是行业准入条件。另外，低瓦斯矿井的部分区域可以使用非防爆产品，即矿用一般型设备。

煤安认证中通信产品的防爆类型只有隔爆型和本安型两种。隔爆型设备在正常运行时，能产生引爆源的部件放入隔爆外壳体内，隔爆外壳能承受内部的爆炸压力而不致损失，并能防止爆炸传播到外壳外。一般情况下，只要设备整机功率在 250 W 以下，无线发射类设备的发送功率小于 6 W，基本都能满足隔爆要求；本安型设备通过相关技术限制电路能量，使电气设备中的电能产生的火花或热的表面不足以引爆爆炸环境中的物质。本安型产品主要是对设备进行限能来实现防爆，一般要求电压不超过直流 24 V、功率不超过 24 W、发射功率不超过 6 W（一般默认为 2 W）。

露天煤矿的采煤区、采掘区平盘、回填区平层和破碎区采用室外宏基站，设备包括 BBU、RRU 或 AAU。

6.3.4　应用案例

某煤电集团公司是世界 500 强企业，年产煤量 3000 万吨。现有矿井 27 座，洗煤厂 8 座。该煤电集团公司旗下的一座大型煤矿，年产能超千万吨，是全国智能化标准矿井试点单位。

6.3.4.1　项目背景

煤矿当前网络现状及项目背景如下。

（1）视频监控：标清摄像头，不够清晰；使用固网传输，部署摄像头不灵活，在有限的地方部署，无法满足无人化矿井的基本需求。

（2）网络隔离：井下六大系统，各系统设备商自集成通信系统，用于信号采集和传输。各系统独立组网，缺乏归一融合平台。

（3）远程操控：采煤工作面使用人工现场操控采煤机，手持遥控或现场支架上操作，人员井下作业风险等级高。

（4）设备巡检：需人工定时巡检，查看设备运行数据。

（5）井下通信：井上井下通话靠固定电话，井下作业人员出现紧急事故时无法获得实时通信。

（6）精准定位：人员、车辆、设备数量多、分布分散，井下信号覆盖不足，定位困难。

6.3.4.2　痛点分析

井工煤矿当前最大的业务需求：一是实现井下人员、设备、环境的实时监控，二是实现对井下掘进机、采煤机等业务的远程控制。

井下涉及大量人员、设备和环境的联网需求，如图 6-65 所示，大量传感器要求网络具备大连接能力，大量摄像头要求网络具备上行大带宽能力，见表 6-11。

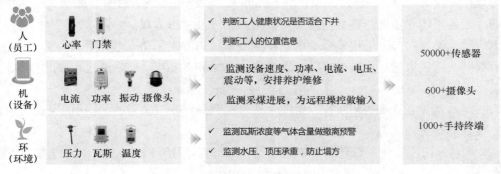

图 6-65　井下联网终端

表 6-11 井下终端联网需求

场景描述	RTT 时延/ms	单终端带宽需求	设备数/个	总体带宽
环境感知，人体感知，设备感知，监测设备	<1000	<1 kbps	50 000+	
采煤工作面、掘进工作面、运输转载点、运输场视频	<100	20 Mbps	1 个固定摄像头+4 个移动摄像头@200 m 巷道 80 个摄像头@300 m 综采面	0.4 Gbps 1.6 Gbps

实时监控的痛点如下。

（1）矿区大量视频回传数据，分布广泛，独立成网；目前采用有线连接，线缆成本高，扩展性差。

（2）Wi-Fi 网络质量差，AP 抗雷击能力弱，故障率高、可靠性差；井下容易遮挡，形成网络盲区。

远程操控的痛点如下。

（1）采煤机和掘进机需要井下作业，条件艰苦，工作环境风险等级高，多人操作人力成本高，希望远程控制。

（2）Wi-Fi 网络质量差，AP 抗雷击能力弱，故障率高、可靠性差；井下容易遮挡，形成网络盲区。

（3）掘进机和采煤机是移动设备，如果采用有线连接，则需要经常改造线缆，成本高，扩展性差。

6.3.4.3　解决方案

采用四个 1 设计原则，打造智能矿山网络框架。

（1）1 盘棋：建设和运维统一规划。

（2）1 张网：同样功能网络只做一张。

（3）1 张图：井下信息化图纸统一更新。

（4）1 张表：所有信息打通数据一致。

1．整体解决方案

该煤矿使用井上 AAU&MEC 和井下 LampSite 构成 5G 专网，如图 6-66 所示。后续支撑业务切片，运用切片实现企业数据和公网数据的物理及逻辑隔离。

无线网：无线网部分采用室分系统进行井下覆盖，井上采用宏基站针对办公进行覆盖。

承载网：园区内通过接入 IP RAN 连接室分基站和 MEC，MEC 通过承载网与 5G 核心网对接。

核心网：新建企业专有 DNN，控制面基于运营商 5GC，转发面采用园区新建的边缘 MEC，实现本地分流，数据不出园区。

E2E 切片：切片管理系统分别部署低时延和大带宽切片专网，提供不同优先级的端到端服务水平协议（SLA），保障并实现网络隔离，如图 6-67 所示。

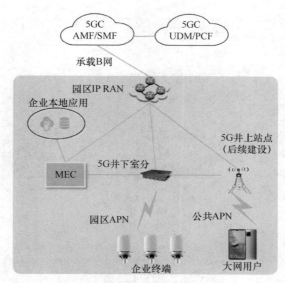

图 6-66　端到端方案

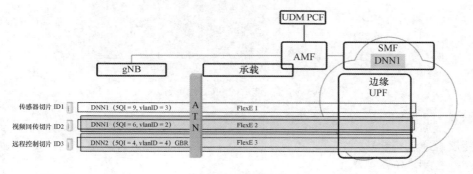

图 6-67　E2E 切片

- 切片一：传感器信息采集，井下环境和机器运行监控。
- 切片二：高清视频回传，工作面、掘进面、运输转载点、分布视频。
- 切片三：控制信息，采煤工作面煤机远程集中控制。

2．实测指标

目前，5QI+FlexE 切片的方案，属于软硬件切片结合方案，实测结果符合预期，针对高价值的远程控制场景采用高优先级和保证比特速率（Guaranteed Bit Rate，GBR）保障，其他场景采用 Non GBR 保障进行优先级调度。

Non GBR（5QI=6/7/8）业务在空口资源存在竞争时会按照 5QI 调度因子比例分配空口资源。

GBR 和 Non GBR 业务在空口资源存在竞争时会优先保障 GBR 业务，Non GBR 业务分配剩余的资源。

3．井下设备满足本安要求

井下采用 5G LampSite 部署方案，设备包括 BBU、RHUB、pRRU。经过防爆改造后的

BBU 和 RHUB 安装在变电所或硐室里，如图 6-68 所示；经过防爆改造后的 pRRU 和天线安装在巷道里，如图 6-69 所示。

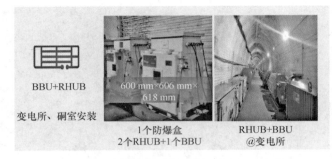

图 6-68   防爆改造后的 BBU 和 RHUB 安装

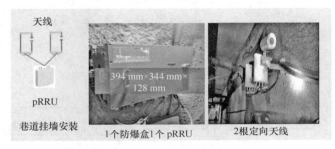

图 6-69   防爆改造后的 pRRU 和天线安装

6.3.4.4   业务价值

智能煤矿通过智能感知实时监控井下设备运行状态；通过远程集中控制，减少人员下井风险；通过智能决策，提高工作效率。

（1）智能感知：通过机器视觉、语音识别和物联网等技术，实现对皮带运行状态、皮带健康状态的检测，如皮带堆煤、皮带跑偏、皮带异物、电机运行异常、托辊损坏不转、塌棍、皮带架倒架、皮带撕裂和滚筒打滑等。

（2）远程集中控制，融合调度：通过智能感知作为基础，实现对工作面、采煤区、巷道的皮带组，整条煤流上皮带的现场自动控制、地面集控人员集中控制、巡检人员现场处理与通信。

（3）智能决策：通过整组皮带的机器视觉，识别煤量大小，实现皮带智能的变频调速。

6.3.5   本节小结

本节首先介绍了煤炭行业的现状，包括我国煤炭市场格局、煤矿作业流程、煤矿使用的主要设备。其次介绍了煤炭行业当前面临的一些痛点，例如，煤炭行业作业环境恶劣、招工难、人工操作效率低等。因此，煤炭行业未来一定会向自动化和智能化方向发展。

通过对煤矿作业场景的分析，总结煤炭行业与 5G 网络的结合主要包括高清视频监控、统一网络接入、远程设备操控、智能巡检、通信保障以及精准定位，并详细介绍不同应用场景下对网络的需求。

煤炭行业建网场景有其独特性，需要制定场景化解决方案，在本节我们详细介绍了煤矿场景的端到端解决方案，包括核心网组网方案、承载网组网方案、无线网组网方案等。

最后通过一个现网的案例让读者能够更加直观地了解 5G 与煤炭行业的应用。通过本节的学习，读者应该对 5G 在煤炭行业的解决方案有一定的了解，知晓产业的进展和应用场景。

6.4　5G+3C 制造行业应用与解决方案

随着新一代信息技术的兴起，3C 制造企业纷纷布局智能制造，巩固自己的经济技术实力及行业领先地位。中国的 3C 制造水平正处在飞速提升期，在由"制造大国"向"制造强国"转型。5G+云+AI 正好符合 3C 制造业对新型 ICT 技术的需求。

2018 年 5 月，工业和信息化部发布《工业互联网发展行动计划（2018—2020 年）》，明确基于 5G 升级建设工业互联网。2019 年 11 月，工业和信息化部印发《"5G+工业互联网"512 工程推进方案》，明确打造至少 20 个 5G 典型工业应用场景。

6.4.1　3C 制造业洞察

6.4.1.1　3C 制造业简介

3C 制造业行业主要为各类 3C 产品提供设计、开发、制造、测试、原材料采购、物流及售后服务等整体解决方案。

1．什么是 3C 产品

3C 产品是指计算机、通信和消费电子（Computer，Communication，Consumer Electronic，3C）产品以及计算机、通信技术与传统家电相结合的创新产品，如白色家电中的电冰箱、洗衣机、微波炉等。

2．中国 3C 制造业规模

中国是制造业大国，也是 3C 产品制造的大国。中国从事 3C 制造的企业有 19 万家，占据全球 70% 以上的产能。其中，全球 90% 的笔记本电脑、96% 的游戏机、70% 的手机都产自中国。全球前十大消费电子制造商都在中国投资建厂，造就了中国在全球消费电子制造领域的中心地位。

3C 制造业的营收和投资稳步增长。2020 年，中国 3C 制造主营收入为 11 万亿元人民币，固定资产投资 1.96 万亿元人民币。2014—2020 年，3C 制造业主营收入和固定资产投资金额如图 6-70 所示。

3．3C 制造生产方式

3C 制造的生产方式有三种，分别为：

（1）原始品牌制造商（Original Brand Manufacturer，OBM），有自主品牌，有设计，有生产；

（2）原始设计制造商（Original Design Manufacturer，ODM），贴牌生产，有设计、有生产；

（3）原始设备生产商（Original Equipment Manufacturer，OEM）：没品牌，不设计，只代工生产。

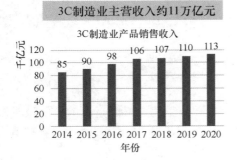
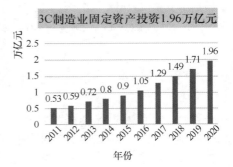

图 6-70　3C 制造业主营收入和固定资产投资

来源：国家统计局

4．3C 制造业场景分类

3C 制造业按场景分类如下。

1）产线场景

生产线是工厂的核心生产环节，对安全性要求高，数据不能出园区。生产线的通信网络要具备柔性组网、高精度定位、高速率、更低时延能力。

2）物流场景

工厂物流涵盖发生在仓库和生产现场的原料、半成品、在制品、成品的储存与流动等场景；物流的效率将影响到生产流程与作业成本；物流的通信网络要具备对 AGV 小车、人、物的定位能力；同时，对安全性要求高，数据不能出园区。

3）园区场景

园区业务即包括无人机巡检、移动机器人巡检、视频监控等 toB 业务，还包括 toC 的上网业务。园区通信网络对上行带宽和业务隔离度要求高；同时，要求 toB 数据不能出园区。

6.4.1.2　3C 制造行业趋势

3C 制造业面临着三大趋势：一是集成跨界趋势越发明显，二是垂直化整合和水平分工深化，三是中国电子制造企业的市场竞争力逐渐提升。

（1）集成跨界：以交叉融合为特征的跨界创新逐渐成为主流。3C 产品，不仅依托 AI、AR、大数据等单点技术、单一产品的创新突破，更是融合了感知、通信、计算、显示等多种技术集成创新的成果。

（2）经营模式：全球电子产业的走向有两个趋势：一是垂直化整合趋势，二是水平分工深化趋势。在这个过程中，OBM 把设计、营销和品牌管理作为其竞争力的核心，把制造环节外包给 ODM。OBM 将资源集中在核心的研发和营销等环节，和 ODM 实现了功能和风险分担。ODM 为了更好地实现接单生产，需要更低的成本、更大的灵活性满足全球消费者的不同需求。

（3）中国 3C 企业竞争力：中国 3C 制造企业主体既有 OBM 也有 ODM，它们在市场上不仅推出自有品牌，也对外承接加工业务，成为国际品牌的加工基地。经过多年发展，中国的 3C 制造企业竞争力越来越强，主要表现在快速的市场响应能力、品质管控优势、总成本领先优势、客户资源优势以及企业的规模化管理能力这几个方面。

6.4.1.3　3C 制造业的痛点

3C 制造行业当前存在安全生产隐患多、柔性生产不足、物流效率低、招工难等诸多挑战，解决这些挑战，有助于企业打破困境，把握市场先机。

（1）安全生产：工厂生产，安全是第一的。3C 行业属于离散行业，成品物流、工厂间物流复杂，车辆多带来的安全隐患也多；工厂存在高危、高温和粉尘区域；大型机床冲压设备易造成生产事故。

（2）产品质量：品质是企业生存底线。3C 行业质量检测的很多环节都依靠人工进行，可靠性和一致性有待提高。

（3）柔性生产：个性化需求生产逐渐成为趋势。传统生产线部署与调整缺乏灵活性，目前通信基本上以有线连接为主，部分设备采用 Wi-Fi 通信，Wi-Fi 通信可靠性和稳定性都有较大问题，无法适应多机器人和智能生产设备的协同。

（4）物流周转效率：物料配送、成品出入库大部分采用人工派单的方式，效率较低。

（5）招工难，用工成本高：3C 制造业是劳动力密集型产业，我国人口红利逐渐消失，人力成本上升，产业有外流压力，需要提升自动化水平，信息化水平，通过机器人和 AI 来释放人力。

6.4.2　5G 应用场景及网络需求分析

5G 技术满足了 3C 制造企业在智能制造转型中对设备互联和远程交互的应用需求。5G 在工业实时控制、AI 视频监控、机器视觉、AGV 调度、数据采集、AR 辅助等六大工业典型应用领域中起着关键的支撑作用。

6.4.2.1　工业实时控制

实时控制是制造业中最基础的应用，其核心是通过通信网络闭环控制系统。下面介绍远程实时控制在生产中的作用。

1．业务描述

在工业制造中，工业设备远程控制组网示例如图 6-71 所示。对工业设备进行远程实时控制时，需要稳定和可靠的 5G 通信网络。被控对象通过 5G 网络向控制者发送设备的 PLC 状态信息和现场视频。控制者根据收到的视频和 PLC 状态信息对被控对象进行分析并做出决策，指令通过操纵杆下发。被控对象根据收到的指令完成相应的动作。

2．技术需求分析

远程实时控制对网络的需求如下。

（1）稳定、可靠的数据传输。在远程操控中，控制指令的可靠传输非常重要，若控制指令传输出现差错，轻则影响生产，重则发生安全事故。现在的 Wi-Fi 通信技术不够可靠和稳定，不能达到工业实时控制的要求。

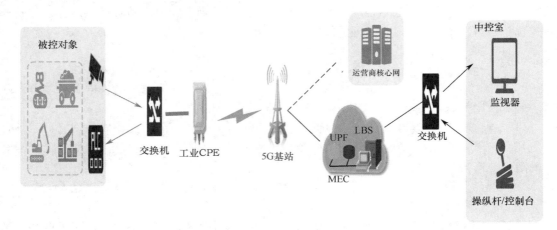

图 6-71　工业设备远程控制组网示例

（2）大上行带宽。操控者需要通过远程的高清视频来确认现场的情况，以保证操控的精确度，因此需要有高清的视频支持。通常，单路视频为 1080P，视频帧率（Frames Per Second，FPS）为 30 时，网络带宽需求约为 4 Mbps。对于 30 多路设备监控点远程操作控制场景来讲，这样的系统需要 120 Mbps 的上行带宽。而在实际应用中，现有的无线通信网络很难稳定、可靠地满足这么大的上行带宽需求。

3．价值

远程实时控制的价值如下。

对工人来说，通过远程实时控制可以改善工作条件，减少生产事故。

对企业来说，通过远程实时控制可以提升工作效率，降低生产成本。

对柔性化生产来说，可以减少线缆使用量，节省生产线调整的时间。

6.4.2.2　AI 视频监控

3C 制造工厂不仅包括生产与加工场地，还包括办公、生产、仓库、餐厅、停车场等多种场所。视频监控系统与 AI 结合，可以实时分析视频内容，检测出威胁和异常活动。比如，园区内安装 5G+AI 摄像头，可以对超速车辆、违规作业做智能监控。控制中心可通过高清视频监控及时、准确地掌握现场动态，提前干预，避免安全事故。

1．业务描述

AI 视频监控组网如图 6-72 所示。固定摄像头监控难以覆盖移动的场景，如机器人巡检、无人机巡检等场景。5G+云+AI 的视频监控解决方案，可实现监控场景的全覆盖，实现车辆识别、危险行为预警、设备检查、故障诊断等功能。

园区在有线难以覆盖的区域或移动场景部署 5G 摄像头，通过 5G 网络接入到园区 MEC 视频处理平台，实现快速上云；园区 MEC 视频处理平台靠近用户侧，智能分析反馈时延更低。公有 GPU 云主机集群可弹性承载，按需分配资源，提升 GPU 利用率，降低使用成本，并提供容灾服务。公有云上部署的视频监控与智能分析系统可兼容园区已有的 MEC 管理系统，实现混合云方式。

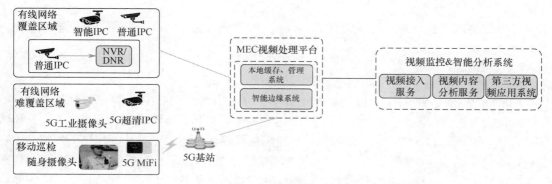

图 6-72 AI 视频监控组网

2．技术需求分析

下面介绍 AI 视频监控对网络的需求。

1）实时计算的需求

工厂的人员、生产区域的信息是彼此交互、实时更新的，这些实时更新的视频要及时传递给云端进行计算与处理。

2）视频传输大带宽与存储的需求

高清视频在经过不同的编码处理以后，一般码率为 6～20 Mbps，1 小时 3600 秒，视频文件大小为 2.7～9 GB/h。按 2 个月保存时间计算，1 路 6 Mbps 视频需要存储的数据容量约为 3.89 TB（2.7 GB/h×24h×30d×2×1 路），即每存储一路视频需要约 4 TB 的净容量。

3．价值

AI 视频监控的价值如下。

减少重大事故：企业加强了对设备与人员的管控，降低了违章作业导致的生产事故。

提升急响应能力：监控全覆盖，第一时间掌握现场人员分布、事件影响的范围。在紧急情况发生时，这些宝贵的信息可加强决策的科学性，尽可能地减少损失。

灵活接入：没有线缆的束缚，可按需部署视频监控。

6.4.2.3 机器视觉

机器视觉是人工智能正在快速发展的一个分支。简单地说，机器视觉就是用机器代替人眼来做测量和判断。机器视觉系统通过机器视觉产品将被摄取目标转换成图像信号，传送给专用的图像处理系统，得到被摄目标的形态信息，根据像素分布和亮度、颜色等信息，转变成数字信号；图像系统对这些信号进行各种运算来抽取目标的特征，进而根据判别的结果来控制现场的设备动作。

机器视觉是综合图像、机械、控制、照明、光学成像、传感器、计算等多种技术的复杂系统。机器视觉系统最基本的特点就是提高生产的灵活性和自动化程度。在一些不适于人工作业的危险工作环境或者人工视觉难以满足要求的场合，常用机器视觉来替代人工视觉。同时，在大批量重复性工业生产过程中，用机器视觉检测方法可以大大提高生产的效率和自动化程度。

机器视觉在工业上的应用场景有 AI 质检、二维码识别、物体识别等。由于篇幅所限，下面主要介绍 AI 质检。

1．业务描述

AI 质量检测（简称 AI 质检）流程如图 6-73 所示，5G 使能 AI 质检部署到边缘侧，模型训练能力部署到云端。云端通过实时采集得到的生产数据，持续优化检测模型。根据检验标准，对被检产品的类别信息、缺陷类型、缺陷位置等检测结果进行反馈，提出预警并控制现场设备动作。若在检测中遇到现有模型无法识别的图像，AI 检测模型会将该图像上传到云端，从而触发云端迭代训练的流程，模型更新完成后，将新模型下发到边缘侧，边缘侧将按新模型执行检测。

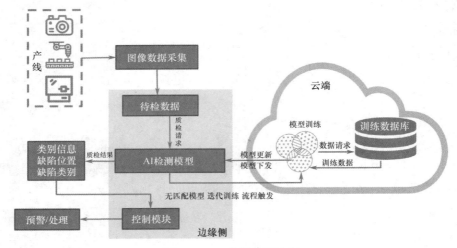

图 6-73　AI 质量检测流程

2．技术需求分析

制造业存在海量的非结构化数据，为 AI 在工业领域落地提供了诸多场景，如智能缺陷检测、智能识别分拣、智能尺寸检测、智能视觉引导等。基于 AI 的质检对数据采集、传输、模型训练、算法部署都提出了更高的要求。

1）高清图片、视频的高频次传输

一般，AI 质检是用多个电荷耦合器件（Charge Coupled Device，CCD）照相机或互补金属氧化物半导体（Complementary Metal Oxide Semiconductor，CMOS）照相机来执行图像采集的。

机器视觉一般以上行传输为主，分为两个子类：视频传输和图片传输。

在视频应用中，典型的视频帧包括三种类型，其中 P 帧和 B 帧对带宽需求较小，I 帧对带宽需求较大。

（1）I 帧：关键帧，包含完整图像。

（2）P 帧：预测帧，根据前面的 I 帧和 P 帧还原出图像。

（3）B 帧：双向差别帧，记录本帧和前后帧的差别。

不同清晰度下的上行带宽典型需求见表 6-12。

表 6-12　机器视觉视频类上行带宽需求

分辨率	水平像素	垂直像素	平均上行带宽	峰值上逆行带宽（I 帧）	I 帧概率
1080P	1920	1080	4 Mbps	10 Mbps	10%
2K	2048	1080	4～6 Mbps	10～15 Mbps	10%
4K	4096	2160	10～12 Mbps	20～30 Mbps	10%
8K	7680	4320	40～50 Mbps	80～120 Mbps	10%

在图片类应用中，影响上行带宽的因素包括：

（1）图片原始大小，影响因素包括清晰度、像素和色深；

（2）图片压缩比，典型的无损压缩为 3:1 左右；

（3）上传周期。

单个相机的上行带宽需求=图片原始大小×图片压缩比/上传周期。

2）AI 检测结果实时反馈需求

AI 完成分析后，根据产品是否存在质量问题而采取不同的动作，如放行合格产品，过滤缺陷产品。以某 3C 制造企业为例，通过 AI 质检已经可以实现单、多晶电池片缺陷的毫秒级自动判定。

3）海量检测数据存储、计算需求

检测模型直接关系到产品检测的精度和稳定性，而 AI 模型训练需要大量数据作为训练基础。在实际生产过程中，需要采集大量的样片供 AI 学习，并持续迭代训练，不断优化检测模型，以提高检测的准确性。例如，通过深度学习和图像识别算法，让质检机器实时、自动判断电池片的缺陷，需要学习大概 40 000 多张样片。

3．价值

AI 质量检测的价值：

（1）在动态检测的情况下降低误报率，提高检测精度和检测效率。

（2）减少人工成本。

6.4.2.4　AGV 调度

企业的生产活动如采购、销售过程往往伴随着物料的流动。因此，企业在重视生产自动化智能化建设的同时，也必然越来越重视物流的智能化建设。智能物流设备主要包括智能仓储设备、智能分拣设备和智能运输设备。

AGV 是自动化物流运输系统以及柔性生产系统的关键设备，在自动化物流仓库中起着重要作用。AGV 的硬件由车载控制器、导航模块、电池模块、障碍物探测模块、报警模块、充电模块、通信模块、行驶机等组成。AGV 的地面控制系统由任务管理、车辆管理、交通管理、通信管理、车辆驱动等软件组成。AGV 的导航方式包括电磁导引、磁带导引、二维码导引、激光导引、视觉同步定位与地图构建（SLAM）导引等，不同的导引方式对通信的诉求大不相同。随着 AGV 的普及，越来越多的制造企业采用多种导航方式灵活组合，以达到柔性配送的目的。

1．业务描述

工业制造和搬运对象大小不一、形状不同、重量不同，AGV 厂家不可能为每种规格的物件都设计一款 AGV，所以多 AGV 协同搬运超大超重物件就很有必要。超大超重设备转运时，需要多个 AGV 协同配合，完成托举、起步、转弯和运输。

AGV 协同控制如图 6-74 所示。制造执行系统或仓储管理系统向 AGV 调度控制系统下发调度指令后，AGV 调度控制系统通过无线网络向 AGV 发送运输任务、启停控制以及信息汇总。当多台 AGV 执行同一任务时，需要 AGV 在运行过程中的加速度、关键位置和舵角等信息的实时同步，从而完成多台 AGV 的协同配送。

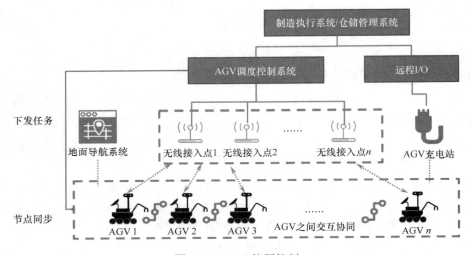

图 6-74　AGV 协同控制

当前，AGV 的无线通信方式为 Wi-Fi。Wi-Fi 采用非授权频谱通信，频段为 2.4 GHz 和 5 GHz 的载频。Wi-Fi 在实际应用中，因为干扰和覆盖的原因，造成 AGV 无法实时接收到调度控制系统的指令而出现异常停车等现象，影响了工厂物流的作业效率。

总的来说，Wi-Fi 在复杂环境部署时，多台 AGV 之间协同通信性能较差，特别是 Wi-Fi 不支持切换，难以支撑跨厂区的协作。5G 的低时延、高可靠和良好的切换能力，很好地支撑了多台 AGV 协同运行的稳定性与控制的实时性。

2．技术需求分析

从企业面向 AGV 应用的通信保障上看，需求如下。

1）稳定、可靠的无线通信网络

AGV 控制系统需要通过稳定、可靠的通信网络实时采集工厂现场的海量信息，通过运算，形成指令下发给 AGV 执行。同时，调度的复杂度随着 AGV 数量成指数级增加。

2）跨区域及户外移动作业的稳定性

AGV 在工业现场的移动作业的范围不仅包括厂区内、车间内，还包括跨车间、跨厂区。基于 SLAM 的导航方式，对通信网络的需求如下。

带宽：相机采用 1080P，考虑未来 6 路相机+其他传感器数据，通常上行带宽为 40 Mbps。

时延：AGV 行驶速度 3 m/s，避障也是先停再走，网络时延低于 50 ms。

3）AGV 智能化控制能力

AGV 与边缘计算、云计算结合可以突破单个 AGV 终端的计算能力不足的限制。但云化 AGV 需要大规模数据实时交互的通信网络。原有 Wi-Fi 或 4G 的通信技术，不管是定位精度、网络时延还是可靠性，都无法满足云化 AGV 的要求。

3. 价值

AGV 调度的价值是：智能化的 AGV 可以提升物流效率、节省人力成本且信息可全流程追溯。

6.4.2.5 数据采集

数据采集是工厂智能化的重要基础，数据采集手段直接决定着 OT 物理系统与 IT 信息系统的融合程度。生产数据采集是实现工厂智能化改造的第一步，也是现场生产执行层与管理层之间的信息纽带。

1. 业务描述

随着物联网、大数据及人工智能等技术的发展，设备运维管理正在朝预测性维护方向发展。预测性维护是集状态监测、故障诊断、故障预测、维修决策支持和维修活动于一体，结合大数据分析的一种新兴的维护方式。

如对某个设备进行故障预测，则需要采集其能耗数据。能耗数据采集如图 6-75 所示。端侧由传感器、电表、通信模块组成，端侧采集的数据主要是设备电流、电压和功耗功率。一层楼或一栋楼有一个网关，端侧通过 Wi-Fi 方式将采集数据发送给网关，网关通过 5G 把能耗数据发送给物联网平台，物联网平台再推送至管理执行系统（Management Execution System，MES）分析。

2. 技术需求分析

不同的行业、不同的场景对网络的需求差异较大。比如，上述能耗采集类场景对网络的需求为，上行 66 Mbps，下行 0.2 Mbps，时延 2000 ms。一台数控机床数据的采集点为 50 个，每个采集点平均每秒采集一次，假如企业的数

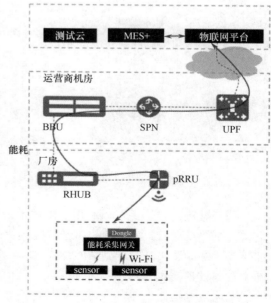

图 6-75 能耗数据采集

控机床数量为 50 台，每天需要采集的数据约为 216 000 000 条（采集点位数量×机台数×工作小时数×每小时采集次数）。电网配网的差动保护场景又不一样。它每隔 0.833 ms 发送一次数据，单次数据量为 245 B，通信带宽需求为 245 B×（1/0.833）×8，约为 2.36 Mbps。由于配网故障发生是随机的，配网差动保护需要持续实时传递数据来判断线路是否发生故障，因此具有持续上行带宽流量需求。单个终端平均每户每月上网流量（Dataflow Of Usage，DOU）约为 886 GB，对网络的流量承载能力要求很高。

3. 价值

数据采集的价值：通过设备的智能化监控和运维，可提升生产效率、减少设备故障停机时间，有利于实现智能化排产。

6.4.2.6　AR 辅助

增强现实（Augmented Reality，AR）是虚拟现实技术（Virtual Reality，VR）的一个重要分支，也是近年来的研究热点。AR 技术在工业制造领域有广泛的应用前景，如远程安装、远程维护、远程协作、培训指导、设备巡检等。由于篇幅所限，下面主要介绍 AR 远程运维。

1. 业务描述

AR 远程运维如图 6-76 所示。现场工人通过 AR 眼镜将本地的图像上传至云端进行分析，云端查询模型及知识库，将维修建议叠加在实景之上，指导现场工人进行维护。

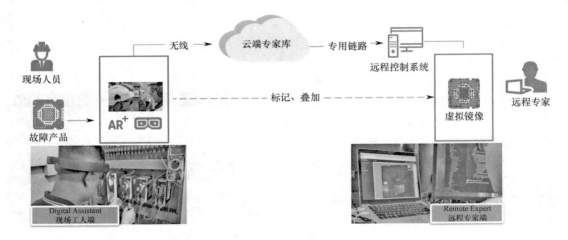

图 6-76　AR 远程运维

碰到疑难故障，还可以利用 AR 技术请求专家远程支持。AR 眼镜通过无线通信模块与远程控制系统连接，将现场的声音与视频图像传递给远程专家，远程专家可以通过冻屏及标注操作，将标注实时发送到 AR 眼镜上和实景进行叠加，这样，现场技术员与远程专家能够同步看到设备实景、标注的叠加图像，从而达到指导技术员现场操作的目的。

上述远程运维场景中，需要实时传输高清、流畅、稳定的视频音频信息，达到"远在千里犹如近场"的诊断和维修指导的效果。

2．技术需求分析

基于产品远程运维中高清视频及 AR 的应用场景，实时传输高清画面的具体要求如下。

1）AR 网络需求分析

（1）AR 巡检维护：设备状态数据通过 IoT 传感器传输，带宽要求低，但对时延有一定要求。

（2）AR 远程协作：通过实时视频的方式，进行画面共享和远程协作，对上行和下行的带宽、协作实时性都有较高要求。

（3）AR 指导培训：下行文件/视频传输行为，主要对下行带宽有要求，对实时性要求不高。

考虑 AR 为实时传输，有更高的速率码率比，因此可以承受更大的网络波动，用户的体验会更好。一般认为，网络带宽为 5 倍码率时，用户体验能达到优秀。表 6-13 为不同分辨率下 AR 的网络需求汇总。

表 6-13　AR 网络需求分析

分 辨 率	码 率	速率（5 倍码率）	RTT / ms
AR 高清（720P）	2 Mbps	10 Mbps	入门级＜200 ms；优秀＜50 ms
AR 超清（1080P）	2.5 Mbps	12.5 Mbps	入门级＜200 ms；优秀＜50 ms
AR 1440P（2.5K）	6 Mbps	30 Mbps	入门级＜200 ms；优秀＜50 ms

3．价值

AR 远程运维支持第一现场与远程专家的音视频双向实时沟通，缩短运维时间，降低运维成本。工程人员可以解放双手，随时随地调取工作流程信息，查看设备情况，提升工作效率。

6.4.3　场景化解决方案

3C 制造业 5G 网络整体方案涉及网络架构、无线组网方案、承载网组网方案、核心网组网方案等。

6.4.3.1　网络架构

企业的 5G 通信专网是基于 5G 公网而建设的行业专网系统，5G 网络总体架构如图 6-77 所示。

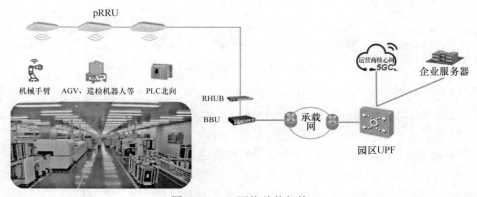

图 6-77　5G 网络总体架构

5G 网络主要包括：

（1）运营商集中部署的 5G 核心网，一般部署在大区或者省会城市；

（2）部署在园区本地的 UPF 以及传输设备，实现本地业务分流至自有服务器，保障数据不出园区；

（3）部署在园区本地的数字化室分基站，包含基带单元（BBU）、射频汇聚单元（RHUB）和微型射频拉远模块（pRRU）；

（4）部署在工业制造设备上的行业终端，如机械手臂、AGV 通过 5G 模组或者 CPE 与 pRRU 通信。

6.4.3.2　组网方案

1．5G 无线网组网方案

5G 行业应用初期仍以基本的容量需求为主，例如，视频回传、图片回传等业务，因此先按容量目标来设计基本的网络，然后再基于低时延、定位等应用进行网络叠加设计。

1）容量设计

容量设计示意如图 6-78 所示。随着 5G 工业互联网的蓬勃发展，未来将有更多的行业应用在技术上趋于成熟。制造业各场景部署的种类和数量也会增加，建议 5G 数字化室分部署建网模式初期采用分布式 Massive MIMO 小区，后期通过小区分裂实现容量翻倍。

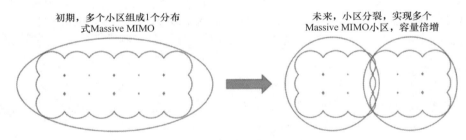

图 6-78　容量设计示意

2）稳定低时延设计

稳定低时延设计图 6-79，UE 和云端服务通信场景的时延主要由下面三部分组成。

图 6-79　稳定低时延设计

（1）核心网处理时延，该时延基本可控。

（2）传输网时延，该部分时延受传输网中间节点设备数量以及传输网负载影响。普遍时延较小，但是流量突发场景对时延稳定性有较大影响。在工业场景，需要关注 gNB 和核心网之间的传输网以及核心网和上层应用之间的数据通信网络引入的时延波动。

（3）空口的时延，该部分受组网、业务量、信道环境影响，平均时延波动较大。

根据业务的需要，时延设计可以分为三级：基础级稳定低时延，主要提供 100 ms@99.99%

的时延能力；中级稳定低时延，主要提供 50 ms@99.99%的时延能力；高级稳定低时延，主要提供 20 ms@99.99%的时延能力。

2．5G 承载网组网方案

5G 传输网方案如图 6-80 所示。

（1）5G 基站接入 SPN 设备，通过接入、普通汇聚、骨干汇聚到园区核心节点。

（2）N2 接口（基站到 AMF）路径：基站—城域 SPN—IP 承载网—大区 5GC 核心网，端到端 L3 网络，不同网络间采用物理口字型双归对接。

（3）N3 接口（基站到 UPF）路径：基站—SPN（就近接入）—智慧园区 MEC（UPF），厂区 A 流量就近转发，厂区 B 流量绕行至普通汇聚节点再到 MEC。

（4）N4（UPF 到 SMF）&OM 接口路径：MEC（UPF）—城域 SPN—IP 承载网—大区 5GC 核心网，端到端 L3 网络，不同网络间采用物理口字型双归对接。

（5）N6 接口（UPF 到园区系统数据中心）路径：MEC（UPF）网络直连。

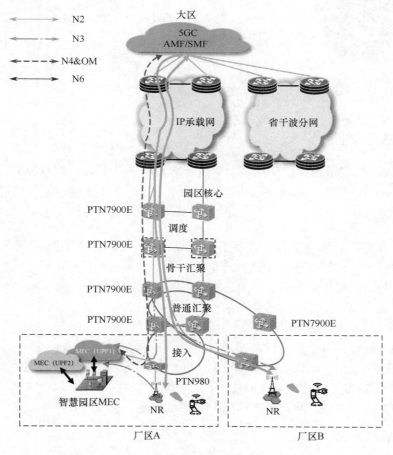

图 6-80　5G 传输网方案

3．5G 核心网组网方案

5G 核心网方案如图 6-81 所示，5G 核心网控制面在中心机房，UPF 下沉园区。

（1）企业终端（含 AGV 小车、机械臂、监控摄像头等）通过部署在园区内的基站接入 5G 网络，数据通过部署在园区内的 MEC 与企业服务器进行交互，数据在园内闭环，安全可靠。

（2）企业内普通用户可通过基站访问 Internet 外部网络，特殊终端（如巡检设备或摄像头）可设置为仅可访问园区专网。

（3）企业用户移动到非园区区域：不可访问园区专网业务，可正常访问 Internet 外部网络。

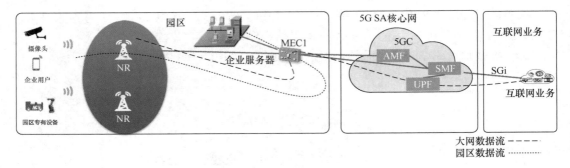

图 6-81　5G 核心网方案

6.4.4　应用案例

广东某大型 3C 制造企业 MD 联合运营商和华为，共同成立了"5G 联合创新实验室"，基于实际生产环境，打造 5G、云和 AI 的应用创新方案研究和测试验证平台。

6.4.4.1　项目背景

2020 年，MD 联合运营商和华为举行了"5G+工业互联网"应用示范园区暨 5G 联合创新实验室揭牌仪式。三方将基于 MD 制造车间和物流仓库的实际应用场景，利用华为在 5G 领域的技术优势，以解决业务痛点、满足实际生产诉求为出发点，携手构建 5G 在离散制造行业的集成解决方案。

MD 企业制造园区介绍如下。

（1）占地 800 亩，八大车间，员工近万人。

（2）产品：微波炉、大烤箱、小烤箱、蒸汽炉等。

（3）总装线 59 条，年产能超 4000 万台。

（4）覆盖生产全流程，包括零部件生产、产品组装、仓储物流等。

6.4.4.2　痛点分析

业务痛点分析如下。

（1）柔性化：小批量多型号（2000 多种），产线调整频繁（平均 12 次/线/年）。

（2）质量检测：人工抽检质量无保障，易出现批量报废。

（3）物流效率：Wi-Fi 网络不稳定，影响物流效率。

（4）生产设备运维：工厂设备出现故障时，工程师无法快速到现场。

（5）有线网络：各类生产终端基于有线网络，维护麻烦，成本高。

6.4.4.3　解决方案

5G 在 MD 的应用场景涵盖园区安防监控、AGV 应用、生产数据采集、云化 PLC、库卡机器人、叉车调度、AI 质检、MES 生产看板、扫码枪管理、AR 远程运维等众多场景。本节以叉车调度、AI 质检两个场景为例，对业务痛点和解决方案做出说明。

实践场景一：叉车调度

1）场景描述

高位叉车用于货品的上架、下架。现有 20 多台高位叉车。因货物运输频繁，每台高位叉车需与库存管理系统（WMS）进行信息交互。叉车上配置定制化 PC 终端，通过 Wi-Fi 网络实现与 WMS 的通信，实现物流调度信息的实时同步。

2）业务痛点

Wi-Fi 网络常丢包，AP 间切换时，容易发生数据上传及下载失败等问题，导致物流信息不能及时、可靠地传输，从而影响运作效率，甚至带来安全风险。同时，叉车系统无法进行精准室内定位，难以全面掌握叉车位置、记录统计驾驶员工作量和工作路径，不具备可视化实时监控管理能力。

3）解决方案

叉车管理解决方案如图 6-82 所示。第一阶段将 Wi-Fi 替换成 5G，实现不断网、零丢包、无卡顿。第二阶段待 5G 室内定位技术成熟后，叉车将实现可视化实时监管。

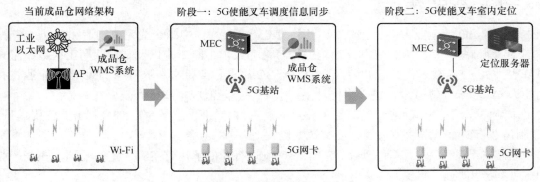

图 6-82　叉车管理解决方案

实践场景二：AI 质检

1）场景描述

微波炉面板冲压件压制后，需对冲压件的外观进行检查，当前采用的是前后左右和顶部各放置一个相机进行视觉检查。

质检硬件部署：5 个工业相机，顶部线阵 4K 相机，前、后、左、右为 2K 相机。

服务器&AI算法：现场提供本地工控机与 AI 软件，通过 AI 图像推理比对进行质量检测。

技术要求：误检率小于 0.5%，检出率大于 95%。

2）业务痛点

（1）误检率较高，每隔 30 分钟就需要人工周期抽检一次。

（2）抽检期间冲压问题易批量报废。

（3）本地 AI 计算机成本贵。

3）解决方案

AI 质检方案如图 6-83 所示。相较本地工控机，MEC 云服务器算力更加强大，云端实时训练，持续迭代，现场自动更换模型，检出更高效。

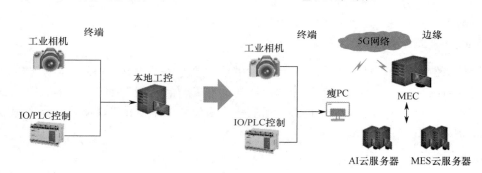

图 6-83　AI 质检方案

6.4.5　本节小结

中国是 3C 制造业大国，全球 70%以上的电子产品均由中国企业完成制造和装配。当前，中国 3C 制造业面临着人口红利逐渐消失、劳动力成本不断攀升以及制造业用工人数断崖式下降等挑战。5G 技术的兴起和普及，为整个 3C 制造行业带来新的机遇。3C 制造企业将利用 5G、AI 和云计算技术，进一步提升生产灵活性、降低成本和提升效率。

本节先介绍了 3C 制造行业的趋势和业务痛点，再详细讲解了 5G 在 3C 制造的应用场景、3C 制造业专网整体解决方案及行业实践案例。

通过本节的学习，读者应该对 5G 在 3C 制造行业的解决方案有一定的了解，知晓产业的进展和应用场景。

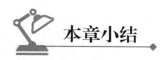 本章小结

本章首先描述了钢铁、港口、煤炭、3C 制造这 4 个行业的背景知识，然后对这 4 个行业 5G 的应用场景及网络需求进行了分析，给出了这 4 个行业的场景化解决方案，最后对每

个行业的应用案例进行了介绍。

5G 竞争进入下半场，各国 5G 战略重点转向应用。2021 年 5GtoB 迈向规模商用，点亮千行百业，但从探索到规模复制还存在着诸多挑战，比如，在各行业中，对 5G 需求是否那么迫切，那么必需，中国的 5GtoB 生态是否成熟，5GtoB 各产业链的角色如何重新定位，5GtoB 的规模复制到底如何实现，等等。希望本章内容能给读者带来新的思考。

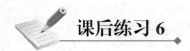

课后练习 6

一、判断题

6-1　当前中国总体粗钢产量世界第一，国内钢铁企业竞争力世界名列前茅，竞争力和影响力都很强。（　　　）

6-2　港口的吊车控制流比视频流所需要的网络带宽更低。（　　　）

6-3　井工煤矿和露天煤矿采用的通信设备都要满足本安标准。（　　　）

6-4　5G 具备更低的时延，更高的速率，更好的业务体验，有望成为未来工业互联网的网络基石。（　　　）

二、选择题

6-5　（单选）钢铁厂远程天车设备面临的痛点不包括哪个？（　　　）

　　A．高温、噪声、粉尘等　　　　　　　　B．天车移动受轨道限制

　　C．司机长期俯视、疲劳　　　　　　　　D．现场存在安全隐患

6-6　（多选）钢铁端到端生产过程中，主要包括哪两种生产类型？（　　　）

　　A．长流程　　　　B．短流程　　　　C．全流程　　　　D．灵活定制流程

6-7　（单选）以下哪个不是钢铁厂 5G 应用场景？（　　　）

　　A．远程天车　　　　B．自动转钢　　　　C．钢表检测　　　　D．车联网

6-8　（单选）关于集装箱在港口流转作业流程，以下正确的是哪一项？（　　　）

　　A．场桥—闸口—内集卡—岸桥　　　　B．闸口—场桥—内集卡—岸桥

　　C．闸口—内集卡—场桥—岸桥　　　　D．场桥—内集卡—闸口—岸桥

6-9　（单选）关于港口 AGV 辅助驾驶的网络时延，以下正确的是哪一项？（　　　）

　　A．小于 5 ms　　　B．小于 10 ms　　　C．小于 50 ms　　　D．小于 100 ms

6-10　（多选）5G 智慧港口的应用场景有哪些？（　　　）

　　A．远程遥控吊机　　　　　　　　　　　B．OCR 智能理货

　　C．AGV 辅助驾驶　　　　　　　　　　　D．VoLTE

6-11　（单选）为了满足客户数据不出园区的需求，下列做法正确的是哪一项？（　　　）

　　A．UPF 下沉到煤矿园区　　　　　　　　B．AMF 下沉到煤矿园区

　　C．UDM 下沉到煤矿园区　　　　　　　　D．MME 下沉到煤矿园区

6-12 （多选）5G 在煤炭行业的应用场景包括哪些？（　　　）

    A．视频监控　　　　B．远程操控　　　　C．智能巡检　　　　D．精准定位

6-13 （多选）当前煤炭行业面临的业务痛点包括哪些？（　　　）

    A．作业环境艰苦　　　　　　　　　　B．招工难

    C．人工操作效率低　　　　　　　　　D．烟囱式网络、部署维护成本高

6-14 （多选）以下哪些可归类为离散型制造？（　　　）

    A．汽车制造　　　　B．模具制造　　　　C．家电制造　　　　D．石油生产

6-15 （单选）智慧工厂的应用场景中，哪一个应用通常不需要配置 MEC？（　　　）

    A．机器控制　　　　B．机器视觉　　　　C．大规模连接　　　　D．远程现场

6-16 （多选）当前工业互联网以有线网络为主，有线网络存在哪些问题？（　　　）

    A．布线周期长　　　　　　　　　　　B．可扩展性较差

    C．高温场景难部署　　　　　　　　　D．带宽小

三、简答题

6-17 简述钢铁厂 5G 网络总体架构。

6-18 CPE 离基站太近，RSRP 较强时，为什么上行的速率会下降？

6-19 简述露天煤矿和井工煤矿在部署 5G 时，无线侧应该选择哪些设备。

6-20 AGV 的导航方式有哪些，各有什么优缺点？

Chapter
7

第 7 章
5G 广域专网场景及解决方案

中国 5G+场景的前景巨大。一方面，因为各种社会资源严重不平衡，远程共享需求旺盛。另一方面，社会资源将更加紧张，需要数字化提效。面对我国目前的发展现状，数字化成为化解难题的关键。5G 提供高带宽、低时延、大连接的特性，再加上云计算、MEC、大数据、人工智能、区块链等技术，社会信息化改造升级将加速。

本章主要介绍 5G 与传统行业结合下的行业洞察、场景及网络需求分析、场景化解决方案。

课堂学习目标

- 了解目前传统行业的需求
- 掌握 5G+场景下的网络需求
- 理解 5G+各行业的场景化解决方案
- 了解 5G+各行业的相关案例

7.1 电力专网场景

7.1.1　5G+电力行业洞察

电力系统是世界上规模最大、结构最复杂的基础设施之一，对社会发展和其他基础设施的正常运行至关重要。经典电力系统涵盖发电、输电、变电、配电、用电五个关键环节，具体来说是由发电厂发电、变电所进行升压降压变电、输电线路进行长距离输电、供配电所对电力进行分配和用户使用电能等环节组成的电能生产、传输和消费系统。推动电力系统运行的基本物理定律是：每时每刻产生和消耗的电量必须均等，因为通常电网不能储能。在过去的一百年里，电力系统一直在使用相同的基本物理定律。即便在当今社会各项技术高度发展，并大幅度提高了电力系统效率的背景下，始终没有颠覆这个基本物理定律。

图 7-1 所示为现有的大多数电力系统的共同架构，主要部分包括：大型发电厂的发电，输电网将能量以高压和长距离输送到目的地，并通过中低压配电网向家庭、商业或工业终端用户提供电力能源。

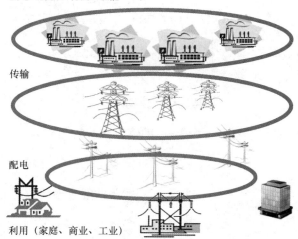

图 7-1　目前电力系统的方案

根据电力二次系统的特点，电力系统又可以划分为生产控制大区和管理信息大区。生产控制大区分为控制区（安全区Ⅰ）和非控制区（安全区Ⅱ）。信息管理大区分为生产管理区（安全区Ⅲ）和管理信息区（安全区Ⅳ）。不同安全区确定不同安全防护要求，其中安全区Ⅰ安全等级最高，安全区Ⅱ次之，其余依次类推。

安全区Ⅰ典型系统：调度自动化系统、变电站自动化系统、继电保护、安全自动控制系统等。

安全区Ⅱ典型系统：水库调度自动化系统、电能量计量系统、继保及故障录波信息管理系统等。

安全区Ⅲ典型系统：调度生产管理系统（Dispatch Management Information System，DMIS）、雷电监测系统、统计报表系统等。

安全区Ⅳ典型系统：管理信息系统（Management Information System，MIS）、办公自动化系统（Office Automation，OA）、客户服务系统等。

大多数电能由大型发电厂产生。这些发电厂通过用户的供需反馈来控制发电量，从而补偿能源供需的不平衡。然而，由于大型发电厂的发电机的惯性较大，以及反馈执行部件相对不灵敏，因此整个发电系统对剧烈变动的需求调节相对缓慢。一方面这种惯性对整个系统有益，因为它构成了一种能量存储形式；另一方面，它使控制大而快速的变化极具挑战性。

过去发电和负荷之间出现较大不平衡主要与电力系统的故障或中断有关。通常情况下，电力系统假设为准静态，这也是电力控制系统设计时的基本假设。这种准静态依赖于缓慢变化的负荷量，以及完全可控的发电量。在大多数情况下，这一假设基于化石能源（某种燃料）的即时可用性。但是对于一些不稳定的能源，主要是可再生能源，则不具备这种特性。相反，当它们占发电量的很大一部分时，可能会导致巨大的变化，特别是在高渗透率的情况下。

在经典电力系统的观点中，能量流动是单向的，从传输到分配，从发电机到负荷。发电机和负荷始终保持着相对于电网的"能量注入""能量吸收"特性，而配电系统则是完全无源的。

如图 7-2 所示，近年来，电力系统正在经历深刻的变化，这导致其自身运行中出现了新的监测和控制挑战，并与其他基础设施，特别是通信和其他能源网络出现前所未有的耦合。在传统电力系统的基础上，通过集成新能源、新材料、新设备和先进传感技术、信息技术、控制技术、储能技术等，形成的新一代电力系统，具有高度信息化、自动化、互动化等特征，有效提升了电网的效率和可靠性，并降低了经济成本。

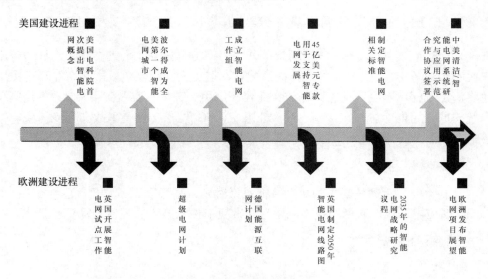

图 7-2　近年来电网的发展趋势

数字电网是电网的数字化转型，充分利用数字技术实现电网的远程监测、调控和自动化运作。数字电网为应对整个能源领域的各种变化（例如分布式发电）以及提高电网的可靠性、可用性和效率方面带来了前所未有的机遇。随着人工智能技术的兴起，出现了智能电网的概念。智能电网是集成了传统和现代电力工程技术、高级传感和监视技术、信息与通信技术的输配电系统，具有更加完善的性能，能够为用户提供一系列增值服务（例如，"未来能源联盟"）。

智能电网和数字电网的区别在于数字电网只是智能电网中信息化和自动化的一部分，远不及智能电网涵盖面广，并且数字电网只体现在信息采集、传递和控制方面的数字化。总之，智能电网是一种现代发电和配电基础设施，能够自动响应和管理现代日益增长的电力系统复杂度和需求。智能电网的功能如下。

（1）支撑和实现可再生能源并网，包括太阳能、水能和风能。

（2）为用户提供实时用电信息。

（3）帮助公共事业公司降低巡检频率和减少停电事件。

（4）差动保护、精准负荷控制等功能。

预计 2030 年智能电网将使地球碳排放量减少 58%，通过应用信息通信新技术，电网智能化和数字化水平进一步提升，能源的互联网特征初步显现。在未来，用户和远距离可再生能源的结合更紧密，通过集成能源替代、转化、交易和调度等业务，实现能源生产、传输和消费的协调控制，促进能源供需双向互动，实现能源共享，推动能源生产和消费革命。

智能电网涵盖发电、输电、变电、配电、用电五个关键环节，每个环节都需要部署数十种智能电网通信服务，对服务等级协议（SLA）的要求，如时延、带宽、安全隔离等之间的差异很大。5G+智能电网应用涉及电网安全可靠运行，不同于公网应用，对安全隔离和 SLA 保障要求较严格。智能电网服务广泛应用于各种场景，包括状态感知、控制保护、数据采集、人工智能辅助和机器人预防性维护。各种类型的传输数据，包括状态数据、控制指令、图像、视频等，对网络带宽、时延、抖动、误码率、可靠性等都有不同的要求。

7.1.2　5G 应用场景及网络需求分析

5G 在电力行业主要有三大应用场景，分别为控制类业务、采集类业务、移动应用类业务。在控制类业务中，5G 技术将优化能源配置，避免大面积停电以影响企业和居民用电，同时也将满足于配电网实时动态数据的在线监测应用。在采集类业务中，5G 将收集和提供整个系统的原始用电信息。在移动应用类业务中，5G 能预防安全事故和环境污染，减少人工巡检的工作量，在未来移动巡检中可进行简单的带电操作。

7.1.2.1　控制类业务

电网控制类业务对通信需求的典型特征是低时延、高可靠、高安全，适合 5G 技术体系下的 URRLC 应用场景，典型的技术应用有精准负荷控制技术和配网差动保护技术。

1．精准负荷控制技术

1）应用场景

精准负荷控制技术是指当多直流馈入电网发生多直流连续换相失败和故障导致直流闭

锁、受端电网有功功率大幅缺额、频率急剧下降时，根据直流损失功率的大小，通过精准控制分散性海量电力用户可中断负荷，实现电网与电源、负荷友好互动，达到电力供需瞬时平衡，支撑能源大范围优化配置，避免了大面积停电的发生，将电网损失降至最小，对企业和居民用电的影响降至最低。

基于 5G 通信网络的精准负荷控制系统由业务终端、需求响应终端、通信网络和主站系统构成。当需要切除负荷时，业务主站或者业务主站上的协控总站发送切负荷指令，业务主站接收到切负荷指令后进行计算分析，得出各业务终端需要切除的负荷量，并向各业务终端发送对应的切负荷指令和需要切除的负荷量。业务终端接收到切负荷指令和需要切除的负荷量时，通过对应的通信接口，控制负荷控制终端切除相应的负荷量。其中，业务终端通过本地网络接入楼宇需求响应终端，需求响应终端通过 5G 通信网络接入需求响应系统主站，具体应用场景如图 7-3 所示。

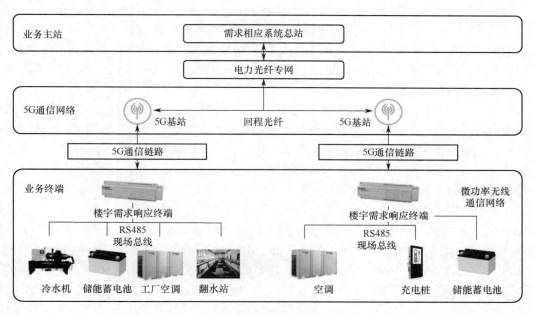

图 7-3　基于 5G 通信网络的精准负荷控制技术应用场景

2）通信需求

精准负荷控制系统需要快速恢复大电网供需平衡，确保电网频率在直流闭锁故障发生后约 650 ms 内恢复至正常值（50 Hz），因此主站至终端的切负荷指令通信通道传输时延不能超过 50 ms。精准负荷控制系统整组动作时延越少，恢复电网故障就越快。因此，对通信的时延是越低越好。对于通信的需求，重点强调时延、可用性、安全性、可靠性，具体通信需求如下。

（1）发送控制命令的带宽：小于 256 kbps。

（2）时延：控制主（子）站到终端时延≤50 ms。

（3）通信可靠性：大于 99.999%。

（4）连接密度：小于每百平方千米 1000 个。

（5）网络切片：端到端硬切片，独享切片资源。

（6）安全：强安全需求，要求资源独享，物理隔离。

（7）终端授时精度：小于 10 μs。

（8）通信方式：主从方式，永久在线，连续高频通信。

2．配网差动保护技术

1）应用场景

配网差动保护技术作为一种在高压输电网中成熟应用的电网技术，可以很好地解决分布电源接入对配电网带来的诸多困扰。其原理是配电差动保护终端比较两端或多端同时刻电流值（矢量），当电流差值超过整定值时判定为故障发生，断开其中的断路器或开关，执行差动保护动作，从而实现配电网故障的精确定位和隔离。

随着大规模分布式新能源接入配电网，电动汽车充电负荷出现快速增长，用户供需互动日益频繁，配电网的源、网、荷因其更强的时空不确定性呈现出常态化的随机波动和间歇性，配电网的双向潮流、多源故障等诸多问题日益凸显。针对配电网多谐波、强噪声的系统特征，采用高精度、同步相量测量单元（Phasor Measurement Unit，PMU），满足于配电网实时动态数据的在线监测应用。

配网自动化系统一般由配电主站、配电子站（常设在变电站内，可选配）、配电终端单元和通信网络组成。配电主站负责对整个配电系统建模、实时监控和时钟同步；配电子站是配电网自动化系统中用于采集、处理，并向主站转发一个小区范围内配电网自动化终端数据的计算机子系统；配电终端单元一般安装在常规的开闭所（站）、户外小型开闭所、环网柜、小型变电站、箱式变电站等处，完成对开关设备的位置信号、电压、电流、有功功率、无功功率、功率因数、电能量等数据的采集与计算，对开关进行分合闸操作，实现对馈线开关的故障识别、隔离和对非故障区间的恢复供电，配电终端单元包括馈线终端设备（Feeder Terminal Unit，FTU）和开闭所终端设备（Distribution Terminal Unit，DTU）等；通信网络负责为配电主站与配电子站提供通信渠道，大量的信息数据会借助通信网络，进行信息的高速传递。在通常情况下，在配电自动化系统中采用的是光纤通信方式，此种通信方式具有容量大、安全系数高和稳定性强等特点。配网差动保护系统作为配网自动化系统的一个子系统，其中的 DTU 和 FTU 负责将各自采样数据和跳闸信息传递给相邻的终端，并收集相邻终端的采样数据和运行信息，通过差动保护算法对故障进行快速响应。其特点是速度快、可动态适应、故障判别可靠等，具体应用场景如图 7-4 所示。

2）通信需求

差动保护对电流差值的判断需基于同一时刻的电流值，要求相互关联的两个或多个差动保护终端必须保证时间同步，其时间同步精度优于 10 μs，交互信息的传输时延最大不超过 12 ms［点对点（Peer to Peer，P2P）的最大时延］。对于通信的需求，重点强调时延、可用性、可靠性，具体通信需求如下。

（1）带宽：小于 10 Mbps。

（2）时延：业务系统端到端≤15 ms，通信系统端到端≤10 ms。

（3）通信可靠性：大于 99.999%。

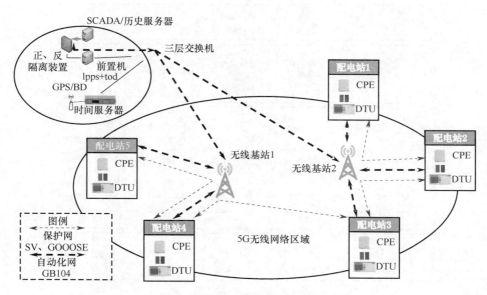

图 7-4　基于 5G 的差动保护系统架构

（4）连接密度：小于每百平方千米 1000 个。

（5）网络切片：端到端硬切片，独享切片资源。

（6）安全：强安全需求，要求资源独享，物理隔离。

（7）授时精度：小于 10 μs。

（8）通信方式：多方通信，主从（自动化业务）方式，设备到设备；永久在线，连续高频通信。

7.1.2.2　采集类业务

电网采集类业务对通信需求的典型特征是点多面广，对通信时延要求不高，有线通信方式覆盖难度大，适合 5G 技术体制下的海量机器类型通信（mMTC）应用场景，典型的业务有用电信息采集等。

1．应用场景

用电信息采集可实现用电信息的自动采集、计量异常监测、电能质量监测、用电分析和管理等功能，用电信息采集系统由主站、远程及本地通道、集中器和采集器/电表组成。

用电信息采集系统在逻辑上分为主站层、通信信道层、采集设备层三个层次。主站层又分为应用服务器和数据服务器两大部分。应用服务器实现系统的各种应用业务逻辑和采集终端的用电信息，并负责协议解析；数据服务器用于实现对终端进行通信管理和调度。通信信道层是主站和采集设备的纽带，提供有线和无线通信信道，为主站和终端的信息交互提供链路基础。通信方式主要有光纤专网、无线公网、无线专网、中压电力线载波等。采集设备层是用电信息采集系统的信息底层，负责收集和提供整个系统的原始用电信息。用电信息采集系统框架图如图 7-5 所示。

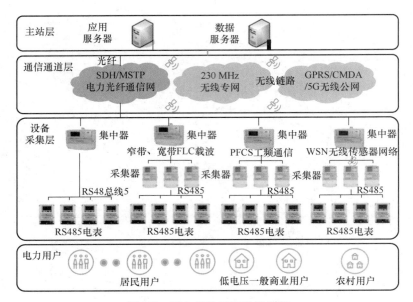

图 7-5 用电信息采集系统框架

2．通信需求

用电信息采集业务需要根据不同用户的通信速率（通信速率不低于 1.05 kbps），对于负荷控制指令，传输速率不低于 2.5 kbps。具体通信需求如下。

（1）带宽：上行小于 2 Mbps，下行小于 1 Mbps。

（2）时延：公变/专变检测、低压集抄小于 3 s，精准费控小于 200 ms。

（3）通信可靠性：大于 99.99%。

（4）连接密度：小于每百平方千米 1000 个。

（5）安全：高安全需求，安全加密认证，安全接入区认证，物联网切片，逻辑隔离。

（6）通信方式：永久在线，频次小于等于 5 分钟/次。

7.1.2.3 移动应用类业务

移动应用类业务对通信需求的典型特征是通信带宽和安全性要求高，适合 5G 技术体制下的增强型移动宽带（eMBB）应用场景，典型的有移动巡检类业务。

1．应用场景

移动巡检类业务主要包含变电站巡检机器人/高压线巡检无人机、移动式现场施工作业管控、应急现场自组网综合应用三大场景。主要针对电力生产管理中的中低速率移动场景，对配电柜、开关柜的图片、视频进行采集、识别，提取其运行状态、开关资源状态等信息，监控机房整体环境，预防安全事故和环境污染，减少人工巡检工作量，避免人工现场作业带来的不确定性，同时减少人工成本，极大地提高运维效率。移动巡检类业务未来可进行简单的带电操作。

下面以变电站巡检机器人为例进行介绍。变电站巡检机器人业务主要针对场景为 110 kV 及以上变电站范围内的电力一次设备状态综合监控、安防巡视等需求，目前巡检机器人主要使用 Wi-Fi 接入，所巡视的视频信息大多保留在站内本地，并未能实时地回传至远程监控中心。变电站巡检机器人业务主要应用场景如图 7-6 所示，包括巡检业务主站、变电站巡检业务平台和检测变电站状态的外部传感器。

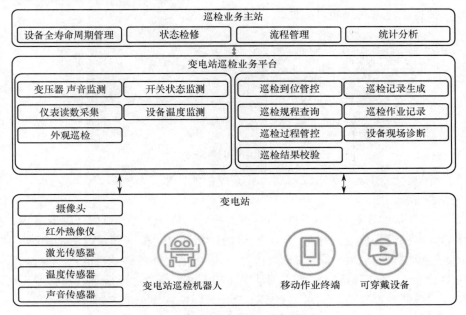

图 7-6　移动巡检类业务应用场景

2．通信需求

未来，变电站巡检机器人主要搭载多路高清视频摄像头或环境监控传感器，回传相关检测数据，数据需具备实时回传至远程监控中心的能力。在部分情况下，巡检机器人甚至可以进行简单的带电操作，如道闸开关控制等。对通信的需求主要体现在多路的高清视频回传（Mbps 级）、巡检机器人低时延的远程控制（毫秒级）。移动巡检业务对未来的通信需求包括：

（1）带宽：根据场景不同，要求可持续稳定的保障 4～100 Mbps。

（2）时延：多媒体信息时延要求小于 200 ms。控制信息时延迟小于 100 ms。

（3）可靠性：多媒体信息可靠性要求达到 99.9%，控制信息可靠性要求达到 99.999%。

（4）隔离要求：基本属于电网 III 区业务，安全性要求低于 I/II 区；少量控制功能如巡检机器人需远程操作的控制信息属于 I/II 区。

（5）连接数量：集中在局部区域 2～10 个不等。

（6）移动性：移动速率相对较低，在 10～120 km/h 范围内。

7.1.3　场景化解决方案

在发电、变电、输电阶段，通常都有光纤网络覆盖，但在配电和用电阶段，由于节点数量多，分布分散，因此通信网络的覆盖程度较低。它本质上是"最后五公里"问题，是智能电网发展的主要瓶颈。据国家能源局表示，95%的停电发生在电网最后 5 km 内。

为了实现智能电网，在最后 5 km 的配电和消费阶段建设终端接入网络，以实现对这些终端的通信和控制至关重要。为了加快发展步伐，国家能源局提出，到 2025 年，中国终端接入网的覆盖率应达到总终端的 90%，实现智能分布式馈线自动化、毫秒级精确负荷控制、低压配电系统以及分布式电源信息获取，如图 7-7 所示。这些场景对网络性能有不同的要求，包括时延、带宽、海量连接和可靠性。

智能分布式　　毫米级精准　　低压配电系统　　分布式
馈线自动化　　负载控制　　　信息获取　　　电源信息获取

图 7-7　智能电网的典型业务场景

使用光纤构建终端接入网络成本高，且连接量大、覆盖范围广，部署困难，而 5G 可以有效解决这些问题。

5G 网络切片是实现智能电网服务的理想选择。它将 5G 网络划分为逻辑上隔离的网络，每个网络都可以被视为单独的切片。5G 网络切片允许电网根据需要灵活定制不同网络功能和不同服务等级协议（SLA）保证的特定切片，以满足上述各种业务的不同网络需求。

创新项目证明，5G 网络切片能够满足终端接入网宽覆盖、低延迟、高带宽、高可靠性、高安全性、网络能力差异化的需求，且比传统光纤网络成本更低、部署更容易。

5G 网络切片功能丰富。一般情况下，网络切片是面向租户的虚拟网络，可以满足差异化的 SLA 需求，可以按照生命周期进行独立管理。5G 网络切片针对特定业务需求，满足差异化 SLA 需求，自动构建隔离的网络实例。5G 网络切片提供端到端网络安全保障，实现 SLA、业务隔离、网络功能定制和自动化，如图 7-8 所示。

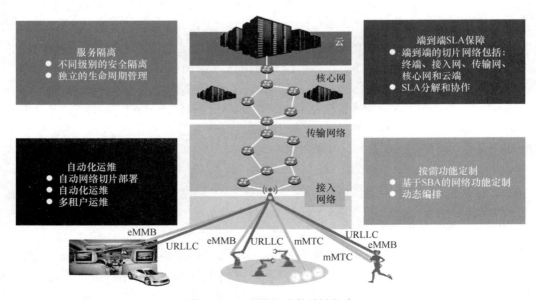

图 7-8　5G 网络切片的关键能力

（1）隔离服务：可以实现不同级别的安全隔离。

（2）端到端 SLA 保障：端到端的切片网络包括终端、接入网、传输网、核心网和云端。SLA 可以实现分解和协作。

（3）自动化运维：采用 5G 边缘计算技术，分布式网关部署可实现本地流量处理和逻辑计算，节省带宽，降低时延。这进一步满足了电网上工业控制服务的超低时延要求。

（4）按需功能定制：可以实现 SBA 的网络功能定制和动态编排。

从表 7-1 可知，5G 网络切片可满足电网核心工控业务的连接需求。

表 7-1　5G 网络切片可满足不同智能电网场景的各种需求

服 务 场 景	通信时延要求	可靠性要求	带宽要求	终端数量要求	服务隔离要求	服务优先	切 片 类 型
智能分布式馈线自动化	高	高	低	中	高	高	URLLC
毫秒级精准负荷控制	高	高	中/低	中	高	中/高	URLLC
低压配电系统信息获取	低	中	中	高	低	中	mMTC
分布式电源信息获取	中/高	高	低	高	中	中/低	mMTC（上行）+URLLC（下行）

从服务特点来看，本节讨论的典型智能电网服务场景分为两类。

（1）工业控制服务：典型的例子有智能分布式馈线自动化和毫秒级精确负荷控制等。URLLC 是为这类服务设计的典型切片。

（2）信息收集服务：典型的例子有低压配电系统和分布式电源的信息获取等。mMTC 是为这种类型的服务设计的典型切片。

除上面两种典型的切片类型外，电网行业还可能需要 eMBB（典型业务场景：无人机远程巡检）和语音通信（典型业务场景：人工维护和巡检）。

从业务部署上看，5G 不仅可以提供新的电网工控业务，还可以继承现有 2G/3G/4G 公共网络支持的信息采集业务。通过这种方式，可以对电网的多个分区进行统一部署、管理和维护，帮助电网行业的客户有效降低成本。

基于智能电网的应用场景的 5G 网络切片架构如图 7-9 所示，5G 智能电网设计和管理的总体架构如下：采用低压配电系统信息获取、智能分布式馈线自动化和毫秒级精确负荷控制，满足不同业务场景的技术规范要求。它们之间在配电网的管理方式、网络时延、数据是否加密、转发、连接调度、路由选择方式上存在差异。分域切片管理和端到端一体化切片管理可以满足这些场景下的业务需求。

5G 网络切片的生命周期管理包括切片设计、部署启用、闭环控制、运维监控、能力暴露等，如图 7-10 所示。

运营商和电力公司都参与了智能电网切片的运维。由于行业用户的专业水平不同，操作人员的运维流程和维护要求也不同，所以需要设计两种运维类型，具体区别见表 7-2。

对于运营商来说，需要具备 FCAPS 能力，即故障管理（Fault Management）、配置管理（Configuration Management）、计费管理（Accounting Management）、性能管理（Performance Management）、安全管理（Security Management）五大基础功能，从而提高运营商运维人员

的整体业务能力和网络效率。对于租户来说，需要一个简单易用的运维界面，帮助租户通过网络和应用实现最快的速度、最自然的体验和价值。

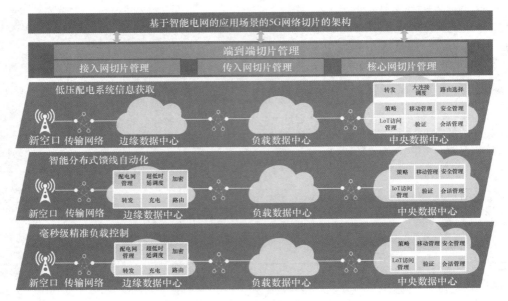

图 7-9   5G 网络切片架构

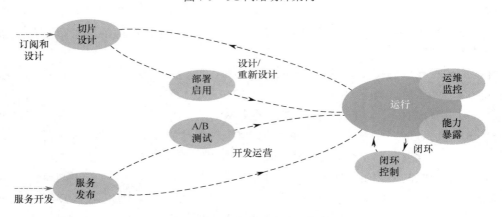

图 7-10   5G 网络切片生命周期管理

表 7-2   智能电网中 5G 网络片的两种运维模式

项　　目	对于运营商	对于电力公司
GUI	基于传统 EMS 的相同习惯	易于使用
目的	综合网络感知	SLA 确认
呈现的数据	综合状态和统计，固定	自定义关键信息，变量
控制范围	全面的服务和资源配置	受限服务配置
切片范围	交叉切片	内置切片

7.1.4　应用案例

2019 年 4 月，某供电公司完成了全球首个符合 3GPP 发布的最新 5G SA 规范的电力切片。这也是业内首次在真实电网环境下进行电网切片测试。此次测试的成功标志着 5G 垂直行业应用得到深入探索。

SA 电力切片充分利用了 5G 网络的毫秒级时延优势和网络切片的 SLA 保障。增强了电网与终端用户之间的双向通信，确保了超载电网终端上小功率单元的精确管理。这些优点有助于将停电造成的经济和社会影响降到最低。

该供电公司使用电气终端对 5G SA 电力切片进行端到端的现场测试。如图 7-11 所示，在某广场和某区部署 5G 基站后，该公司进行了室内和室外的本端、中端、远端和障碍物阻挡测试。在电源服务器处理、网络指令传输和负载控制终端处理过程中，发现了大约 35 ms 的端到端时延，该时延可能会不时轻微波动。切片隔离也得到了充分验证。该切片已被证明能够满足运行在电信网络上的负载处理单元毫秒级精确管理的关键任务需求。

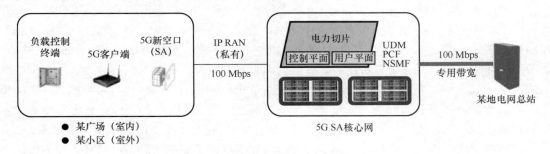

图 7-11　测试网络为电力切片

为了适应业务发展趋势，某电网公司积极推进数字化转型。在该电网公司的数字化转型过程中，配电网通信是主要瓶颈之一。目前该电网公司通信网的情况是，以自建为主的主网通信加上以公网为主、自建为辅的配电网通信。主网通信：具备完善的光纤通信网络，光缆实现 35 kV 及以上厂站、办公场所/营业厅全覆盖；配电网通信：配用电终端点多面广，受限于配电网光缆敷设成本高、投资大、运维难，目前配电网通信主要依赖于无线公网；其中，计量自动化业务使用无线公网占比 99.34%，配电自动化业务为 89.08%。

为支撑 5G 与电网业务深度融合，构建电力 5G 虚拟专网，自 2018 年以来，该电网公司联合数家通信公司，共同推进 5G+数字电网研究，并于 2019 年完成技术验证，自 2020 年开始逐步商用。

2020 年 8 月，该电网公司在某地首先商用了第一款全球 5G 授时的客户终端设备（CPE）终端，成功商业试运营，满足了电网控制类业务毫秒级的低时延和微秒级的高精度授时，它的意义在于以前电网的控制业务必须用有线的方式来承载，包括国家层面的一些安全规定也都必须用有线的方式来承载，用 5G 这种无线技术来承载电网的控制命令是一个非常大的突破。

5G 为电网带来全方位升级，能大幅提升生产、运营效率。首先，电网设备巡检效率大幅提升。深圳供电局一份 1330 个检查项目的巡视表单，人工巡视原本需要 3 天时间，而现在利用 5G+无人机只需 1 小时。巡视一回 500 kV 输电线路，传统人工巡视需要 2 个人巡视 10 天，现在用 5G+无人机 2 小时就可以完成。其次，停电零感知。5G 低时延特性有效承载配网差动保护，实现将故障隔离时间从秒级升级到毫秒级，大幅降低配网故障供电恢复时间。在该地区已实现输变配典型业务应用落地，未来将在该电网公司所管辖的省区范围内陆续展开 5G+数字电网应用实践。

7.1.5　本节小结

电力系统是由发电厂、送变电线路、供配电所和用电等环节组成的电能生产与消费系统。它的功能是将自然界的一次能源通过发电动力装置转化成电能，再经输电、变电和配电将电能供应到各用户。为实现这一功能，电力系统在各个环节和不同层次还具有相应的信息与控制系统，对电能的生产过程进行测量、调节、控制、保护、通信和调度，以保证用户获得安全、优质的电能。电力系统是世界上规模最大、结构最复杂的基础设施之一。经典电力系统涵盖发电、输电、变电、配电、用电五个关键环节。数字电网是指电网数字化转型，充分利用数字技术实现电网的远程监测、调控和自动化运作。数字电网的建设过程是传统电网的数字化、智能化、互联网化过程。对传统电网进行数字化转型，遵循网络安全标准和统一电网数据模型构建相对应的数字孪生电网，用先进的数字技术平台，以"计算能力+数据+模型+算法"形成强大的"算力"，依托物联网、互联网打通电网相关各方的感知、分析、决策、业务等各环节，使电网公司具备超强感知能力、明智决策能力和快速执行能力，让数字电网的边界从传统电网扩展至社会的方方面面，变革传统电网的管理、运营和服务模式，驱动相关产业的能量流、资金流、物流、业务流、人才流的广泛配置，用"电力+算力"推动能源革命和新能源体系建设，助力国家经济体系现代化，构建本体安全的数字电网新体系。

智能电网作为垂直行业的典型案例，对通信网络提出了新的挑战。电网服务的多样性需要一个灵活和协调的网络，高可靠性需要隔离的网络，毫秒级超低时延需要具有最佳性能的网络。5G 网络切片是一种按需组网的方式，可以让运营商在统一的基础设施上分离出多个虚拟的端到端网络，每个网络切片从无线接入网到承载网再到核心网上进行逻辑隔离，以适配各种各样类型的应用。在 5G 系统中，网络将被进一步抽象为网络切片：这种连接服务是通过许多定制软件实现的功能定义。这些软件功能包括地理覆盖区域、持续时间、容量、速度、时延、可靠性、安全性和可用性等。5G 网络切片能够满足终端接入网宽覆盖、低延迟、高带宽、高可靠性、高安全性、网络能力差异化的需求，且比传统光纤网络成本更低、部署更容易。5G 网络切片可以解决和满足来自不同垂直行业的各种网络连接需求。5G 智能电网创新项目已被证明是 5G 时代全球运营商和企业合作的典范。

7.2　警务专网场景

复杂的社会环境、繁重的警务任务、有限的警力以及人民群众对安全环境要求的不断提高，极大地推动了公安行业从传统警务向智慧警务加快迈进。本节将简要介绍 5G+警务行业洞察、应用场景及网络需求分析和场景化解决方案，并通过相关应用案例系统阐述如何基于5G 等新兴技术来实现移动智慧警务。

7.2.1　5G+警务行业洞察

当前，我国经济实力、科技实力、综合国力大幅跃升，打造智慧警务的需求日益迫切。2019 年，全国公安工作会议明确了要坚持"政治建警、改革强警、科技兴警、从严治警"，履行好党和人民赋予的新时代职责使命。十九届五中全会明确表示，到 2035 年平安中国建设需要达到更高水平，编织全方位、立体化、智能化的社会安全网，推进社会治安防控体系现代化。进入 21 世纪的中国，人口密度大、流动性大、业态复杂，但公安整体人数不增长，决定了公安必须借助 5G、大数据等科技力量提升警务效率。中国场景多、场景差异大、移动范围广，如果没有对大范围多场景快速布控的能力，就无法完成全局时空检索、分析和快速处理。此外，街面巡逻、重大安保等工作任务日益繁重，单靠一线有限的警员无法完成繁重的任务。为满足人民群众对安全环境的追求，公安行业已经从传统警务迈向智慧警务，从事后追查转变为事前预防。

5G 等技术的创新，推进智慧警务进入了移动全互联时代，同时移动智慧警务场景也面临了新的需求与挑战。

1．日常巡逻

目前，日常警务巡逻存在不少问题，主要表现如下。

（1）警力资源不足：人工监控和日常巡逻，占用了大量警力。中国目前警员比例约 12 名/万人，而俄罗斯约 55 名/万人，美国约 24 名/万人。

（2）工作强度大：案件增长 5 倍，警力仅增长 30%，基层公安机构任务重，工作强度大。

2．重点区域监控

针对重点区域，如机场和火车站等，目前的监控技术存在如下缺陷。

（1）视频监控：前端能力不足，采集场景不完整，且准确率低，移动视频性能差。

（2）临时卡口部署：固定摄像头覆盖不足，临时布控施工时间长，成本高。

3．出警执法

现在民警出警场景对技术提出如下要求。

（1）出警时效要求严格：出警速度要求 3 分钟到现场，并提前制定处置方案。

（2）现场执法：现有执法仪，大多数不能实时回传现场画面，无法实现远程分析和指挥调度。

4．移动视频回传

从各种移动设备上回传视频面临不少挑战，主要包括如下内容。

（1）警车/机器人巡逻：临时指挥系统协同性差、4G 网络下的高清视频清晰度不够。

（2）无人机巡查：无人机自带回传信道无法大范围巡逻，无授权频段易受干扰。

5G 技术优势能够很好地解决上述列举的需求和挑战，为警务行业带来了新模式。如图 7-12 所示，当前各行各业正在大力促进 5G 警务终端生态部署。5G 上行 100 Mbps～1 Gbps 的大带宽能够帮助移动警务宽带化、视频监控高清化。5G 低时延的技术特性推动了警务无人机、无人车远程操控的应用落地。此外，3D 细粒度的网络精准定位让安全监控、出警定位更加精准化。数据、用户、架构方面的安全保障也契合可信警务的诉求。由此也催生了众多基于 5G 的智慧警务终端，如图 7-13 所示，并逐步形成了一个日益成熟的行业生态。

图 7-12   智慧警务时代变迁图

	模组集成情况	公安接受程度	主要生产厂家	规模商用时间	应用推广建议
摄像头（枪机，球机）	已有厂家开发5G模组集成的摄像头样机	作为临时布控点位具有实战意义	dahua HUAWEI	2020.09	规模推广
全景摄像头	已知一家有5G模组集成的全景摄像头，VR眼镜暂时没有	已有采购作为全景监控试点的实例，技术成熟初具推广价值	Insta360 KANDAO	2020.09	规模推广
网联无人机	多家无人机厂商已在开发模组，预计近期完成	对演示效果非常满意，但对网络时延对飞控的影响依然存在疑忌	dji 大疆创新 HARWAR	2021.03	试点演示
车载摄像头	暂无5G模组集成，现有接5G CPE方案	技术上不够成熟，无法满足实战要求	dahua HUAWEI	2021.03	试点演示
AR眼镜	暂无5G模组集成终端，现有接5G手机方案	技术上不够成熟，无法满足实战要求	LLVISION Rokid	2021.03	试点演示
机器人	暂无5G模组集成，现有接5G CPE方案	主要应用于试点演示，不适用于大规模部署		2021.03	试点演示
警务云终端	Mate30/Pro 5G版双系统手机已通过公安部认证	公安已开始引进第一批5G双系统终端	HUAWEI	2020.09	规模推广
执法记录仪	暂无5G模组集成终端，现有接5G手机方案	技术上不够成熟，无法满足实战要求	TD Tech 警翼	2020.12	规模推广
警械定位标签	暂无集成5G模组	技术上不够成熟，无法满足实战要求	暂无	2021.09	技术跟踪

图 7-13   5G 警务终端的行业生态图

7.2.2   5G 应用场景及网络需求分析

5G 技术使能业务场景的落地，高带宽满足图像传输的网络需求，大容量能更好地搭建警用物联网，MEC 和切片技术能够实现及时报警、快速报警和高可靠的警用数据传输。如图 7-14 所示，5G 可以为警务行业带来五大场景的变化。

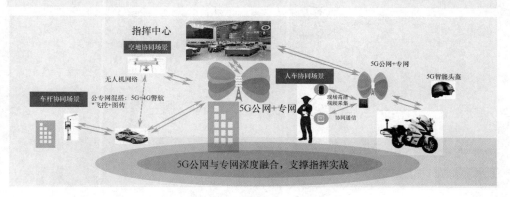

图 7-14　智慧警务五大场景聚焦图

场景一：视频布控（巡逻防控）

5G 技术使得有线无线化，可以在不便破土施工、有线光纤不方便到达的地方，如高速路段，采用 5G 无线回传固定点位的视图（含电子警察、卡口、路面视频监控等）。此外，还能实现快速机动部署，满足临时补点的需求，如外场电警、卡口、重大活动保障等。如图 7-15 所示，描绘了几种巡逻防控场景。5G 上行带宽大，使得视频具有更高的分辨率、识别成功率和质量，能够在重点区域、监控感知盲区探索 5G 智能视频监控建设，提升监控覆盖率，实现部署机动灵活，快速反应。

图 7-15　5G 智慧警务——巡逻防控场景示例

场景二：现场执法 （警务通、执法仪&AR眼镜）

结合 5G 技术，可以实现交警驾驶铁骑、巡逻车在路上巡视时图像视频、执法记录实时回传后台并处置，对于违章车辆实时查处；同时，实现了对驾驶证、行驶证、身份证等证件扫描的安全同步传输、校验，以及执法过程视频全程记录回传指挥中心进行保存。警务 AR 眼镜也能提供第一视角的视频拍摄功能，对可疑车辆、人员等进行无感比对和报警。图 7-16 所示为现场执法场景的基本业务流程。

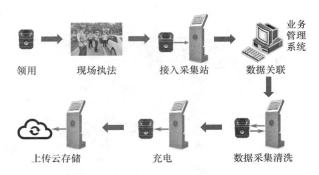

图 7-16 5G 智慧警务——现场执法场景的基本业务流程

场景三：移动巡逻（警车、无人车巡逻）

如图 7-17 所示，针对部分热点区域，如园区、景区、路口，存在警力不足、固网部署困难等问题，通过警车、机器人等就近部署，并利用 5G 网络快速接入高清摄像头，实现高清视频监控。对于管辖区域大、人口密集且大型活动多的地区，5G 网络部署便捷，针对固网未部署位置，可提供高效低成本的方案，巡逻机器人帮助民警对管辖区域进行定时定线的巡查，5G 警车可以实现移动场景下的视频回传。

图 7-17 5G 智慧警务——巡逻防控场景示例图

场景四：重大事件安保警卫

利用对证件、人像、车辆、标识等新型感知设备，实现安保警卫重点区域全要素实时动态监测。按照行进路线自动执行预案，按路径打开沿线高、低点监控视频，进行跟踪。高点视频监控部署位置高，监控区域广，可实现大范围的精确监控；低点视频监控部署位置低，侧重于局部画面的特写拍摄，关注细节。监控探头高低搭配联动，远景近景互补，形成立体化、全方位的视频监控体系。此外，5G 技术还能保障安保警车可以实现场地快速部署。总体来看，5G 能够实现重大事件安保警力可视部署、重大活动全程掌控、突发事件实时预警。图 7-18 所示为几个重大事件安保警卫场景。

大型演唱会　　　　　　　　　　节日庆祝　　　　　　　　　　外交活动

图 7-18　5G 智慧警务——重大事件安保警卫场景示例

场景五：移动岗亭

5G 技术能够将业务能力部署到边缘，实现快速处理警务。这可以有效弥补警民联络上的空白，成为和谐警民关系的有益补充，能够高效受理群众提出的具体事务、意见建议等。如图 7-19 所示，移动警务室内配备警务办公系统、警务通信系统、监控系统、图传系统、供电系统、照明系统和简易生活设备，可满足车内多人同时办公、咨询、现场作业，具有现场办公指挥、应急通信、图像传输、强声广播、恶劣环境执勤等功能。

图 7-19　5G 智慧警务——移动岗亭场景示例

7.2.3　场景化解决方案

5G+警务场景需要不断探索 5GtoB 广域专网网络能力基线，孵化 5GtoB 标准化商用产品。如图 7-20 所示，无人警车、5G 摄像头、无人机、全景摄像等行业终端，分别需要不同的原子应用及原子能力支撑，对于网络的需求提出了更高的挑战，同时对网络设计、业务集成部署、业务保障服务等提出了更高的要求。

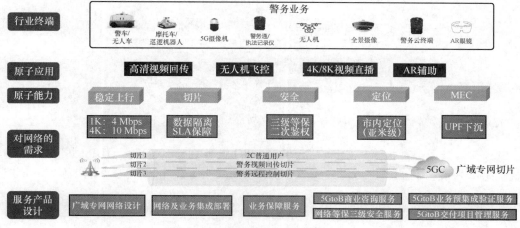

图 7-20　5G 警务广域专网网络诉求

经过不断的探索与尝试，5G 警务终端与网络方案目前已具备初步商用条件。如图 7-21 所示，5G 警务的网络产品可以分为专用通道（5G VPN）、优先保障（5QI）和资源预留（RB 或切频）这三个等级。5G 警务专网三个不同的产品等级，可以按需订购和使用。用户可根据需要选择高、中、低服务保障等级，而在重大事件保障中所额外投入的保障设备、人员和网络等成本，进行一次性收费。另外，切片业务需要能够支撑快速订购和生效，如果采用用户级切片订购方式，则需要支持在线订购、实时开通、动态生效等使用；如果采用共享资源池的方式，则需要支持切片成员管理能力，方便用户实时增/删/改/查等使用。

5G警务三个等级的网络产品	专用通道(5G VPN)	优先保障(5QI)	资源预留(RB或切频)
	警用VPN用户	切片1	切片3/RB@20%
	普通用户	切片2	切片4/RB@80%
适用场景	日常监控	日常执法	重大安保
适用终端	5G摄像头、巡逻机器人 无人机	5G警务通、执法警车、移动警亭	5G警务通、执法仪
资源占用	低	中	高
价位	低	中	高

图 7-21　5G 智慧警务网络产品分析

以 5G 智慧警务网络切片方案测试为例，其演示场景可以分为日常安保巡防（Case 1 和 Case 2）和活动重大安保（Case 3）。

Case 1：日常安保巡防。如图 7-22 所示，5G 警务切片（5QI=9 noGBR）可满足网络轻载状态下的业务要求，但无法满足网络中载/重载状态的业务要求。

演示场景	2C公众用户（5QI = 9 noGBR） 警务用户（5QI = 9 noGBR） Case1：日常安保巡防	警务切片用户业务表现		
		带　　宽	视频质量（卡顿花屏）	视频时延
网络负载模拟	• 网络轻载（<30%） 2C手机用户不构造网络上行加压	10 Mbps	清晰流畅	2～3 s
	• 网络中载（30%~60%） 1部手机用户模拟构造网络上行压力	7 Mbps	明显卡顿	>5 s
	• 网络重载（60~90%） 2~3部手机用户模拟构造网络上行压力	4 Mbps	画面卡死，花屏	卡死
	• 网络超载（>90%） 4~5部手机用户模拟构造网络上行压力	NA	NA	NA

图 7-22　5G 智慧警务网络切片 Case 1 方案技术需求

Case 2：按需出警执法。如图 7-23 所示，5G 警务切片（5QI=4 GBR）可在网络中载/重载状态下为警务业务提供高优先级带宽保障，在网络重载/超载状态不能提供绝对的带宽保障。

Case 3：活动重大安保。如图 7-24 所示，5G 警务切片（5QI=4 GBR+RB 资源预留）可在网络重载/超载状态下提供绝对的带宽保障，可满足网络重载/超载状态下的业务要求。

演示场景	2C业务切片：5QI = 9 noGBR 警务业务切片：5QI=4 GBR Case2：日常安保巡防	警务切片用户业务表现		
		带　　宽	视频质量（卡顿花屏）	视频时延
网络负载模拟	• 网络轻载（<30%） 2C手机用户不构造网络上行加压	NA	NA	NA
	• 网络中载（30%~60%） 1部手机用户模拟构造网络上行压力	10 Mbps	清晰流畅	2~3 s
	• 网络重载（60~90%） 2~3部手机用户模拟构造网络上行压力	9~10 Mbps	清晰，偶尔卡顿	3~4 s
	• 网络超载（>90%） 4~5部手机用户模拟构造网络上行压力	7 Mbps	明显卡顿，有花屏	>5 s

图 7-23　5G 智慧警务网络切片 Case 2 方案技术需求

演示场景	2C业务切片：5QI = 9 noGBR 警务业务切片：RB资源预留 +5QI=4 GBR Case3：活动重大安保	警务切片用户业务表现		
		带　　宽	视频质量（卡顿花屏）	视频时延
网络负载模拟	• 网络轻载（<30%） 2C手机用户不构造网络上行加压	NA	NA	NA
	• 网络中载（30%~60%） 1部手机用户模拟构造网络上行压力	NA	NA	NA
	• 网络重载（60~90%） 2~3部手机用户模拟构造网络上行压力	10 Mbps	清晰流畅	1~2 s
	• 网络超载（>90%） 4~5部手机用户模拟构造网络上行压力	10 Mbps	清晰流畅	1~2 s

图 7-24　5G 智慧警务网络切片 Case 3 方案技术需求

7.2.4　应用案例

1．5G 警务信息安全保障案例：深圳世界之窗 5G 智慧警务室

5G 网络满足公安行业的三级等保要求，能够实现整网运营、全网安全态势感知、基于 AI 的威胁分析检测等功能，确保应急通信保障服务，支持公安、政府等关键业务部门的特殊终端高优先接入 5G 网络。

沙河辖区作为深圳市旅游中心区，具有旅游景点多、公园商城多、星级酒店多、大型活动多、人流量大、聚集频繁、海岸线长、城中村与高档社区并存等特点。该辖区的警务工作主要面临 3 大挑战。

（1）环境复杂：涵盖 40 余家商圈酒店、5 大景区和 30 多所学校，交通枢纽和海滨长廊纵横交错。

（2）人流密集：仅世界之窗广场的人流量就高达 24.5 万人次/天，为警务的部署、管理带来巨大压力。

（3）警务复杂：警力部署需要同时兼顾现场执法、临时布控、应急抢险和便民服务。

总体而言，当前警务面临着警力不足、治安维稳压力大、执法效率急需优化等问题，借助 5G 技术构建的全感智防区面积有 51.5 万平方米，涵盖广场、地下公交接驳站、地铁站、益田假日商圈，辐射欢乐谷、民俗村、纯水岸、香山里等重要区域。历年单日客流最高峰：广场 4.9 万人次，地铁 5.1 万人次，公交 8.3 万人次，商圈 6.2 万人次。如图 7-25 所示，目前，深圳市拟将基于 5G+AI+大数据+云计算等关键技术推进筹建总部基地警务室，涵盖滨海长廊海岸线、欢乐海岸、深圳湾超级总部基地，实现一张智能感知网、一朵智能视频云和一套全预实战体系。

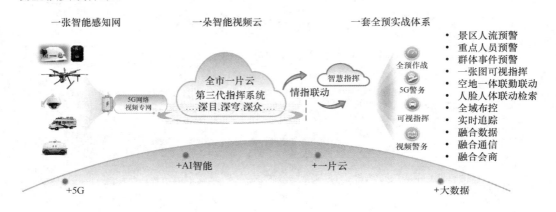

图 7-25　5G 助力世界之窗全预作战体系规划

7.2.5　本节小结

依托 5G 等技术的智慧警务，要求全网共享、全域覆盖、全时可用、全程可控，做到精准打击、主动预防、控制犯罪。从近几年智慧警务的推进进程来看，5G、AI 等新兴技术正在大力推动着公安行业进行技术和制度创新，基于 ICT 技术的警务建设已是大势所趋。从规模部署的角度来讲，当前智慧警务的推进必须考虑终端的商用成熟度。目前，5G 摄像机已经可以规模销售，警车、移动岗亭所使用的 CPE、5G AR 路由器基本成熟，所以移动布控、移动岗亭、移动警车可以作为第一阶段规模部署的机会点。此外，5G 警务通、5G 执法仪、5G 无人机需要进一步加大力度，扩大试点范围。以深圳世界之窗 5G 智慧警务为例，当前，5G 助力智慧警务"5 化"（如图 7-26 所示），让"汗水警务"变为"智慧警务"，以此实现治理现代化、防控无感化、警务可视化、警情全预化和处置一体化。总体而言，当前各大 5G+智慧警务项目已经初有成效，形成了政府有意愿、行业有技术、客户有投资、场景有移动的大趋势，需要继续加大推进力度。

通过本节的学习，读者可以了解 5G+警务行业的现状及未来发展方向，熟悉 5G+警务的应用场景及对网络的需求，理解 5G+警务的各种场景化解决方案。

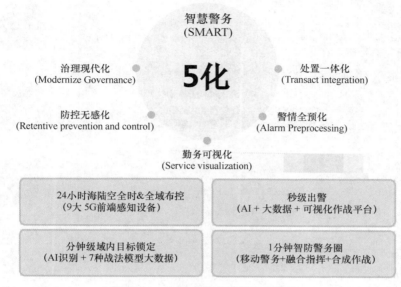

图 7-26　5G 智慧警务的目标和价值

7.3 轨交专网场景

7.3.1　5G+轨交行业洞察

作为满足城市居民公共出行的重要手段，城市轨道交通具有大容量、集约高效、节能环保等突出优点，是城市智慧交通体系的重要组成部分，对城市发展、居民生活起着关键的基础支撑作用。城市轨道交通的运行水平决定着城市公共交通的服务质量，城市轨道交通的运行秩序直接影响城市中社会与经济系统的运行秩序。

中国的轨道交通从 20 世纪 80 年代起步发展，随着改革开放的深入，社会经济的快速发展引发城市交通需求的急剧增长。近年来，我国城市轨道交通快速发展，在满足人民群众出行需求、优化城市结构布局、缓解城市交通拥堵、促进经济社会发展等方面发挥了越来越重要的作用。截至 2020 年年底，中国内地累计有 40 个城市拥有城市轨道交通。随着城市化进程的进一步加速，中国的城市轨道交通建设有望迎来黄金发展期。

总体来看，作为满足城市居民公共出行的重要手段，城市轨道交通渐趋网络化、智能化发展，但随着轨道交通运营里程的增长、客运量的提升，轨道交通在运营、维护、安防、调度等各方面均面临更大的挑战。构建智慧轨道交通运营平台，全面提升轨道交通运营服务水平，是城市轨道交通未来发展的重要方向。

城市智慧轨道交通的内涵为：应用云计算、大数据、物联网、人工智能、5G、卫星通信、区块链等新兴信息技术，全面感知、深度互联和智能融合乘客、设施、设备、环境等实体信息，经过自主进化，创新服务、运营、建设管理模式，构建安全、便捷、高效、绿色、经济的新一代中国式智慧型城市轨道交通。城市智慧轨道交通架构示例如图 7-27 所示。

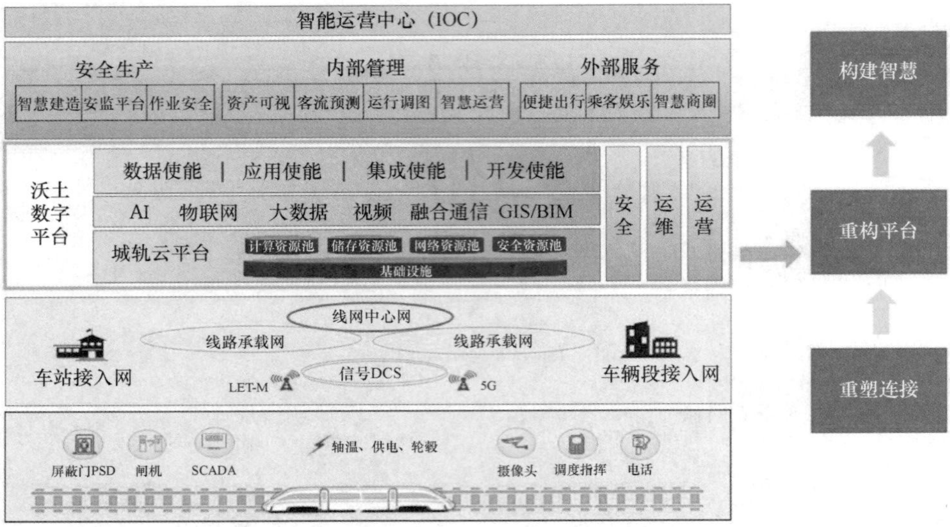

图 7-27　城市智慧轨道交通架构示例

5G 网络作为新型基建的底层技术，和人工智能、云计算、物联网等技术构成新一代信息基础设施，用于收集和处理海量连接产生的庞大数据资源，为整个信息基础设施带来革命性升级，给以地铁为代表的轨道交通体系智能化转型、海量连接与庞大数据资源带来新的基础能力。此外，基于高带宽技术的 5G 网络打破了现有的车地通信鸿沟，建立起了"车-地、车-车、人-车"之间的高速通路，实时采集地铁列车监控和视频数据，支撑轨道交通城轨云平台重构，分析和计算数据后推送到地铁列车，能够为地铁线路智能运维、地铁列车无人驾驶等创新应用提供支持。

因此，综合来看，轨道交通的运营、服务与保障具有客流量大、数据并发程度高、跨站点协同、实时性要求高、数据分析复杂等特征与挑战。以 5G 为代表的新一代信息技术的融合与应用，是轨道交通发展、应对特大城市公共交通运营保障需求的重要手段，为实现城市智慧轨道交通的目标愿景提供了基础能力。

7.3.2　5G 应用场景及网络需求分析

1．5G 网络在轨道交通中的应用场景

通过前期多方面调研，5G 在轨道交通中主要有下列应用场景。

1）通过 5G 承载车载视频回传

轨道交通列车车载视频设置在列车驾驶室和车厢内，主要用于对列车运行状态、司机行为等进行监控，确保运行安全。车厢内的摄像头主要是满足乘客的安全需求，可以用于判断车厢拥挤情况、安排乘客出行、帮助乘客及时寻找丢失物品等。采用 5G 网络可以增加视频数据的传输速率，实现车载视频实时监控。

2）通过 5G 增强应急通信能力

在应急状况下，车站需要临时搭建视频通信系统，部署若干摄像头，并且需要与地面安

保人员实时通信。由于当前应急保障的无线传输能力有限，所以只能使用对讲机通过语音确保实时通信。5G 网络的超高速率能力可以提供应急通信业务新的承载通道，实现轨道交通站内站外、不同线路之间、人与人之间、人与物之间的视频融合通信。

3）通过 5G 回传列车状态数据

随着列车的智慧化改造，列车的状态数据也需要实时上传到后台，以实现列车状态的在线监控，确保运行安全。列车运行过程中，传感器产生的数据较多，需要同步传输海量数据，实现智慧运维。随着 5G 网络提供的带宽资源的增长，列车控制和管理系统（Train Control and Management System，TCMS）的速率可以得到极大提升，能够实现列车其他存储数据的实时上传，如走行部、制动、弓网的波形文件数据等，对列车状态的实时调整带来了很大的帮助。

4）通过 5G 实现轨行区智慧巡检

随着轨道交通线路的延长，轨道交通运行的时间也有所提升，每晚用于维护的作业窗时间越来越短。为确保轨道交通全线都能安全正常运行，夜间也需要安排大量检修人员下轨行区进行巡查。若将夜间隧道空载的 5G 网络资源用于智慧巡检，如视频安全帽等，结合智慧巡检机器人，能够代替部分人工对轨行区的巡检工作，巡检视频和数据可以通过 5G 进行实时回传。如此的远程操作方式可以在极大程度上降低人员成本，并且也极大地缩短了每天巡检工作的时间。

2．5G 关键技术与城市轨道交通需求匹配分析

在轨道交通线路隧道中，运营商已经部署了 5G 网络覆盖，主要面向乘客提供服务。5G 采用 TDD 制式，下行时隙配比高于上行，当前普遍采用的是 7∶3 和 8∶2，时隙配比已经固化。轨道交通所用的业务模型主要是上行数据，按照当前列车摄像头配比，列车需要 48 Mbps 的上行带宽，对于 TCMS 数据，建议考虑 10 Mbps 的上行带宽。整体上需要提供 58 Mbps 的平均带宽。

隧道内的 5G 网络覆盖一般采用泄漏电缆的部署模式，通过大量测试数据表明，采用 100 MHz 频谱，在时隙配比为 7∶3 的网络吞吐率能力见表 7-3。

表 7-3　5G 在不同业务模型中不同频谱带宽下的吞吐率基线

频谱宽度/Mbps	时 隙 配 比	2T2R 上行/Mbps	4T4R 上行/Mbps
40	7∶3	70	100
60	7∶3	108	150
80	7∶3	144	200
100	7∶3	180	252

因此，采用 5G 网络可以满足轨道交通的数据业务需求。现阶段 5G 公专网有三种建设模式，如图 7-28 所示。

广域切片：通过 QoS、RB 资源预留等手段，实现业务逻辑隔离，满足客户对特定网络速率、时延及可靠性的优先保障需求，支持按需灵活配置。

局域切片：通过边缘计算技术，实现数据流量卸载、本地业务处理，满足数据不出场、超低时延等业务需求，为客户提供专属网络服务。

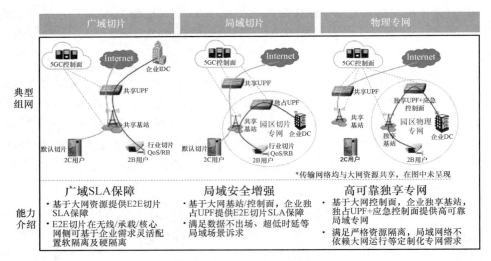

图 7-28 三种专网模式

物理专网：通过对基站、频率、核心网等专建专享，为企业构建专用 5G 网络，提供高安全性、高隔离度的尊享定制化网络服务。

初步业务规划如下，轨道交通业务主要分为以下五种。

1）生产类业务低带宽承载

轨道交通内部的生产数据需要进行严格的隔离。目前，轨道交通已有的列车控制系统承载在 LTE-M 系统上，信道带宽在 20 MHz 以内（1785～1805 MHz）。5G 公专网承载列车控制信息的相关标准还不成熟，现阶段还将进行业务测试验证和创新探索。

2）生产类业务高带宽承载

随着轨道交通智慧化的发展，智慧列车更新换代。各种类型的业务数据需求逐渐增大，需要传输一些高带宽数据。轨道交通业务数据包括列车视频数据、集群视频融合系统和列车自动驾驶的视频控制数据，可以通过 5G 公专网来承载。

3）非生产类业务宽带通信

除生产数据外，轨道交通还有大量的非生产类业务存在。例如，车站的应急通信视频摄像头、轨旁视频摄像头，以及所需要使用的大量终端和视频传输，可以考虑 5G 公专网系统承载。

4）非关键生产类业务链接

非关键生产类业务链接对带宽需求较小，可以利用以前运营商网络实现物联网链接，如车站广告屏控制系统、车载的灯光感应器、各种环境感应器等。运营商 4G 网络生态成熟、覆盖全面，非关键生产类业务链接可以通过物联网形式承载在 4G 网络中。这部分不需要独立建网，可以将这部分链接的容量需求以网络服务租赁的形式解决。

5）车辆基地智慧检修承载

随着车辆基地智慧检修业务的发展，对机器人检修、VR/AR 远程检修等均提出了新的需求，未来在车辆基地内，可以利用 5G 公专网，实现远程检修、机器人巡检等智慧化功能，有效提升检修作业效率。

3. 轨道交通 5G 公专网业务需求

南京市马群车辆段 5G 试验网承载了轨道交通信号、车辆、通信、城市轨道交通自动售检票系统（Automatic Fare Collection System，AFC）、综合监控、自动扶梯六大业务，基于实际测试获取的数据，并结合轨道交通工程实际，分析总结形成以下业务需求。

1）列车运行控制业务

列车运行控制业务根据列车在铁路线路上运行的客观条件和实际情况，对列车运行速度及制动方式等状态进行监督、控制和调整。该业务应用场景为正线列车、车辆基地和停车场，设置车载终端 2 台，分别布放在列车车头和车尾，终端回传数据并发率达到 100%。

（1）列车控制业务要求系统提供隔离、主备冗余的数据通道。

（2）列车控制业务要求系统可用性不低于 99.99%。

（3）列车控制业务要求通信优先级最高，要求整个系统最优先保证该业务的传输，该业务的传输不受其他业务传输的影响。

（4）列车控制业务要求列车运行速度满足轨道交通要求。

（5）列车控制业务单路单向传输时延不超过 100 ms 的概率不小于 99%，不超过 1 s 的概率不小于 99.92%。

（6）列车控制业务要求丢包率不超过 1%，通信中断时间不超过 2 s 的概率不小于 99.99%；列车控制业务数据周期性发送，要求上下行每路传输速率分别不小于 1.5 Mbps。

2）车载信号运维数据业务

车载信号运维数据业务是将车载信号运维数据回传至地面系统的功能。列车在运行过程中，需要实现数据的实时回传；列车回到段场运用库和检修库后可以集中进行数据回传，要求在 5 分钟内将数据回传完毕。实际应用场景包括正线、车辆基地/停车场的运用库和检修库，利用车头和车尾设置的无线接入终端回传数据，并发率达到 100%。

（1）车载信号运维数据业务要求传输时延不超过 150 ms 的概率不小于 99%。

（2）车载信号运维数据业务要求丢包率不超过 1%。

列车在运行状态下进行业务数据发送时，车载信号运维数据业务要求每列车传输速率上下行均不小于 3 Mbps；列车在运用库/检修库静止状态下进行业务数据发送时，车载信号运维数据业务要求每列车传输速率上行不小于 50 Mbps，下行不小于 3 Mbps。

3）车辆运行状态监测业务

车辆运行状态监测业务是指将车载主机、各子系统采集的列车状态、故障等信息实时传送到地面监测中心。该业务实际应用场景为正线、车辆基地/停车场。列车运行状态监测业务应满足以下技术要求：

（1）车辆运行状态监测业务传输时延不超过 100 ms 的概率不小于 99%。

（2）车辆运行状态监测业务丢包率不超过 1%。

（3）车辆运行状态监测业务要求每列车传输速率上行不小于 10 Mbps，下行不小于 1 Mbps。

4）PIS 视频业务

乘客信息系统（Passenger Information System，PIS）视频业务是由地面将视频或图像信息通过广播或组播方式传输到车厢内进行播放的。该业务实际应用场景为正线列车。PIS 视频业务应满足以下技术要求：

（1）PIS 视频业务传输时延不超过 150 ms 的概率不小于 99%。

（2）PIS 视频业务要求丢包率不超过 1%。

（3）PIS 视频业务要求每列车传输速率下行不小于 6 Mbps。

5）智慧车站综合管理业务

智慧车站综合管理业务是将车站供电、机电、火灾报警、门禁、视频监视、广播、乘客信息、通风系统、给排水系统、空调系统、不间断电源等信息汇总至智慧车站综合管理平台。该业务实际应用场景为车站，综合管理业务应满足以下技术要求：

（1）智慧车站综合管理业务要求系统可靠性不低于 99.9%。

（2）智慧车站综合管理业务传输时延不超过 150 ms 的概率不小于 99%。

（3）智慧车站综合管理业务要求丢包率不超过 1%。

（4）智慧车站综合管理业务要求每个子系统传输速率上行分别不小于 1 Mbps，下行分别不小于 1 Mbps。

6）视频监控业务

视频监控业务是将列车驾驶室、列车车厢、轨行区等场景的视频监控图像实时传输到控制中心或地面监控站，进行集中监控。业务应用场景为正线、车辆基地/停车场，并发率达到 100%，视频监控业务应满足以下技术要求：

（1）视频监控业务要求平均无故障时间（Mean Time Between Failure，MTBF）大于 5000 小时。

（2）视频监控业务要求传输时延不超 150 ms 的概率不小于 99%。

（3）视频监控业务要求系统丢包率不超过 5%。

（4）车载视频监控业务要求每个摄像机传输速率上行不小于 2 Mbps。

（5）轨行区视频监控业务要求每个摄像机传输速率上行不小于 4 Mbps。

7）自动售检票业务

自动售检票业务主要涉及站内自动售检票系统，包括终端设备监控系统、系统运营管理系统和交易数据处理系统。该业务应用场景为车站。自动售检票业务应满足以下技术要求：

（1）自动售检票业务要求系统可靠性不低于 99.9%。

（2）自动售检票业务要求传输时延不超过 100 ms 的概率不小于 99%。

（3）自动售检票业务中终端设备监控系统、系统运营管理系统要求丢包率不超过 1%，交易数据处理系统要求丢包率不超过 0.1%。

（4）自动售检票业务要求每组闸机传输速率上行不小于 2.5 Mbps，下行不小于 1 Mbps。

8）自动扶梯监测诊断业务

自动扶梯监测诊断业务主要涉及车站内自动扶梯实现自动检测诊断，并实时发送监测信息至车站综合监控中心。该业务实际应用场景为车站。自动扶梯监测诊断业务应满足以下技术要求：

（1）自动扶梯监测诊断业务要求系统丢包率不超过 1%。

（2）自动扶梯监测诊断业务要求每部电扶梯传输速率上行不小于 3 Mbps。

9）视频融合调度业务

视频融合调度业务是指利用 5G 移动通信系统进行的应急指挥、调度、线路运营、应急和维护等需要的各种语音、视频、数据呼叫通信和管理业务。实际应用场景为车站（站厅、站台等）和列车，利用 5G 接入终端回传数据。视频融合调度业务应满足以下技术要求：

（1）视频融合调度业务要求系统可靠性不低于 99.9%。

（2）视频融合调度业务要求传输时延不超过 150 ms 的概率不小于 99%。

（3）视频融合调度业务要求系统丢包率不超过 1%。

（4）视频融合调度业务要求每终端传输速率上行分别不小于 2 Mbps，下行分别不小于 2 Mbps。

7.3.3　场景化解决方案

1．5G 地铁大数据助力智慧运营

未来智慧城市的构建，其关键要素必然包括智慧高效的交通运输系统。随着 5G 时代的来临，精准定位、大数据协同、海量物联、实时智能分析、可靠性和安全性的升级，使得用 5G 技术助推城市轨道交通智慧运营服务体系成为可能，为构建和谐共治的智慧出行环境提供条件。在推动公共消费领域蓬勃发展的同时，可通过网络切片、边缘计算等技术，为轨道交通等专业领域提供通信、计算等服务，即公共资源专用化、运力服务共享化，实现传统行业的节支增效。

5G 技术在通信带宽、传输时延、海量物联、信息传递可靠性和安全性等多方面都有较大提升，为轨道交通提升服务流程和运维管理带来了新的发展。交通运输系统利用 5G 基站高精度定位能力，根据地铁具体的运营流程、服务需求及社会定位属性，实现客流预警疏导、用户出行画像、排队时长预测、交通换乘联动等地铁客流数字化、智慧化管理等功能。通过大数据 AI 手段提高车站旅客服务质量、扩展车站服务场景、降低车站运营成本，最终建立和完善轨道交通智慧服务体系，保障城市轨道交通客流公共安全。

1）搭建"5G+全流程"服务助推进出站客流管理系统

5G 将重构传统公共交通服务业态，基于 5G 客流大数据感知层、数据层、应用层开放解耦的三层架构，实时感知栅格客流趋势变化，数据模型共享拉通底层各类数据壁垒，AI 模型赋能应用快速迭代开发，实现 5G+VR/AR/MR+AI 客流的全流程、全要素智能管理。具体环节如下。

在进出站口环节，可实现客流数据 5G 上传回调度室，进行分流预判；可使用全息影像，设置动态标识等方式，助推乘客选择双侧站立，缓解车站拥堵情况，节约乘客进出站时间、提高效率。

在安检环节，5G 传输速度是 4G 的 20 多倍，可支持大数据联动、人脸识别和多场景识别，同时还可通过 AI 识别和云识别，将大量相关数据传到 AI 识别和云识别平台进行匹配对比，实现"秒"进站，提高效率。安检工作人员还可以佩戴 AR 眼镜，能够实现可视化融合指挥调度、人脸识别查验、红外测温防疫体温检测+人脸信息双码流显示、异常提示告警+人脸记录等，切实为安检第一现场管控排查和安保工作人员移动巡检工作提供便利。

在刷卡进出站环节，5G 技术结合大数据可以让刷卡闸机完全具备实时互动、票价计算、远程操作、云协同计费等功能。

在买票充值环节，可利用基于人脸识别、AI 等技术的 5G 地铁服务机器人，结合 5G 网络，实现对乘客的交互式智能化服务，为地铁乘客提供最佳地铁路径建议。

2）构建"5G+服务设计"沉浸式候车体验区

采用 5G 技术构建智慧地铁服务体系和无线网络通道，实现多点、多地、全功能构建从基础设施层到智慧应用层的一体化平台架构，实现地铁基础设施的智能感知、智能联动和智能分析的创新功能，支撑运营、服务、运维智慧场景及其应用，用数据驱动安全、效率、效益和服务的提升。

3）搭建"5G+物联网"乘车体验流程

利用"5G+物联网"技术，结合用户旅程和消费者行为数据，识别地铁服务体系的关键要素和关键环节，制定具体的地铁服务体系设计的应用和解决方案。针对地铁客流的特征、线路分布、客流量分布区域特点、外地人员的来源地分布以及上网业务偏好分析等进行客流画像分析，进而搭建"5G 空地一体、万物互联"的服务体系，针对地铁行业的消费者行为数据驱动，提升地铁企业服务差异化竞争能力，有效帮助企业进行智慧服务体系重构，提升地铁服务管理能力。

4）构建"5G+AI"个性化线路定制+AI 智能换乘服务体系

地铁站是城市交通枢纽中一个重要的节点，也是人流最为集中的地方，尤其是在早晚客流高峰情况下，客流大量涌出地铁后，出现公交、出租车等公共交通接驳运力不足的情况，导致大量出站旅客滞留，影响地铁及周边交通的正常秩序，如何动态掌握场站人流情况，提前制定客流疏解方案，组织公共交通人员进行疏解，提升乘客服务质量，是目前场站管理的一大难点。

通过本系统平台的客流分析能力，结合地铁班次信息，与城市交通管理部门建立常态化交通接驳诱导机制，为管理部门制定针对城市地铁交通枢纽节点和客流潮汐性的公共交通接驳换乘联动机制，为加大地铁开行密度等决策提供大数据支撑，进而保证旅客快速进出站，避免滞留。结合 VR/AR/MR+AI 技术赋能，构建 5G 网络下个性化换乘路线定制、全息影像换乘引导、AI 智能站内地图等平台，共建"5G+"智能换乘生态链。

2．基于 5G 的车地通信系统

地铁的车地通信，是在列车高速运行过程中，把车载数据向车站、车辆段等属地进行及时传输，以实现地铁运营方对乘客状况、列车设备及运行状态、隧道及弓网等情况的监测。

受技术现状制约，目前车地无线网络带宽不足，传输速率不稳定，车载数据基本无法实现及时下传，只能储存在车上的硬盘中，待列车下线后再由人工上车拷贝，不但耗时耗力，可靠性和实时性也无法保障，直接影响地铁调度，也成为地铁运维效率提升的限制瓶颈。5G 无线通信技术的应用将改变这一现状。

1）视频回传

视频回传系统能够利用 5G 网络低延时、高可靠性的特点，由地面将列车运行画面实时传输到列车车载显示屏上。该系统通过高清摄像机视频采集、车-地视频无线传输和车载视频解码播放显示，最终将列车的整个过程显示至全列客室电视上，实现画面的高清、分屏播放，能够根据光电定位传感器信号检测列车行驶位置，进而实现不同阶段画面切换，便于进行多角度、多方位观看过程。

2）应用维护类数据自动上传更新

相比于其他类型数据，应用维护类型数据的更新优先级相对较低，在网络带宽不足的情况下，应用维护类数据的更新频次就会相对较低。而 5G 网络的高带宽则能够满足应用维护类数据的及时更新，进一步提高乘客的搭乘体验。

（1）视频节目上传。在列车电视播放娱乐视频节目，如电影、电视剧、综艺等，不仅可以减少乘客的出行疲劳，而且可以提升乘客的乘车体验。基于 5G 技术进行娱乐节目实时上传，实现电视视频内容实时更、日更、周更等模式。

（2）资源在线更新。搭建资源在线更新系统，实现地铁公司对车辆信息与资源的在线更新，降低人工成本，提升车辆运行效率，主要功能包括车次在线设置、列车显示及与语音播报内容在线更新、娱乐影音系统资源在线更新。

3）车载 5G 公共网络服务

基于 5G 的车载公共网络服务系统，实现 5G 移动通信基站上车，结合 5G 通信技术特性，在列车上布置移动边缘计算服务器，全程覆盖车厢。将原有的固定通信室分基站变为可移动的通信基站，实现网络技术价值的革新和商业模式的创新。

轨道交通车载 5G 公共网络服务系统将原本车外的用户吸收到了车内室分，减少用户集中切换产生的信令风暴问题。通过基站上车，Massive MIMO 大规模天线技术提升网络覆盖和容量，同时降低了 5G 建设投资和维护成本。

由于 5G 技术特性，实现了承载与控制分离，约 35%的流量可以下沉到车载边缘计算服务器；在靠近移动用户的位置上提供信息技术服务环境和云计算能力，并将内容分发推送到靠近用户侧，可以为游戏、商业、视频、Cloud VR、智慧办公、智慧教育、智慧旅行、智慧购物等业务提供更低的时延、更大的带宽、更多的连接能力；同时也实现了以 5G 网络为基础的物联应用，实现人与物、物与物的创新连接应用场景。

（1）总体架构及组成。城市轨道交通车载 5G 公共网络服务系统，由车载 4×4 MIMO 天线、车厢内小基站传输模块（车地通信模组）、5G 车载小基站（移动型）、MEC 服务器组成，实现列车内 5G 信号同步覆盖，可完全克服车厢穿透损耗，减小轨道交通沿线移动基站的部署密度，降低 5G 覆盖的建设成本。系统的整体架构如图 7-29 所示。

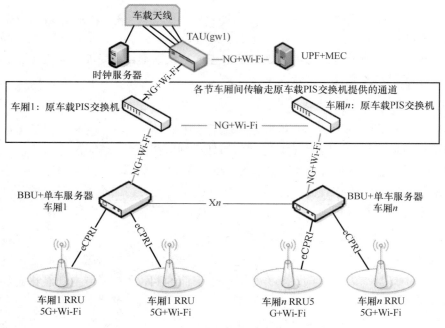

图 7-29   系统的整体架构

（2）模块功能。其详细功能说明详见表 7-4。

表 7-4   详细功能说明

序　号	模块功能	详　细　说　明
1	车载 4×4 MIMO 天线	负责接收和发送车外运营商通信信号，将天线外置安装于车厢顶，避免了列车箱体的无线信号穿损，同时天线具有接收增益，与远程模块配套使用，为车内 4G/5G 基站开通提供回传物理链路
2	时钟服务器	负责为 5G 小基站提供时钟和频率同步
3	小基站传输模块（车地通信模组）	负责将运营商 4G/5G 无线信号转换成数字带宽信号，实现车内 4G/5G 基站的开通，车内用户通过小基站进行服务，小基站通过远程回传模块对用户业务进行封装，并通过 VPN 通道回传到后台网关，网关将用户业务解封装后再传输给核心网处理。打通用户到基站、基站到核心网的业务流
4	5G 车载小基站（移动型）	实现车内运营商 5G 信号的覆盖，通过传输接入到核心网，为用户提供 5G 业务，实现精确、深度覆盖，提升网络对数据业务的支持能力，提升用户感知
5	边缘计算服务器	移动边缘计算（MEC）是基于移动通信网络的一种全新分布式计算方式，构建在基站侧的云服务环境，通过靠近用户处理业务，配合内容、应用与网络的协同，提供低时延且安全可靠的服务，达到极致的用户体验，实现核心网计费及鉴权功能和数据内容下沉，负责车内用户通信路由选择，数据的命中处理等。可根据实际需求特点，开发相应的软件插件，开放各行业需要的 API 接口，与垂直行业深度融合，最大化地适配各种行业应用的需求

7.3.4   应用案例

2019 年，在上海举办的中国国际进口博览会（简称进博会）上，上海地铁展示了基于 5G 大数据的客流态势分析应用，该应用可以实现地铁站厅和站台的客流即时感知和态势预警。依托 5G 大带宽网络基础上的高清移动视频、高清对讲、5G 客服人员定位等应用，赋能地铁运营单位针对大客流场景智能启动大客流应急预案，包括实现列车调度、行车组织、动态疏导等预案执行，实现相关区域的助推联动和运能优化，实现客流疏散引导等服务，改变之前以人工操作和静态指示为主的车站管理格局，实现面向乘客的全方位体验，有助于智慧地铁建设健康有序发展，帮助实现地铁相关工作人员的一岗多能和减员增效，打破瓶颈，助力轨道交通行业的可持续发展。下面介绍在进博会期间，5G 在上海地铁中相关的具体应用和实践。

1. 使用 5G 进行客流态势分析

5G 将重构传统公共交通服务业态，综合地铁列车信号数据、列车称重数据、监控视频数据和移动高清视频数据等多种数据来源，通过 5G 大带宽网络实现数据传输，基于数据中台技术进行数据汇总和综合分析，实现对地铁站厅和站台的实时客流趋势变化和感知等态势分析应用。通过各种历史数据、热力图和示意图等，可以直观地展现各区域内人流流量的分布情况和人流流向，从而有利于提升乘客的乘车体验，避免客流大量积压而导致交通瘫痪，为安保和乘客疏导工作提供决策支撑。

具体应用内容如下。

（1）结合建筑信息模型（Building Information Modeling，BIM）的站厅站台客流实时热力图，反映客流拥挤情况。站厅站台客流实时热力图如图 7-30 所示。

（2）利用进博会场馆客流热力图，反映场馆整体客流情况。

（3）利用进博会场馆客流导流示意图，展示当前场馆导流情况。

（4）根据历史数据进行常态分析，实现全天客流趋势预测，对与进博会相关的三线地铁（2 号线、17 号线、10 号线）的运营客流进行15 分钟后的预测和预警。

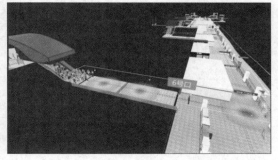

图 7-30　站厅站台客流实时热力图

2. 使用 5G 高清视频进行客流疏导

根据多个车站及主要人群集散地（如场馆）周边不同的客流场景，及时给出调整客流和行车组织策略的建议，高效地进行大客流疏散，避免旅客出现大面积积压和滞留，实现客流与列车的动态调整和联合指挥。通过掌握实时客流以及预测的大客流场景和列车动态运行情况，结合 AR 技术，赋能地铁运营公司执行大客流应急预案，实现客流疏散引导等服务。

具体应用内容如下。

（1）使用 5G 高清视频实时直播地铁出入口外乘客排队情况。

（2）站务人员通过 5G AR 眼镜实时回传站厅站台关键区域客流情况。

（3）指挥长在大屏接收站务人员用 5G AR 眼镜回传的视频，观察应急预案的执行情况和效果，并实时下达调整指令。

（4）根据徐泾东站出入口的排队情况，触发应急预案通知场馆引导客流去诸光路站。

3. 实现三站三线 5G 全覆盖沉浸式乘客体验区

建立基于 5G 网络和云服务的乘客体验区，提供高速网络下载体验、高清视频现场直播等服务。通过在车站站厅层设置乘客 5G 体验区，对比手机使用 4G 信号下载与连接 5G CPE 下载两者的网速差距，让乘客体验 5G 大带宽、低时延的特点。

在进博会实践中，实现面向进博会场馆以及相关的三站（徐泾东、诸光路、虹桥火车站）三线（2 号线、17 号线、10 号线）的 5G 网络全覆盖，包括站厅站台、关键出入口等区域。

具体应用内容包括：

（1）进博会及三站三线 5G 覆盖情况。

（2）三站站内 5G 设备工作情况。

（3）三站关键区域 5G 网络速率实测。

4. 基于 5G 的客服机器人

构建基于语音识别、视频问询、人脸识别和跟踪、物体识别、体感交互、室内定位和导航视觉等多种智能人机交互能力的系统。在这一系统的基础上，在 5G 覆盖区域布设地铁客服机器人，基于人脸识别、AI 等技术，结合 5G 高速网络，实现对地铁乘客的交互式智能化服务。

具体应用内容包括：

（1）地铁客服机器人通过 5G 网络获取互联网数据，支持与地铁乘客的交互应用。

（2）地铁客服机器人通过 5G 网络获取云端的人脸识别、AI 等分析能力，支持与地铁乘客的智能化服务。

5. 基于 5G 的个性化路径定制

结合地铁线路数据、实时运营数据和历史数据，经分析处理后，为地铁乘客提供前往进博会场馆（以及其他上海市的地标性区域）的最佳地铁路径建议和预测的通行时间。比如，提供当前从当前车站到进博会场馆、人民广场、南京东路、新天地、陆家嘴、浦东机场等地点的最佳地铁路径建议，包括所需地铁票价和大约通行时间。

6. 利用 5G 辅助车站巡检

利用 5G 网络大带宽、低时延的特性，通过 5G AR 眼镜，对车站工作人员的巡检工作提供支持，将第一视角高清视频信息发送至指挥中心，提高运营工作效率，5G AR 眼镜的相关功能如 7-31 所示。

具体应用内容包括：

（1）扫描 5G AR 眼镜回传视频信息（如二维码等），分析处理后推送 AR 信息帮助工作人员进行故障诊断和处理。

（2）将 5G AR 眼镜视频传送给后端维护专家，以实时对讲的方式指导现场诊断和处理疑难问题。

此外，还利用了 5G 辅助机器人进行巡检。巡检机器人通过一个自主运行的机动平台，搭载多组高性能监测仪器，对站内设备进行全覆盖监控，大大减少"智能化巡检"所需的固定式传感器和仪器的安装数量，无须大量布线，无须改造现有开关柜，在降低综合运营成本的同时，提高运营管理水平。5G 高带宽网络支持机器人对地铁线路、地铁隧道、供电设备和其他设备的自动巡检。

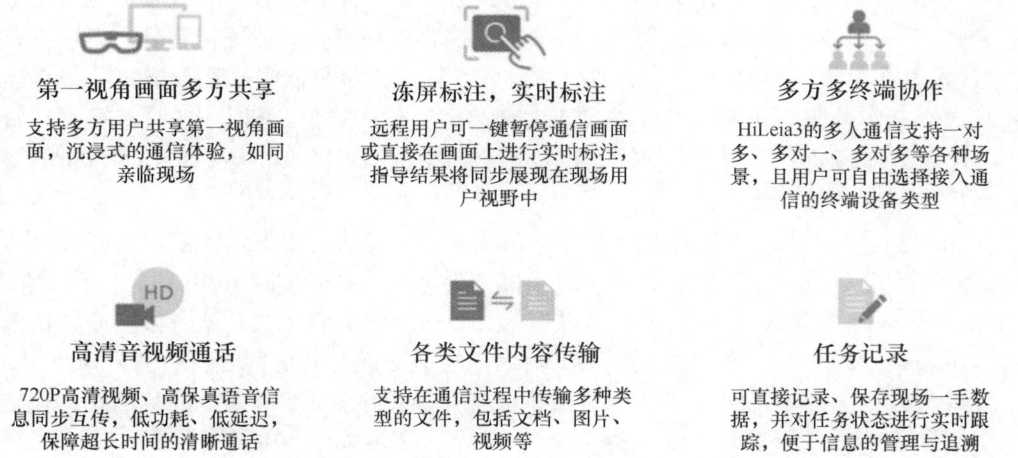

第一视角画面多方共享

支持多方用户共享第一视角画面，沉浸式的通信体验，如同亲临现场

冻屏标注，实时标注

远程用户可一键暂停通信画面或直接在画面上进行实时标注，指导结果将同步展现在现场用户视野中

多方多终端协作

HiLeia3的多人通信支持一对多、多对一、多对多等各种场景，且用户可自由选择接入通信的终端设备类型

高清音视频通话

720P高清视频、高保真语音信息同步互传，低功耗、低延迟，保障超长时间的清晰通话

各类文件内容传输

支持在通信过程中传输多种类型的文件，包括文档、图片、视频等

任务记录

可直接记录、保存现场一手数据，并对任务状态进行实时跟踪，便于信息的管理与追溯

图 7-31　5G-AR 眼镜的相关功能

具体应用内容包括：

（1）实现机器人巡检的实时监控和数据回传，提升自动巡检的工作效率和后台分析能力。

（2）针对系统内数据分析判断某些间隔需要重点巡视的进行特殊巡检。

7．5G 大带宽赋能车地通信

5G 高带宽赋能车地通信，提升轨道交通的公共安全。通过 5G 大带宽网络建立车地通信的高速通路，实现列车视频高速转储和实时监控。基于 5G 的车地视频转存方案依托 5G 无线网络传输，实现车载视频监控的车地转存需求；基于可视化管理界面，支持存储统一管理功能，实现转存视频的统一管理，降低管理成本，提高管控效率。

具体应用内容包括：

（1）通过 5G 实时高清视频监控，对车厢内的各种突发事件、违法行为进行即时响应，提升轨道交通的公共安全。

（2）在车站内通过 5G 网络高速下载完整列车监控视频，供地面视频管理系统进行存储和后续的分析处理。

7.3.5　本节小结

在城市轨道交通中，5G 通信技术是推动城市轨道交通更加自动化、智能化、标准化、系统化、规范化、绿色化发展的关键技术。在城市轨道交通中应用 5G 通信技术，在一定程度上促进了城市轨道交通行业的发展，能够有效增强城市轨道交通通信的灵活性、时效性、全面性。对此，在实施创新驱动发展的战略背景下，认知 5G 通信技术，了解其在城市轨道交通中应用的可行性，并在不断的研发与实践下，促进其在交通通信系统中的应用，具有一定的重要性与必要性。

5G 技术在通信带宽、传输时延、海量物联、信息传递的可靠性和安全性等多方面有较大提升，为轨道交通提升服务流程和运维管理带来了新的发展。系统利用 5G 基站高精度定位能力，根据轨道交通的具体运营流程、服务需求及社会定位属性，实现客流预警疏导、用户出行画像、排队时长预测、交通换乘联动等地铁客流数字化、智慧化管理。通过大数据和 AI 手段提高车站旅客服务质量、扩展车站服务场景、逐步降低车站运营成本，最终建立和完善轨道交通智慧服务体系，保障城市轨道交通客流公共安全。基于 5G 技术可优化资源调度、优化系统运行效率，进一步保障城市轨道交通系统运行的安全与稳定，为城市的绿色健康发展提供坚实的基础支持。

在 5G 全面商用化、智慧城市进入下一轮发展快车道的背景下，为了促进产业逐步壮大发展，需要轨道交通产业的各参与方进一步协同促进产业的智能化升级。在这一过程中，地铁运营主体、政府机构、行业协会以及以运营商、通信服务商、软件服务供应商为代表的企业等各种角色共同参与，激活新一代信息技术在轨道交通及其运营服务中的支撑作用。

加强规范体系建设。进一步升级城市轨道交通 5G 网络及智能系统的标准化、规范化，弥补规范缺失问题，创新智慧轨道交通体系建设，强化智能系统安全。

建设地铁大数据体系。制定面向地铁运营与服务的大数据库建设标准，加强多源数据采集与共建共享，畅通信息交换渠道。

扩展智慧服务平台覆盖。在实践过程中逐渐延展智慧服务平台在车站、线路以及其他公共交通的覆盖，打通横向的数据协同；同时基于智慧服务平台，进一步推进、鼓励新一代智慧技术在智慧地铁中的应用，推动创新形态的变革。

注重信息安全管理。一方面从建设初期加强智慧地铁信息安全的顶层设计，同时构建自主可控的信息安全系统，强化对智慧地铁信息安全系统的监督管理，以保障智慧地铁安全有序和高效智能地发展。

未来智慧城市的构建，其关键要素必然包括一个智慧高效的交通运输系统。基于 5G 网络的城市轨道交通智慧运营服务体系，将在传统地铁到智慧地铁发展过程中，为智慧出行和智慧运营提供越来越多的价值应用，帮助地铁实现人员的一岗多能和减员增效，打破瓶颈，助力轨道交通行业的可持续发展。

7.4　教育专网场景

教育是社会发展进步和国家强大的关键驱动力，教育兴则国家兴，教育强则国家强。通信技术和信息技术的发展极大地推动了教育变革和创新，为构建网络化、数字化、个性化、终身化的教育体系，建设"人人皆学、处处能学、时时可学"的学习型社会提供了平台支撑和技术保障。本节将详细介绍 5G+教育行业的洞察、5G 应用场景及网络需求分析、场景化解决方案和应用案例，系统阐述 5G 如何使能智慧教育。

7.4.1　5G+教育行业洞察

教育是国家发展和社会进步的基石和原动力，对推动国民素质的提升、生产效率的提高、科技创新的发展等起到至关重要的作用。从图 7-32 可知，当前，全球各国对教育高度重视，不断投入巨大资金，争先实行教育高度优先发展的战略。欧盟 27 国公共教育支出占 GDP 的比例从 2000 年的 4.86%增加到了 2005 年的 5.03%，年均增长 0.7%；中国在 2011 年的教育经费占 GDP 的比例为 3.9%，从 2012 年开始中国教育经费在 GDP 中的占比连续 9 年保持在 4%以上，未来仍有较大的增长空间。阿联酋政府在发布的《2021 愿景》（Vision 2021）中明确指出，其教育的目的是打造 "一流的教育体系"（First-rate Education System）。

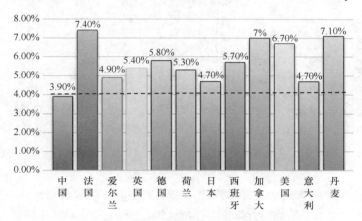

图 7-32　2011 年各国教育经费占 GDP 比例

此外，从图 7-33 可知，教育信息化市场的投资也是逐年增长，各级政府教育信息化经费不低于教育经费的 8%。目前，全球有 117 个国家和地区建立了自己的国家教育科研网（National Research and Education Network，NREN）。其中，36 个欧洲国家科研网单位和北欧 5 国的国家教科网代表单位连接了约 10 000 个研究单位以及 27 000 所中小学校，用户达 5000 万个。

总体来看，教育信息化发展已经进入 2.0 时代，普通教育学生及市场规模占比高，适合发展通用教育业务，高校投资颗粒度大，可以尝试定制化业务。教育部《教育信息化 2.0 行动计划》提出：积极推进 "互联网+教育"，坚持信息技术与教育教学深度融合的核心理念，坚持应用驱动和机制创新的基本方针，建立健全教育信息化可持续发展机制。而推动教育信息化 2.0 行动计划，就需要大力发展 5G 新基建创新应用。此外，工业和信息化部联合中央网信办、国家发展和改革委、教育部等十部门于 2021 年 7 月 12 日发布了《5G 应用 "扬帆" 行动计划（2021—2023 年）》，明确了持续发展 5G+智慧教育这一重点领域，加快 5G 教学终端设备及 AR/VR 教学数字内容的研发，结合 AR/VR、全息投影等技术实现场景化交互教学，打造沉浸式课堂。推动 5G 技术对教育专网的支撑，结合具体应用场景，研究制定网络、应用、终端等在线教育关键环节技术规范。加大 5G 在智慧课堂、全息教学、校园安防、教育管理、学生综合评价等场景的推广，提升教学、管理、科研、服务等各环节的信息化能力。5G 教育智慧发展有战略支撑，有资金扶持，诸如 AR/VR 沉浸式教学、5G+高清远程互动教学、全息课堂等发展场景正如火如荼地开展进行。5G 是校园网络的一个很好补充，通过 5G 的无线接入，可以实现灵活统一网络承载，带给学校用户更加流畅的体验。5G 不仅仅是速率的提升，更是 4G 全面的演进。2020 年新冠肺炎疫情的暴发也是教育变革的重要契机，线上教学快速发展，推进了教育信息化的发展，为远程教育、智慧课堂提供了使用和发展的基础。总体来看，政府教育战略和运营商行业发展方向一致，都着力推动和发展 5G+智慧教育。

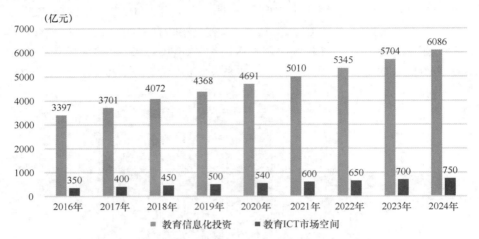

图 7-33　中国教育信息化投资及教育 ICT 市场空间变化

从图 7-34 可知，在线教育、智慧教学、平安校园是各类教育信息化发展的主要机会点和发展方向。5G+智慧教育给新基建带来了新机遇，能够解决当前教育行业资源的三大痛点。

（1）教育资源总量不足，分配不均：教学资源（教师、教学应用、系统和设备）分离，数据孤立不共享，不能互通互联。以初中为例，北京的老师与学生的比例为 7∶73，江西为 15∶85，教师资源几乎相差一倍。

（2）教学难度大，教育效率低下：课堂趣味性不足，学生难以集中注意力。部分教程教学难度大，学生难以生动理解，导致教学效率低。校园管理主要靠人，缺乏个体化教学和评估手段，教师评价依据少。

（3）家校信息不对称，校园安防隐患大：学校和家长对学生的信息获取不对称，学生安全问题存在隐患，校园监控和管理难度大；校园信息化设施陈旧，运维能力弱。

图 7-34　5G+智慧教育发展方向

《教育信息化 2.0 行动计划》提出，要大力推进"三通两平台"的建设，即宽带网络校校通、优质资源班班通、网络学习空间人人通，建设教育资源公共服务平台、教育管理公共服务平台。过去 5 年，三通两平台牵引教育信息化建设；现在，教育城域网建设为教育信息化 3.0 开路；未来，"云大物移"将教育带入智慧化阶段。我们应该探索基于信息技术的教学新模式（变单一评价为综合性多维度评价），发展基于互联网的教育服务新模式（整合线上线下资源，为各级各类教育资源和终身学习提供丰富的教育资源）和探索信息化时代的教育治理新模式（推动基于大数据的教育治理方式变革），而这三个新模式的落实，离不开 5G 技术这一中坚力量。

7.4.2　5G 应用场景及网络需求分析

国家关于新基建的相关文件明确指出，当前教育应聚焦于在线教育、智慧教学、平安校园三大模块的融合、应用和创新。各大运营商、教育机构和企业应以 5G 大网为承载，加快高清甚至超高清视频应用建设，推进 5G+智慧教育的融合创新，如图 7-35 所示，包括 5G+智慧课堂、5G+AR/VR 教室、5G+互动教学、5G+全息课堂、5G+教学质量分析、5G+学生健康评估、5G+远程教学、5G+平安校园等。另外，5G 技术也能够有效满足当前 ICT 现状及诉求。

图 7-35　5G+智慧教育应用场景

（1）网络具备广覆盖、大带宽的运行能力。

（2）AI 加持，实现智慧课堂和安防智能监控等场景落地。

（3）算力+平台双保障，边缘计算、独立软件供应商（Independent Software Vendor，ISV）等应用共享技术为 5G+智慧教育助力。

（4）安全隐私保护，构建教育专网，与其他网络隔离。

下面介绍几种典型的 5G 应用场景。

1. 5G+智慧课堂

5G 技术的出现使得课堂的教学互动更加流畅，5G 技术通过与人工智能、大数据、虚拟现实等技术进行深度融合，使得教学决策数据化、评价反馈即时化、交流互动立体化、资源推送智能化。图 7-36 是一个智慧课堂场景的示意图，该场景具有两大特点：第一个是高密度，即学生间隔小于 1 m，比其他密集场所如办公室还要密集；第二个是高并发，即教师在教学中下发小视频及图片等，全体学生需要在 1 s 内全部收到。这对网络接入和传输都提出了极高的要求。首先，智慧课堂对网络带宽有较高的诉求，如图 7-37 所示，假如同时并发

50 路 4K 视频，那么下行带宽能力需求为 50×20 Mbps=1 Gbps。其次，智慧课堂对网络稳定也有较高的要求，假如全班 50 名学生，如果网络传输耽误 1min，就是耽误全班学生 50 分钟。

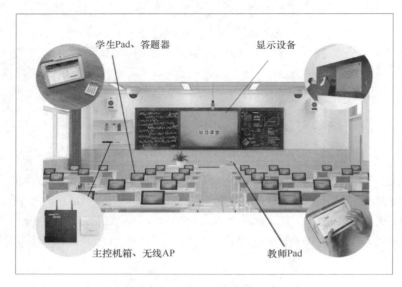

学生Pad、答题器　　　　　显示设备

主控机箱、无线AP　　　　　教师Pad

图 7-36　智慧课堂场景示意图

4K视频，20 Mbps

…… 50个Pad

图 7-37　5G+智慧课堂对大带宽的诉求示例

如图 7-38 所示，当前，运营商正与教育合作伙伴共同打造智慧课堂，形成完整的商业价值链，共同助推区域教育信息化、智慧化发展。在此商业价值链中，市/区教委作为投资主体为学校的智慧化教育建设提供资金支持，教育内容伙伴提供信息化课程内容，教育业务伙伴提供课程辅助、教学评估、AI 行为分析等智慧化教育辅助手段，运营商提供高质量的网络服务及教育应用集成服务，通信厂商提供 5G/MEC 技术支撑及 CPE/终端设备供应。

2. 5G+AR/VR 教育

5G 的大带宽以及低时延这两个核心优势使其可以将虚拟化的教学内容上传至云端并进行渲染、重构等处理，最终将处理过后的内容以音视频流的方式，通过 5G 网络实时传输到各种终端设备上，从而实现 AR/VR 云应用以及云平台。表 7-5 给出了 VR 教育对网络传输的基本需求。

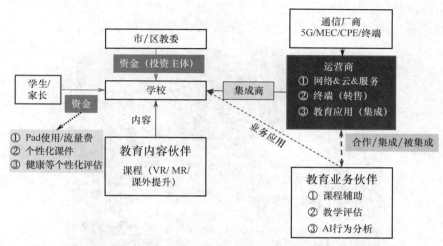

图 7-38 5G+智慧课堂：各参与方的合作模式

表 7-5 VR 沉浸式教学场景对网络传输的基本需求

场 景 需 求	网 络 需 求	
	带　宽	时　延
VR 眼镜（单眼分辨率 1600×1600 像素）	50 Mbps/学生 @DL	网络＜40 ms

通过建设虚拟实验室、三维互动课堂等虚拟现实应用平台，可以提升学生兴趣和互动体验。这种沉浸式学习的知识留存率是一般授课式教学的 5～10 倍。当前，中小学 AR/VR 课程已小具规模，共计 1000 多节教育课程内容，涵盖小学、初中、高中各年级学段。5G+AR/VR 教育应用场景示例如图 7-39 所示。

3. 5G+互动教学

5G 互动教学是指将传统课堂中的各种软硬件模块进行 5G 化处理，以高速、大带宽、低延迟的 5G 网络为载体，可以避免传统有线网络、Wi-Fi 网络和蓝牙等载体的卡顿、可扩展性差的问题。从而给师生带来更快、更流畅的教学和学习体验。根据运营商和某 AI 企业 ISV 测试，互动教学课堂的实际网络基本需求情况见表 7-6。

杭州采实教育5G+VR空中课堂

中国科学技术馆云 AR/VR平台交互式体验

图 7-39 5G+AR/VR 教育应用场景示例

表 7-6 互动教学课堂对网络传输的基本需求

场 景 需 求	网 络 要 求	
	带　宽	时　延
5G 大屏 + 5G Pad（50 个）	500 Mbps @ DL 100 Mbps @ UL	网络＜100 ms

图 7-40 展示了一个互动教学教室的基本配置，教师使用交互大屏授课，并与学生通过智能平板进行互动教学。通过 5G+互动教学，能够提升课堂教学效率，也有助于提升教学效果；学生可以及时与老师互动答疑，使用更丰富的多媒体教学课件。对于学校而言，这种互动教学、智能化应用辅助学习的方式可以提升学校知名度，便于教学管理。

图 7-40   5G+互动教学应用场景示例

4．5G+全息课堂

5G+全息课堂实现了优质教育资源的远程分配，为解决我国教育资源分配不均探索出了一种全新的解决方案。全息课堂的出现，使得名校课程的覆盖范围更广，让名人能够在千里之外发表演说，用信息流动代替人员流动。

表 7-7 给出了远程全息课堂对网络传输的基本需求。基于 5G 超过百兆的传输速率以及低至几十毫秒的时延，可以实现 AR/VR 应用以及音视频流等依托于较大带宽量内容的低时延传播，从而进一步达成 5G+全息投影技术的广泛覆盖，使师生享受一对多、多对一、多对多的全息课堂远程教学模式。图 7-41 展示了一个 5G+全息课堂应用场景示例，位于福建的老师通过直播设备进行远程授课，并在武汉某中学的课堂上通过全息影像输出，实现了课堂全息异地互动。

表 7-7   远程全息课堂对网络传输的基本需求

业 务 名 称	通 信 需 求		
	上行速率	下行速率	时　　延
远程全息课堂	80 Mbps	80 Mbps	网络<100 ms

5．5G+教学质量分析

传统场景下的教学质量分析由于受到带宽以及传输速度等因素的限制，只能通过单一形式完成数据的采集，而 5G 网络凭借其高带宽、低时延的特性为教学质量分析提供了新的可能性。表 7-8 给出了数字化智能教学评估对网络传输的基本需求。图 7-42 展示了一个 5G+

教学质量分析应用场景示例。通过在教室中安装高清摄像头，对学生及老师状态进行采集及 AI 分析，实现对授课质量的智能评估，以及对学生学习状态的采集评估，并一键生成个性化学情分析报告。

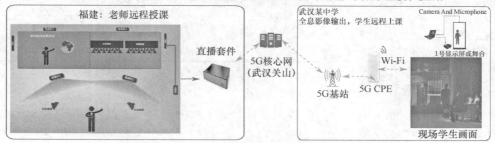

图 7-41　5G+全息课堂应用场景示例

表 7-8　数字化智能教学评估对网络传输的基本需求

场景需求	网络要求	
	带　宽	时　延
高清摄像头实时上传（2～4 个）	15～30 Mbps @ UL	无

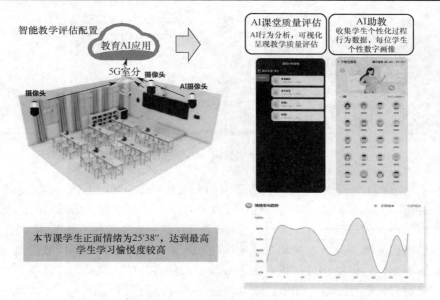

图 7-42　5G+教学质量分析应用场景示例

6．5G+学生健康评估

依托 5G 的低时延、高速率以及物联网的低能耗等特性，可以通过窄带物联网（Narrow Band Internet of Things，NB-IoT）技术实现全校的物联网广覆盖，边缘计算实现数据汇总与分发，网络切片技术确保数据安全，进而可以实现一个完备的学生健康评估系统。表 7-9 给出了学生健康评估场景对网络传输的基本需求。如图 7-43 所示，基于课堂内部署的 AI 摄像头所采集的数据，通过坐姿分析、近视风险分析等手段，能够对学生的不良健康风险进行监测，向家长推送学生在校数据，让学校对学生有一个更好的呵护管理。

表 7-9　学生健康评估场景对网络传输的基本需求

场 景 需 求	网 络 要 求	
	带　宽	时　延
高清摄像头实时上传（2～4 个）	15～30 Mbps @ UL	无

7．5G+远程教学

当前，中国有 20 多万所乡村学校，乡村教学点教师数量少、课程开设不齐、偏远地区教学质量差、教育资源不均衡的现象普遍存在。远程教育的出现能够给乡村学校带来师资和课程上的极大补充，让学生得到更好更丰富的教育，对国家的教育发展具有重大意义。因此，远程教育是普通教育发展的必然趋势和要求。

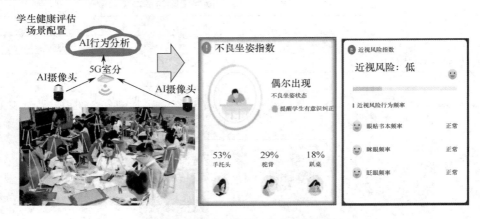

图 7-43　5G+学生健康评估应用场景示例

针对现有远程教育所采用的有线网络及 Wi-Fi 网络存在的延迟卡顿、不稳定等问题，5G 网络以其低时延、大带宽、高可靠的特性，可以提供高清视频直播、低时延的远程交互等服务，真正实现沉浸式的远程教育。表 7-10 给出了远程教学对网络的基本需求。图 7-44 展示了一个典型的远程同步课堂方案架构。该架构包括主讲教室、分布式远程教学点、互动教学平台以及云服务器等，可以实现一场多人、多教室共同参与的"双师"互动课堂，同时，双师课堂支持公有云、私有云混合部署，既可以满足私有云的安全要求，又可以通过公有云实现与区域外名校共享教育资源。

表 7-10　远程课堂对网络传输的基本需求

业 务 名 称	通 信 需 求		
	上 行 速 率	下 行 速 率	时　延
基于 4K 高清的"双师"互动课堂	40 Mbps	40 Mbps	100 ms

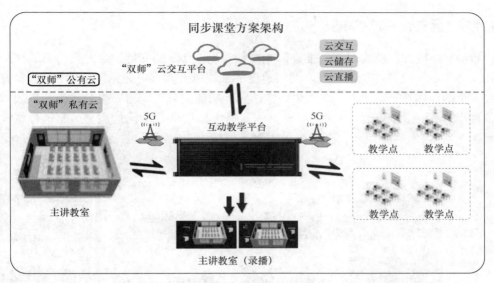

图 7-44　5G+远程教学应用场景示例

8. 5G+平安校园

当前，国家和社会都非常关心校园安全问题，校园师生之间和校外不良人员之间的安全冲突时有发生，而传统的技术手段以人防为主，缺乏安全预警机制，无法保持 24 小时监管。5G+平安校园能够弥补传统技术手段的不足，实现对校园安全隐患排查的常态化、智能化、人性化。

通过 5G 的大带宽接入，可以实现校园各角落高清监控视频的实时切换查看；通过边缘 MEC 平台和 AI 相结合，可以实现对监控视频的智能分析以及各种异常事件的识别；通过 5G 网络融合云端机器人，可以实现校内 24 小时无死角巡逻，节省安保人力的同时增加安全保障。图 7-45 展示了几个 5G+平安校园应用场景示例。

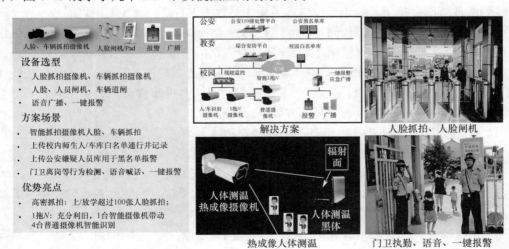

图 7-45　5G+平安校园应用场景示例

7.4.3　场景化解决方案

随着"5G+教育"模式的深入推进，教育行业也在 5G 的支持下焕发出了新的光彩。同 4G 相比，5G 网络设备性能的提升，网络速度的加快以及网络时延的降低使得 5G 具有高速率、大容量的鲜明特征。要使 5G 以这些特性充分赋能教育，则需要整合各类智能技术，落地到各种潜在的应用场景，为师生及校内外管理人员提供智能化的服务。5G+智慧教育场景化解决方案如图 7-46 所示。接下来，结合一些具体的应用场景，给出相应的场景化解决方案。

图 7-46　5G+智慧教育场景化解决方案

7.4.3.1　5G 教育专网

传统的教育网会把学习局限在校内，而如今通过 5G 的助力，我们可以通过一张 5G 教育专网，来覆盖校内、校外、校间全场景。如图 7-48 所示，通过一张核心骨干网来连接校内、校外、校间和家庭，通过区域边缘云来实现流媒体、VR 分发和视频分析，从而最终实现校内的智慧课堂、VR/AR 教室、多媒体教学、健康监测、平安校园和 AI 评价，校间（分校和下级学校）的 4K、全息直播，校外和家庭的网课、多媒体教学。这套 5G+云智慧教育整体组网方案又可划分为以下五个具体方案。

（1）无线部署方案：在室内场景中，通过在教室部署皮基站（pRRU）来满足摄像头/学生 Pad/大屏等终端的 5G 接入。在室外场景中，则通过宏站提供 5G 接入。

（2）承载网部署方案：与大网承载网共享，通过 FlexE 切片进行业务隔离。

（3）核心网部署方案：MEC 下沉部署在教学集团/教委位置，实现多所学校共享。多所学校基于同一平台共享教学资源，便于快速推广和应用教学资源。

（4）MEC 平台部署：专属 MEC 平台部署在网络边缘，数据不出校园/学区，实现本地流量卸载，满足 VR/安防等低时延场景需求。

（5）应用部署方案：VR 教学/双师课堂/视频 AI 等创新类应用基于 MEC 平台部署，传统办公类应用可利用现有服务器直接对接。AI 类应用基于云边协同架构，算法在公有云上训练，在边缘 MEC 上执行推理，AI 分析结果后从 MEC 跟云上同步。

5G 教育专网场景化解决方案示例如图 7-47 所示，通过这样一张全面的 5G 教育专网，可以充分提升教育行业的方案竞争力，从而构筑"产学研"5G+云教育的行业生态。具体来说，可以在以下不同场景中实现相应的目标。

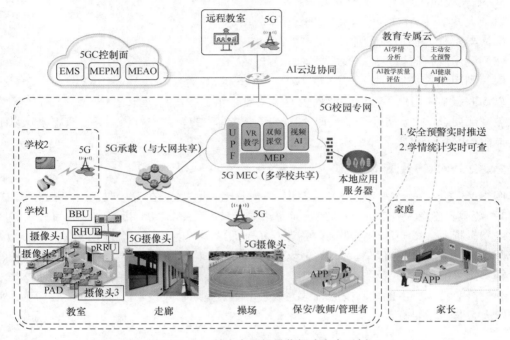

图 7-47　5G 教育专网场景化解决方案示例

1．5G+智慧课堂

借助 5G、虚拟仿真、VR/MR、AI 等技术增加课堂趣味性和沉浸式体验，同时可以提供个性化施教、教师评估、学生状态评估等功能。

5G 智慧课堂应满足以下技术要求：

（1）课堂 VR/MR 教学体验。

（2）智慧课堂管理和视频分析。

（3）AI 学情分析和评估手段。

（4）知识点智能分析。

2．5G+互动教学

通过 5G 平板等终端设备并基于立体化教学平台，实现师生超高清实时互动、校园高清视频会议等。此外，通过推送高清多媒体内容，可以形象化教学，提高教学质量和效率。

推动 5G 互动教学，需要与平台和提供商进行合作。

（1）快速构建平台级播放渠道。

（2）引入上线合作伙伴——服务提供商（Service Provider，SP）。

（3）推介教育资源内容资源——内容提供商（Content Provider，CP）。

3．5G+平安校园

通过 5G 摄像机和巡检机器人等进行实时监测和取证，并通过 5G 网络将 4K 高清监测画面实时回传分析，提供可视、可控、可管的校园一体化智慧安防。

5G 平安校园应满足以下技术要求：

（1）突发事件 AI 主动预警、实时干预。

（2）异常行为识别、体温监测。

（3）利用现网监控设施、保护投资。

（4）利用无人机、机器人等实现 360°立体式巡检。

以 5G+云+AI 为抓手，聚合业界企业，共建合作生态，共同打造客户欢迎的教育产品，响应教育部要求的"无处不在、无时不在、家校共育"的教育类普惠服务。接下来从以上三个具体的校园场景出发，介绍相对应的解决方案。

7.4.3.2 5G+智慧课堂

图 7-48 展示了一个典型的 5G 智慧课堂场景化解决方案。在智慧课堂这一场景中，基于"1533"智慧教学解决方案，可以有效提高课堂质量。其中，"1"指一个核心目标，即因材施教；"5"指五大核心应用，即高效备课、精准教学、智能评阅、个性化学习、智能管理；第一个"3"指三大服务保障，即服务运营保障"用起来"、AI 教育学院助力"用得好"、全国优秀案例"能引领"；第二个"3"指三大基础支撑，即教育行业专家、教育行业大数据、全球领先核心技术。由此，以精准教学为核心，体系化地解决教学过程中的核心痛点，实现下列四大智慧教学目标。

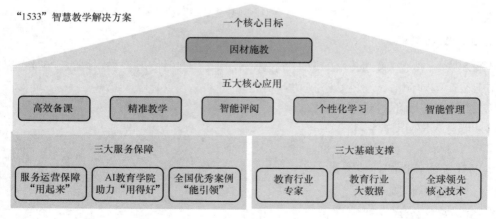

图 7-48 5G 智慧课堂场景化解决方案示例

1．高效备课

在传统场景下，教师无法完整掌握学情，进行有针对性的教学设计，同时海量教学资源也难以系统地进行查找。而在 5G 场景下，学情可视化报告可以实时采集学生课堂互动作业结果，为教师提供科学的、精准的支撑；备课知识图谱则可以对教学资源进行精准标注和智能推荐，以解决海量素材难找的问题。

2．精准教学

在传统场景下，当教学内容较为抽象时，不同学生接受程度不一样，教师难以判断学生的掌握程度。而在 5G 场景下，可以通过 5G 平板电脑实现师生教学实时互动，包括答题互动和随堂作业等，也可以通过推送高清多媒体内容形象化教学内容，从而达到立体化课堂互动。

3．智能评阅

在传统场景下，教师批改作业的负担较重，需要耗费大量时间精力，且最终结果无法数据化。在 5G 场景下，可以通过 OCR 技术来实现作业的机器智能评阅，大大减少了教师批改作业的时间。

4．个性化作业

在传统场景下，常常会存在作业负担过重，千人一面且大部分是无效训练的问题。而在 5G 场景下，可以根据学生学习反馈生成个性化作业，错题强化训练、个性化提升方案，大大减少作业负担。

7.4.3.3　5G+互动教学

图 7-49 展示了一个典型的 5G 互动教学场景化解决方案。在互动教学这一场景中，教师通常会使用交互大屏授课与学生智能平板电脑互动教学，同时辅以网络备课、多屏互动教学、课后个性辅导、重点回放等教学手段，以达成细粒度的精准教学，带来全新的教学体验。对于学生来说，便于及时与老师互动答疑，使用更丰富的多媒体教学课件，实现智能化应用辅助教学。对于学校来说，可以简化教学管理，提升学校知名度等。通常，5G+互动教学解决方案由智能终端和 5G 室分两部分组成。

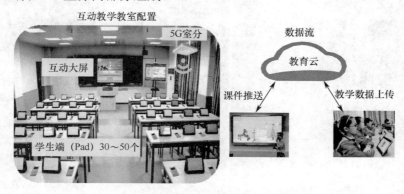

图 7-49　5G 互动教学场景化解决方案示例

1．智能终端

教师与学生的互动自然离不开各种各样的智能终端。交互式白板（Interactive White Board）可以通过手势控制、自由书写/保存、随意批注来实现自由板书，支持笔记本、Pad、手机等多类型终端的无线投屏来实现师生间思想的自由分享，再加上控制面板、模块化智慧管理主机、电子班牌、互动教学协调器和视频会议终端等，可以最终达成一个互动性极高的课堂。

2．5G 室分

基于 5G 的室内划分，其每秒千兆位（Gbps）的容量使能全连接智慧教室，具体来看有以下三大优势。

（1）易部署，单个 BBU 可支持上百个 pRRU，而一栋教学楼仅需部署一个 BBU。

（2）大带宽，下行 1.4 Gbps 和上行 109 Mbps 可满足全班学生每人 20 Mbps 以上速率加上大屏和摄像头接入，同时通过改变时隙配比以调节上下行速率可以满足 VR 场景的带宽需求。

（3）节能环保，其发射功率低、无辐射担忧，同时能够实现人走灯灭，AI 节能。

7.4.3.4   5G+平安校园

近年来，社会各界非常关注校园安全，同时也让我们意识到了传统安全技术手段中的不足。在校园场景下，通过 5G 与 AI 相结合，实现 360°的可移动监控，才能实现平安校园需求。图 7-50 展示了一个典型的 5G 平安校园场景化解决方案。通常来说，该场景化解决方案主要关注以下四个方面的内容。

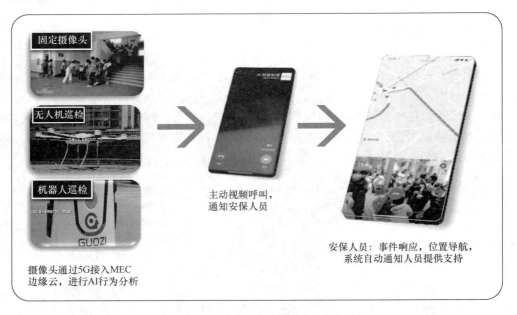

图 7-50   5G 平安校园场景化解决方案示例

1．校园出入口安防、人车黑/白名单比对、报警联动

通过人脸、车辆抓拍人脸、车辆，上传校内师生白名单用于通行和记录，上传公安嫌疑人员库用于黑名单报警，对门卫离岗等行为进行检测，实现语音喊话、一键报警。

2．在校园周界进行越界、入侵侦测，全结构数据记录

在学校周边部署红外智能周界行为分析摄像机，对越界、入侵行为告警联动；在校园周

边道路部署全结构化摄像机，用于人/车大数据记录。

3．明厨亮灶，图像宽动态、智能行为监测记录

在重点烹饪区对厨师进行不带厨师帽等行为的检测，并将信息公开，同时在食堂就餐区进行动态巡视。

4．实现防疫+巡检机器人自动化可遥控

智能机器人实现 360° 地面全天候巡检，综合智能安防平台实现自主绕障、自主充电、火灾预警、异常告警联动和智能环境感知等。同时针对疫情实现智能机器人的人体测温、全自动消毒喷洒、人员佩戴口罩检测和安全巡检等功能。

7.4.4　应用案例

5G 作为极具潜力的一项技术，已经受到了市场的重点关注，大量资源和资本的投入使 5G 相关应用进入了快速发展的阶段，而教育作为其中一大应用场景，目前已经有了很多成功的应用案例。

1．主动安防

如图 7-51 所示，南京某中学联合南京某通信运营商通过部署 MEC 节点（UPF+MEP）、5G 4K 摄像机等实现了一个 AI 主动安防视频分析平台，通过采集 30 路视频流，实现了对聚众、闯入、可疑停留、打架、翻越围栏、离岗等的主动安防预警。该中学通过该创新项目的部署，成功实现了基于 5G+AI 的主动式安防。

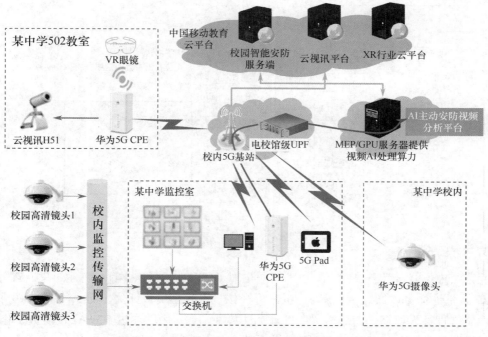

图 7-51　南京某中学 "5G+AI 主动式安防" 示例

该"5G+AI 主动安防"的解决方案同样也在其他省市得到了应用部署，如图 7-52 所示。

图 7-52　武汉市光谷区某小学"5G+AI 主动式安防"示例

2．智慧课堂

如图 7-53 所示，某运营商联合 AI 企业，通过 CMNet、PTN、IPRAN 承载网和 5G MEC 的业务组网，在天津部署了本地智慧课堂业务以及公有云智慧课堂业务，实现了随时随地地互动式教学、智慧辅助教学，带来了全新的教学体验。此外，5G 网络实现了组网技术的统一，学校不再需要部署多种网络，大大简化了网络管理和运维，同时也给学校用户带来了更快、更好、更流畅的网络体验。

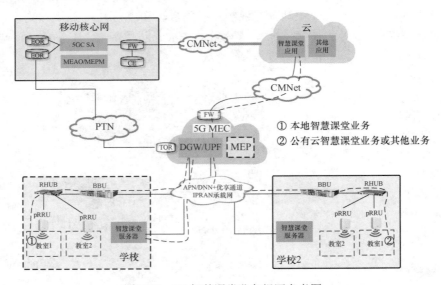

图 7-53　5G 智慧课堂业务组网参考图

3．智慧课评

北京某中学联合运营商和 AI 技术企业实现了"5G+智慧课堂评价"。如图 7-54 所示，AI 课堂质量评估可以通过 AI 行为分析，可视化呈现教学质量评估，而 AI 助教则可收集学生个性化过程行为数据，为每位学生进行个性数字画像。由此通过 5G+AI 使能数字化评估，提供学校课堂教学助手，推进学校特色化教学。

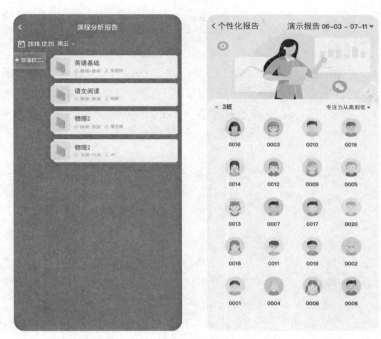

图 7-54　北京某中学"5G+智慧课堂评价"示例

4．VR 教学

苏州某运营商集团通过 5G 与 VR 结合的泛教学业务实现了图 7-55 所示的 5G+电教馆应用，该项目落地在苏州电教馆和 3 所标杆中学，通过建设 5G+教育专网、VR 实验室、VR 音乐大师课等应用，该项目已被评定为某运营商集团级 5G 龙头项目，并被授牌"全国 5G 智慧教育示范区"。

图 7-55　5G+电教馆应用示例

7.4.5　本节小结

教育作为国家高度重视的领域，一直保持着大量的资本投入来推动其发展。现如今，伴随着信息时代的浪潮，传统教育方式中的缺陷也日益凸显。而 5G 作为对校园网络的一个很好补充，可以解决传统 Wi-Fi 存在的容量小、覆盖不稳定、时延高和移动性差等问题，充分赋能智慧教育，进一步推动教育在新时代的发展。从智慧教育产业链的角度来看，上游建设主体分为软件商、硬件厂商和内容提供商，三大主体用四个维度的产品来支撑智慧教育的建设，即校园 IT 基础设施、互动教学硬件设备、信息化平台及软件、线上内容资源；通过软件、硬件和内容的整合构成了智慧教育行业：智慧校园、智慧课堂教学、在线教育。以这三大业务为市场切入点，围绕 5G+MEC+AI 的新基建架构，打造 5G 智慧教育核心产品，牵引行业标准，孵化新的 5GtoB 产业市场，方可跳出旧红海，打造新赛道。

通过本节的学习，读者可以了解 5G+教育行业的现状及未来发展方向，熟悉 5G+教育的应用场景及对网络的需求，理解 5G+教育的各种场景化解决方案。

7.5　医疗专网场景

7.5.1　5G+医疗行业洞察

从每个医疗单位内部来讲，数字化医疗和办公也是医疗行业发展的题中之义。打通各个医疗环节之间的数据屏障，实现数据互联互通是目前数字化医院的发展方向之一。例如，数字化医院里，病人的检查结果和数据将直接分享到各相关单位和医护人员的终端设备上，相关责任医生可以通过终端自动下发治疗方案。在数字化网络的支撑下，未来医院还可以普及可穿戴的人体检测设备，实时监测病人体征，并将数据传输到医护人员终端，实现全天候的有效监护，避免抢救不及时等诸多事故。作为数字化平台的一部分，医疗导诊机器人还可以节约人力资源，实现更加高效准确的诊前导诊服务。

更进一步分析，基于我国国情，我国社会人口老龄化的大潮即将到来，这无疑是对我国医疗体系的重大考验；随着我国工业化、城镇化进程加快，经济发展水平不断提高，我国居民的医疗服务需求标准也不断提高，我国居民的疾病谱正在不断地发生变化，目前的医疗体系远远不能满足未来我国社会的需要。

综上所述，目前，我国社会迫切需要更加高效、精准的医疗健康服务。而远程医疗、数字医疗是现有医疗人才和医疗资源的倍增器，将主导未来新型医疗体系的发展，是我国未来医疗行业发展的必由之路。互联网、人工智能、大数据等数字技术作为提升医疗健康服务水平的有效技术手段备受大家重视，而这一切都将产生海量的数据传输需求，例如实时高清视频传输等，这就要求通信手段具有超大带宽，同时，医疗服务因其自身特殊性还需要通信服务具有稳定的服务质量以及极低的通信时延。

5G 理论下行速率为 20 Gbps。在设计理念上，5G 侧重于向万物互联发展，与侧重于移动宽带业务的 4G 相比，5G 的业务场景更多，网络的能力也不局限于上下行速率、可以同时保证高速率、低时延、大连接和可靠服务质量；从物理实现上来说，5G 在传统通信技术的点到点物理传输的基础上，引入新的无线传输技术，实现包含多用户的区域网络的构建，极大地提高了通信网络的传输性能。5G 拥有数倍于 4G 的峰值速率和低时延，可满足于移动环境下远程超声的诊断以及高清影像数据的实时传输和共享，5G 可以满足超大连接的支持能力，保证医疗设备的多终端设备的接入，同时 5G 的毫秒级时延能力，可以支持医生远程协助操纵机械臂进行各类检查。5G 的种种特性可以很好地满足医疗行业的需求。

因此，5G 是未来医疗不可缺少的技术。随着 5G 快速发展，远程会诊、远程超声、智能医疗机器人等技术已经逐步走入了现实，并证明了自己在临床实践中的价值，在未来必定会极大地改变目前的医疗体系结构，使我们有效的医疗资源能够更高效地服务社会。

7.5.2　场景及网络需求分析

医疗场景可以分为院内、院间和院外三大部分，下面从院内数据采集监测分析、院间视频辅助诊断与控制和院外 AI+移动诊疗三个方面进行介绍。

（1）院内数据采集监测分析：就院内场景而言，5G 主要助力影像/检验设备互联互通的实现，通过设备数据一体化，支撑医生远程查房、远程监护、新生儿探视等业务。从其安全隐私需求来讲，医疗业务需要与公众上网业务隔离，做到医疗数据不出医院；从传输能力来讲，云医疗服务需要大带宽支持，例如，做到 3 s 内下载一张 CT 或核磁图片（约 800 MB），医疗服务的精密性和实时性又要求网络具有低时延的特性，如音视频业务需要做到互动时延小于 50 ms。

尽管业务要求较高，但其产生的社会和商业价值是巨大的。以一家普通的三甲医院为例，其日门诊数量一般可以达到数万人次，90%门诊需要医疗设备检查，通过云服务节省医院有限的医疗资源是各医疗机构长久以来的诉求；通过机器人 AI 导医取代人工（3～4 人/三甲医院），可以有效地提高分诊效率和缺乏专业水准导致的误分诊，且机器人每天 7×24 小时工作，有效解决了人力有限的问题。

（2）院间视频辅助诊断与控制：实现院间的云端互联，可以实现区域医疗协同，帮助优质医疗资源下沉到基层。通过远程问诊、远程手术等远程医疗手段，使得基层医疗机构的患者也能享受到优质的医疗资源，改善基层患者的康复情况。院间通信往往需要我们提供专用通信通道，同时对时延和带宽也提出了较高的要求，一般需要保证音视频业务带宽约 30 Mbps，时延小于 50 ms，对于远程超声等控制类，则要求业务时延小于 20 ms。

目前，我国的三甲医院通常会与大量中基层医疗机构进行医疗业务合作，从而形成规模较大的医联体，打通医联体中各个节点，实现医疗资源的共享，改变我国目前的医疗资源配比情况，这将具有深远的社会影响和商业价值。

（3）院外 AI+移动诊疗：院外场景主要涉及移动急救和危重转院，因此具有灵活性的特点，需要承载网络能够及时为移动救护提供临时性专用管道，保障 SLA。通常网络需要满足音视频+移动医疗设备数据回传带宽约 400 Mbps，时延小于 50 ms 的性能。

目前，救护车数量较多，若能实现移动救护的智能化和云化，做到急救前置，这将避免许多延误病情的情况发生，提高急救成功率。

医疗机构对网络需求较为复杂，除院内、院间、院外三大场景的场景差异外，网络需求还可分为长时间占用和临时突发需求，但不管哪种场景都需要保障网络的高安全和高可靠。医疗机构对于网络的需求主要包括：

（1）数据安全隔离。实现医疗专网与公众用户网络安全隔离，能够很好地契合医疗行业用户对 5G 医疗专网性能和安全的诉求。

（2）网络带宽动态适配。根据不同时段各区域流量对带宽的不同需求，通过设置动态分配带宽，提取空闲部门的闲置带宽，将其分配至流量需求量大的部门，精确分配资源，使资源的利用效率最大化。

（3）网络性能动态调配。提供不同服务等级的保障，包括带宽、时延、抖动、丢包率、安全性、可靠性等。通过网络管理平台实现 SLA 可管、可控、可视和可承诺。

（4）较高的可部署性和可复制性。用于各类医疗场景需求，可进行快速部署和实施。

（5）可靠网络承载复杂应用场景。全面赋能院前急救、远程医疗、医院管理三类场景，提供安全、可靠、灵活的网络保障。

5G 医疗专网是面向医疗行业客户的 5G 网络，即医疗行业客户享受不同程度的专建、专享、专运、专维。利用网络切片技术为行业用户分配端到端（无线、传输、核心）的网络资源并实现网络隔离，通过 5G 网络物理资源的下沉根据行业应用进行的定制化网络部署，实现本地业务数据的卸载、分流与隔离。5G 医疗专网的能力需求如下。

（1）覆盖佳。根据园区实际情况差异化部署，考虑室内、室外，宏微协同，确保无缝覆盖。

（2）速率高。支持高达 1 Gbps 的用户体验速率，数十 Gbps 的用户峰值速率。

（3）容量高。和大网独立载频/共享载频；支持超密集组网，达到 LTE 的 10～100 倍容量；流量密度至少可以达到 Tbps/km^2 级别。

（4）更灵活。灵活分配时隙配比，支持上下行速率不对称的差异化配置。

（5）大连接。eMBB 支持 200～2500/km^2 的连接密度；mMTC 则支持高密度的海量设备连接（至少支持 10^6 连接/km^2）。

（6）无缝切换。精细优化，实现各种场景（室内外、专网、广域网等）的连续切换和平滑过渡。

7.5.3　场景化解决方案

5G 智慧医疗解决方案涉及院内、院间、院内三大场景。三大医疗场景对于 5G 网络有着数据不出院区、连接可靠、类光纤性能、准确定位的需求，针对以上需求，对 5G 智慧医疗整体组网方案进行设计。

1. 整体组网框架图

5G 智慧医联网整体组网结构如图 7-56 所示。

对于院内场景，医疗业务数据需要与公众上网业务隔离，其中，医疗数据只在医院内部传输。对于院间场景，医疗业务与公网隔离，需要承载提供专用管道。对于院外场景，医疗业务需承载为移动救护提供临时专用管道，保障 SLA。

在 5G 智慧医联网整体组网中，三甲医院与下级医院间通过专享通道，经核心网医疗切片和医疗平台实现互联；基层室、所机构及救护车通过优享通道，经核心网医疗切片和医疗平台实现互联互通。

其中，医疗切片示意如图 7-57 所示。

（1）无线（专享/优享）：院内考虑 RB 资源预留硬隔离；院间和院外考虑 5QI 优先级调度软隔离。

（2）传输（专享）：考虑基于 FlexE 实现 toB 用户和 toC 用户的物理隔离；叠加信道化子接口，实现小颗粒切片。

（3）核心网（尊享）：和会话强相关的模块（SMF、UPF/MEC）考虑为医院独立建设；

和会话本身不相关的模块（AMF、SDM、PCF）考虑复用大网资源，降低管理难度、节省投资成本，让用户获得至尊般的享受。

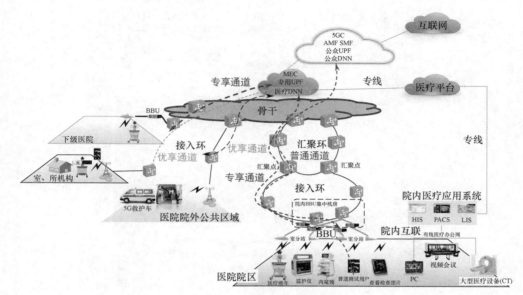

图 7-56 5G 智慧医联网整体组网

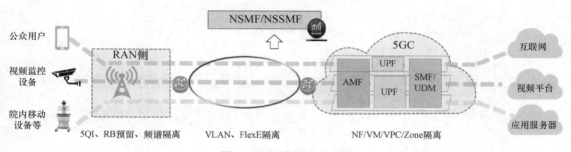

图 7-57 医疗切片示意图

2．接入网方案

根据医疗场景选择适合部署的基站：室外场景采用宏站，室内应用场景采用数字化室内分布系统，确保业务应用场景接收基站信号强度满足业务的需求。

基站规模需根据医院覆盖区域面积和带宽需求进行规划；园区内基站通过地市传输网与运营商核心网进行连接，核心网与园区内的基站进行信令交互，管理控制园区内 5G 设备。院内和院外的接入网方案如图 7-58 和图 7-59 所示。

3．传输方案

优享、专享通道匹配医疗全场景承载需求如图 7-60 所示。

（1）专享通道：提供全时专用宽带的硬件隔离的硬管道，承载时延要求高并且可付费的业务。

（2）优享通道：提供临时性弹性带宽的硬管道，承载有临时提速需求并且可付费的业务。

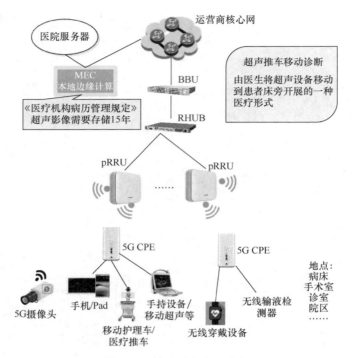

图 7-58　接入网方案：院内

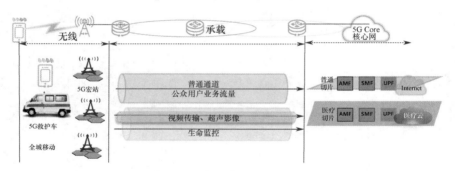

图 7-59　接入网方案：院外

图 7-60　各通道特性和承载需求

（3）普通通道：提供尽力而为的普通管道，承载无付费的普通业务。

为了保障类似远程 B 超中确定性的时延要求，引入 FlexE 硬切片技术，将一张物理网络切片成多个逻辑切片网络，把相关医疗业务单独承载在一个切片网络上，资源独享，确保医院的业务不会受到网络上其他流量影响，达到相关医疗业务对时延和带宽的要求，从接入层到汇聚核心端到端基于 FlexE 的网络切片，确保相关医疗业务中的时延和带宽要求，提高医护人员的工作效率。

下面介绍设备线路侧 FlexE 端口划分硬隔离切片。

（1）分别将接入、汇聚、核心设备的线路侧 FlexE 端口分割成 3 个子接口，如图 7-61 所示。

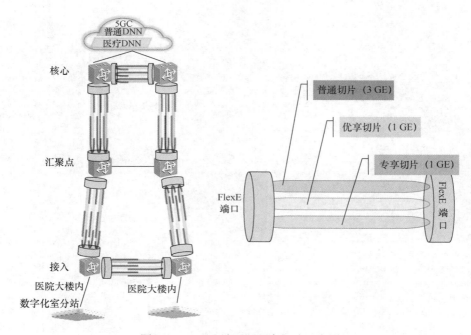

图 7-61　FlexE 端口硬隔离切片示意图

（2）优享切片和专享切片带宽分别为 1 GE，普通切片带宽为 3 GE。

（3）核心 NPE 互联链路上的优享切片和专享切片带宽分别为 2 GE。

（4）每个切片端口均配置独立 IP 地址并加入 IGP 实例中。

VRF 部署以及与隧道的绑定关系。

（1）分别在核心网和医院楼内站点部署服务垂直行业的 L3VPN 实例 VRF2B，以及服务于普通互联网用户的 L3VPN 实例 VRF2C，如图 7-62 所示。

（2）在医院楼内站点部署服务于普通互联网用户的 L3VPN 实例 VRF2C。

（3）VRF2B 绑定专享隧道（工作&保护），VRF2C 绑定优享隧道（工作&保护）和普通隧道（工作&保护）。

4．核心网&MEC

用户面功能（User Plane Function，UPF）是 3GPP 5G 核心网系统架构的重要组成部分，主要负责 5G 核心网用户面数据包的路由和转发相关功能。UPF 在 5G 面向低时延、大带宽的边缘计算和网络切片技术上发挥着举足轻重的作用。UPF 作为 5G 网络和多接入边缘计算（Multi-Access Edge Computing，MEC）之间的连接锚点，所有核心网数据必须经过 UPF 转发，才能流向外部网络；而 MEC 是 5G 业务应用的标志能力。

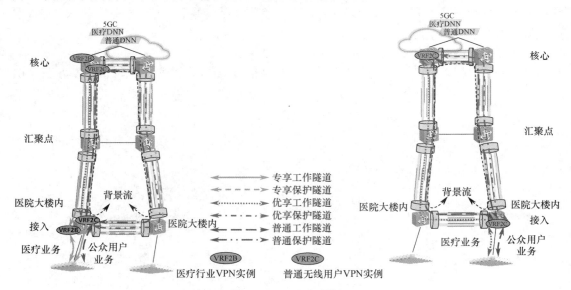

图 7-62　VRF 部署图

核心网侧示意图如图 7-63 所示。

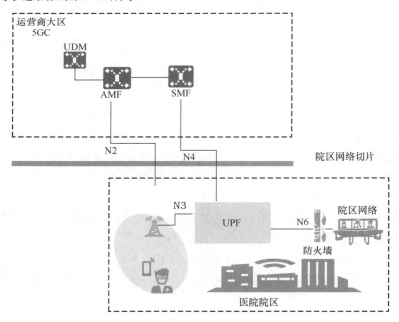

图 7-63　核心网侧示意图

核心网可分为以下两部分。

（1）控制面和管理面：负责接入运营商 5GC，包括 AMF、SMF、UDM/PCF。

（2）用户面：负责院区边缘 UPF（新建），确保院区数据保留在本地。

在该方案中，需要规划医院院区网络切片，规划独立 DNN，为院区用户基于 DNN 选择

UPF 切片网络进行业务，对业务进行本地流量卸载。下面介绍其业务流程。

（1）注册：用户申请 5G 注册请求。

（2）AMF 由 UDM 获取到 toB 用户签约信息 Subscribed-NSSAI（sNSSAI），并将该 sNSSAI（切片 ID）发送给终端，完成 5G 注册。

（3）激活：用户携带新的 DNN 和 sNSSAI（切片 ID），发起激活。AMF 与 NRF 交互并根据 sNSSAI 等信息获取 SMF 信息。

（4）AMF 选择边缘 UPF 网络切片中的 SMF。

（5）SMF 通过 DNN 选择 UPF 作为 UPF Anchor。

对于上述 5G+MEC 方案，具有以下几个优势。

1）大带宽、低时延

（1）5G 网络部署提升网络上下行带宽，为护士查房、移动阅片和病例上传带来便捷。

（2）MEC 下沉至院区部署，减少网络传输距离，降低网络传输时延。

2）移动性良好

在医院院区新建 5G 网络，能够覆盖门诊楼、住院楼、电梯、地下停车场等，保障了网络覆盖的连续性，如图 7-64 所示。

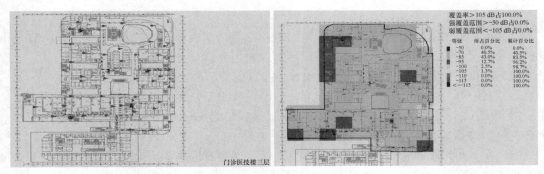

图 7-64　5G 网络院区全覆盖

3）维护成本低

（1）医院建局域网要拉专线、规划网络，需要专人维护网络；网络故障后定位效率低，一个问题需要 2～3 小时才能定位解决。

（2）5G+MEC 由运营商承建，网络维护由运营商负责，医院只需维护私有云平台。

4）数据隔离

MEC 网关下沉部署在院区，基于目的 IP 的分流技术，可将医院内部访问直接在院区闭环，数据不上公网，保障数据安全。

5. 组网安全性

如图 7-65 所示，网络安全方案侧重点在 MEC 和 SPN 设备以及企业服务器之间部署防火墙。此处 MEC 采用网络云化硬件平台 E9000H。防火墙可采用框式和盒式，防火墙框式转发时延低于 80 μs，盒式低于 15 μs，时延不会影响业务。其具体部署方案如下。

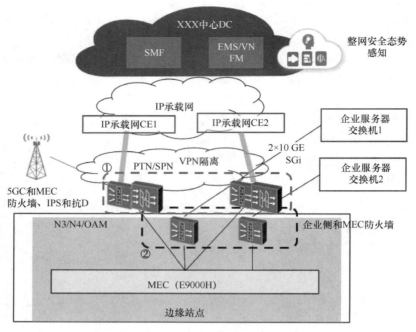

图 7-65　网络安全部署方案

（1）在 E9000H 和 SPN 设备之间，部署双机热备的防火墙，保护 N3、N4 和 OAM 的流量，虚线框①所示，信令、控制流量有限，可以采用盒式交换机。

（2）E9000H 和 SPN 设备之间部署 IPS、抗 D 保护核心网。

（3）某中心 DC 部署华为 HiSec 平台，提供所有 MEC 安全设备统一管理，简化运维。

（4）MEC 安全设备上送安全事件和特定流量到华为 HiSec 平台，进行异常行为分析，建立主动防御的安全体系，提升整个方案防御能力。

（5）在 E9000H 和企业服务器的交换机之间，部署双机热备防火墙，保护 MEC 到企业业务服务器之间的用户面 N6 流量，虚线框②所示，业务流量考虑到扩展性，建议采用框式防火墙。

7.5.4　应用案例

下面以某市某地区医联体 5G+MEC 智慧医疗案例进行介绍。自 2019 年以来，某地区医联体、A 公司、B 公司等单位联合在深圳开展 5G+智慧医疗战略合作。通过部署医联体医疗专网，在实现全区医疗机构（7 家医院、83 家社区康复中心）信息高效安全互通的基础上，率先完成 5G 远程急救、5G 远程会诊、5G 移动诊疗、5G 社康急救指导、5G 智慧病房等应用，实现该区医联体服务的远程化、移动化、信息化快速升级改造。在疫情期间，基于 5G+MEC 的医疗专网，通过床旁会诊、远程会诊、社康急救切实落实分级诊疗，助力精准疫情防控。

目前，医疗行业信息化主要面临三个方面的挑战，见表 7-11。

针对以上三大痛点，该地区 5G 智慧医疗项目以 5G MEC 和切片技术为底座，部署区域 5G 卫生专网，涵盖院内、院间、院外三大场景，可以满足医疗业务数据不外出、高带宽、低时延、灵活接入等各项需求。

表 7-11　医疗行业信息化面临的挑战

新业务提出更高的通信保障需求	数据存在泄漏风险	数据资产冻结共享难
医学视频、影像类数据对网络带宽、传输质量、传输速率、可靠性等都提出了新的要求。同时 3GPP/ITU 等多个国际标准及行业组织展开对智慧医疗场景及应用的研究，未来将有 20+新业务入驻新型医疗生态，新技术衍生的新应用对通信网络提出了更高要求	医疗信息系统采集病人大量的健康信息，如电子病历、医疗影像等，病人个人隐私和医疗数据泄露以及被篡改的风险大	由于各医疗机构的医疗信息系统标准不统一，医院内部各部门之间和跨医院之间缺乏临床信息共享和交换，医院的数据整合性不高，医院之间、医院内外健康数据不流通、共享难，医疗数据资源利用率低

该地区 5G 智慧医疗项目围绕 5G 卫生专网建立、5G 医疗行业终端研发、全场景 5G 业务创新应用等方面进行探索和实践，在高速稳定的 5G 专网环境下，实现多平台协作，打造面向移动诊疗、分级诊疗、智慧病房的 5G 全场景应用。

1. 网络：区域级 5G 卫生专网，涵盖医疗业务和公共卫生

1）区域级 5G 卫生专网

区域级 5G 卫生专网涵盖该区医联体 7 家医院和 83 个社区康复中心，创新性地设计区域级 5G 卫生专网和 MEC 共建共享。

2）公网专用

在该地医联体项目中，基于"5G 公网专用"体系架构，采用 5G+MEC+切片技术建设虚拟专网。

（1）通过"公网专用"模式，兼顾医疗行业应用与医院公众用户通信需求。

（2）具有低成本、高性能、广覆盖、安全可靠的优势。

3）MEC

MEC 是 5G 卫生专网方案中的关键使能技术，下沉的 MEC 实现医疗数据不外出，保障了低时延业务的实时交互。

4）SA 独立组网&端到端独立切片

截至 2020 年 12 月，A 公司已经建设 1.5 万个 5G 基站，实现 5G SA 独立组网全覆盖，为端到端网络切片技术的应用创造了基础条件。5G SA 端到端切片保障通信高峰期医疗业务带宽、时延的稳定，为医疗业务提供稳定的网络环境。

2. 终端：医疗推车上集成 5G 通信模组，解决 5G 医疗终端缺乏的难题

医疗推车（移动终端）植入 5G 模组。5G 医疗终端是 5G 应用落地实施的关键一环，尤其是移动医疗终端 5G 通信模块需和终端设备高度集成、一体化设计，集成 5G 模组的行业终端通常需要较长的开发、验证、集成和认证过程，且现阶段 5G 模组存在尺寸大、功耗大、行业适配度低的问题，面对以上的挑战，C 院 5G 项目组进行一系列创新性设计和探索，全国首创在医疗推车（5G 移动医生车、5G 移动护士车、5G 床边会诊车、5G 远程视频查房推车、5G 智能抢救车）的机箱主板上集成 5G 通信模组，解决 5G 医疗终端缺乏的难题，其可复制性强，具有行业示范效应和里程碑意义，一期已经实现了医疗推车 5G 模组植入，首批改造 36 台推车。当前，5G 智慧医疗设备和终端如图 7-66 所示。5G 平均下载速率 600 Mbps，房间内外都较为流畅，可在 10～20 s 内完成 500 张以上 CT 影像序列的加载，影像序列浏览顺畅。

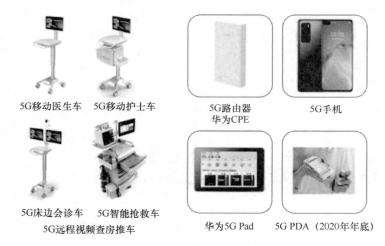

5G移动医生车　5G移动护士车　　　　5G路由器　　　5G手机
　　　　　　　　　　　　　　　　华为CPE

5G床边会诊车　5G智能抢救车　　　　华为5G Pad　　5G PDA（2020年年底）
　5G远程视频查房推车

图 7-66　5G 智慧医疗设备和终端

3．业务应用：院内、院间、院外全场景创新应用

借助 5G 广覆盖、5G 卫生专网无缝对接医院内网的便利，C 院项目一期实现 5G 家庭远程照护平台、智慧区域急救平台、远程会诊平台、智慧病房交互平台等多平台协作。

1）移动医护

通过 5G 网络，使用 5G PAD 进行每日例行查房，5G 移动医生车、5G 移动护士车在移动医护工作站上快速运行各类信息系统，让医护人员移动办公更快速、便捷。

2）智能抢救车

患者在社区康复中心需要紧急抢救时，区域互联的 5G 智能抢救车系统支持一键开启智能抢救，如果现场抢救医生需要上级医疗机构的专家指导，可直接在抢救界面发起远程抢救指导，实现医院-社康二级联动抢救，充分发挥社区康复中心就近急救功能。

3）院前急救

通过 5G 卫生专网打通院内院外网络，实现"上车即入院"的服务，患者上车即开始挂号、建档，救护车上的患者生命体征、心电图、高清视频、车辆位置等信息实时传输到医院急救指挥中心，实现"患者未到信息先到"，急诊医生第一时间了解患者情况，提前做好院内急救准备工作，院前数据对接院内预检分诊系统，提前准备院内急救绿色通道，预留床位等，减少院内检查、交接的时间，让患者得到及时救治。

4）远程会诊

专家可通过 5G 手机、5G PAD、会诊推车随时随地接入开展移动会诊、ICU/ 特殊病人床边会诊、院间远程会诊，打破时间和地点限制，照顾病人困难，提高诊断准确率和指导效率。2021 年 8 月 12 日，连线 D 医院成功进行了 ICU 床边会诊，床边会诊两端音视频沟通清晰流畅、无延时，病历、医嘱、影像、检验等数据同屏同步显示、零等待。

5）智慧病房

5G 智慧病房提供了以 5G 卫生专网对接院内内网为基础的辅助诊疗、智能护理及病房管理一体化解决方案，5G 智慧病房实现患者体征指标、输液监控等数据的实时采集、回传和监测，助力医院精益管理和效率提升。

截至 2021 年 7 月，该地区医联体 5G 智慧医疗项目在 C 医院试已经运行了 8 个月。未来，针对医疗终端全 5G 接入、公网专用切片管理系统，以及面向物联网的精准定位等应用，还将进行持续的推进与探索。

7.5.5 本节小结

在医院实现现代化、信息化的过程中，5G 智慧医联网需要考虑以下三个层面的问题：第一个层面，医疗业务的信息化，实现网络化、无纸化、无胶片办公；第二个层面，信息资源的管理，实现信息的整合、应用的整合，发挥信息化的优势；第三个层面，从服务出发，激活医疗信息化的需求，激活时空阻隔，信息充分流通共享，持续创新，满足医疗服务的不断发展。

5G 智慧医联网可分为三大业务场景：院内、院间和院外。

院内数据采集监测分析

影像/检验设备互联可以支撑智慧就诊、医生查房、患者监护、新生儿探视等业务，各类信息数据可以通过医疗云进行共享。

院间视频辅助诊断与控制

区域间的医疗协同和优质医疗资源下沉可以通过移动互联网络实现。医院分院和基层医院可以同医院总院之间进行远程超声、内镜检查、视频会诊。

院外 AI+移动诊疗

在进行移动急救和危重转院时，可以利用 5G 网络将音视频设备、多参数监护仪、心电仪等数据传输至急救中心，实现急救前置。

面对院内、院间、院外三大类 5G 医疗场景，构建智慧医疗网。在场景化解决方案和在 5G 医疗整体组网设计方案中，构建院内、院外、院间接入网。对于数据传输，按需求层次设计专享、优享、普通通道，对设备线路侧 FLexE 端口划分硬隔离切片，引入 VRF 技术。在核心网侧规划医院网络切片和独立 DNN。5G+MEC 相结合，并在上述整体组网上，部署网络安全方案。

从上述方案出发，某市某地区医联体 5G+MEC 智慧医疗基于医院的实际场景，从技术到业务实现了网、端、业三大创新，包括 5G 卫生专网建立，5G 医疗行业终端研发，覆盖院内、院间、院外的 5G 智慧医疗全场景应用等。

课后练习 7

一、判断题

7-1 采用 5G 通信的输电线路巡检无人机，可以将巡检范围扩大到数千米之外。（　　）

7-2 智能电网的配电环节会同时采用无线和有线两种网络。（　　）

7-3 5G 无法取代配电自动化中的现有光纤基础设施。（　　）

7-4 智能分布式配电自动化完整实施后，可以使故障处理级别达到分钟级。（　　）

7-5 轨道交通所用的业务模型主要是上行数据，对于列车 TCMS 数据，建议考虑 10 Mbps 的上行带宽。（　　）

7-6 轨道交通内部的生产类的业务数据，不需要做严格的数据隔离。（　　）

7-7 在对带宽需求较小的轨道交通非生产类业务中，大量非关键链接可以通过物联网卡的形式承载在 4G 网络中。（　　）

7-8 未来可以利用 5G 公专网实现地铁车辆的远程检修、机器人巡检等智慧化功能，从而有效提升检修作业的效率。（　　）

二、选择题

7-9 （单选）以下哪种技术可以让运营商在一个硬件基础设施中切分出多个虚拟的端到端网络，每个网络切片在设备、接入网、传输网和核心网方面实现逻辑隔离，适配各种类型服务并满足用户的不同需求？（　　）

　　A．网络切片技术　　　　　　　　　B．边缘计算技术

　　C．SB 技术　　　　　　　　　　　　D．NFVSDN 虚拟化技术

7-10 （多选）5G 中的三大切片是什么？（　　）

　　A．eMBB　　　　　B．URLLC　　　　　C．mMTC　　　　　D．MEC

7-11 （单选）5G 核心网切片技术，主要采用哪种网元来实现切片的选择？（　　）

　　A．NSSF　　　　　B．MANO　　　　　C．NEF　　　　　　D．NRF

7-12 （多选）5G 可以为警务行业带来哪些场景的颠覆变化？（　　）

　　A．视频布控　　　B．现场执法　　　C．移动巡逻　　　D．重大安保、应急

　　E．移动岗亭

7-13 （多选）5G 警务的网络产品可以分为哪三个等级？（　　）

　　A．专用通道（5G VPN）　　　　　　B．优先保障（5QI）

　　C．智能感知网络（AI）　　　　　　D．资源预留（RB 或切频）

7-14 （多选）以下哪些是目前移动警务场景所面临的需求与挑战？（　　）

　　A．警力资源不足，工作强度大

　　B．视频监控采集场景不完整，准确率低

　　C．现场执法不能实时回传现场画面，无法实现远程分析和指挥调度

D．无人机自带回传信道无法大范围巡逻，无授权频段易受干扰

7-15　（单选）5G 主要采用哪种制式？（　　　）

A．TDD　　　　　　　B．FDD　　　　　　C．UMTS　　　　　　D．GSM

7-16　（多选）下列哪些不属于当前教育行业所面临的痛点？（　　　）

A．教育资源总量不足，分配不均　　　B．教学难度大，教育效率低下

C．家校信息不对称，校园安防隐患　　　D．教育成本高

7-17　（多选）以下哪些属于 5G+智慧教育应用场景？（　　　）

A．5G+智慧课堂　　　　　　　　　B．5G+AR/VR 教育

C．5G+互动教学　　　　　　　　　D．5G+全息课堂

E．5G+教学质量分析　　　　　　　F．5G+学生健康评估

G．5G+远程教学　　　　　　　　　H．5G+平安校园

三、简答题

7-18　为什么说智能电网是电网发展的必然趋势？

7-19　什么是 5G 网络切片技术？5G 网络切片在智能电网中的具体应用是什么？

7-20　为什么要在城市轨道交通场景中应用 5G 等新一代信息技术？

7-21　5G 网络在轨道交通中的应用场景主要有哪些？具体是如何应用的？

7-22　现阶段的 5G 公专网有几种建设模式？请分别做简要介绍。

7-23　请描述 5G 医疗智慧医疗方案中的院外、院间、院内接入网方案。

7-24　MEC 技术的优势在哪？

7-25　本书医联体 5G 方案运用了哪些技术？解决了哪些问题？

Chapter

8

第 8 章
总结与展望

本章对历代移动通信网络发展演进过程做简单回顾，并对 5G 向 5.5G 的演进方向和技术路线进行了展望，最后介绍了 5G 的产业现状，产业各方的发展情况和方向。

课堂学习目标

- 回顾历代移动通信网络发展演进过程
- 展望 5G 到 5.5G 的演进方向
- 了解 5G 的产业情况和发展方向

Communication

8.1　通信技术迭代演进

移动通信技术的发展，是 10 年一小步，20 年一大步。1G、3G、5G 是技术上比较大的发展，而 2G 和 4G 则是 1G 和 3G 的技术改良和优化。

从技术角度看，中国经历了"1G 空白、2G 跟随、3G 突破、4G 并跑"的不断努力后，5G 实现了领先。

8.1.1　5G 全连接时代

到了 5G 时代，中国在 5G 技术、标准、产业、应用等方面显现出引领态势，而且 5G 时代通信将开始深入产业，目标是实现"5G 改变社会"。

5G 是实现人机物互联的网络基础设施。从 1G 到 2G，实现了模拟通信到数字通信的过渡，移动通信走进了千家万户；从 2G 到 3G、4G，实现了语音业务到数据业务的转变，传输速率成百倍提升，促进了移动互联网应用的普及和繁荣。5G 作为一种新型移动通信网络，其切片功能、高可靠性，可用于生产、生活诸多方面，使无线通信发生"质"的飞跃，5G 的强连接特性使各行各业可以开展更多的基于大数据、人工智能的技术创新、产品创新和商业模式创新，推动更多垂直行业的高质量发展。5G 技术将渗透到经济社会的各行业各领域，成为支撑经济社会数字化、网络化、智能化转型的关键新型基础设施。

5G 技术特性主要包括三个方面：增强移动宽带（eMBB）、超高可靠低时延通信（URLLC）和海量机器类通信（mMTC），如图 8-1 所示。增强型移动宽带主要面向移动互联网流量爆炸式增长，为移动互联网用户提供更加极致的应用体验；超高可靠低时延通信主要面向工业控制、远程医疗、自动驾驶等对时延和可靠性具有极高要求的垂直行业应用需求；海量机器类

图 8-1　5G 高速率、低时延、广连接三大场景

通信主要面向智慧城市、智能物联、环境监测等以传感和数据采集为目标的应用需求。5G+千行百业，将提升行业效率、降低运营成本，5G 将驱动行业数字化，拉动全球 GDP 增长。

8.1.2　从 5G 三角形到 5.5G 六边形

5G 走向 6G 的变革，不能一蹴而就，需要在未来 3～5 年，先演进到 5.5G。2021 年 4 月 3GPP 定义了 5G-Advanced 这个 5G 演进方向。

为了更为充分地满足千行百业的差异化需求，业界要考虑在未来 10 年，将 5G 场景"三角形"扩展成 5.5G 场景"六边形"，如图 8-2 所示，增加上行超宽带（Uplink Centric Broadband Communication，UCBC）、实时宽带交互（Real-Time Broadband Communication，RTBC）以及通信感知融合（Harmonized Communication and Sensing，HCS），从支撑万物互联到使能万物智联。

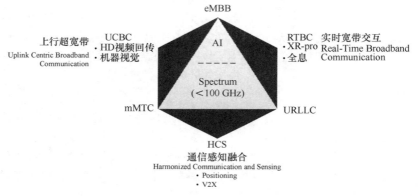

图 8-2　5.5G 场景"六边形"

为了实现 5.5G 产业愿景，5G 在上、下行体验速率，高精度定位和连接密度等能力上，需要实现 10 倍以上的能力增强。同时为了满足更多样、更复杂的场景需求，还需要在现有 5G 能力上新增感知等能力。

8.2　产业生态持续繁荣

"十四五"是我国 5G 规模化应用的关键期。5G 产业服务平台，以"优势互补、合作共赢、共同发展"的原则与合作方共同打造，通过产业政策和产业环境研究、培训赋能、测试认证、项目联创，开展垂直行业解决方案的集成和验证，探索 5G 场景化创新应用解决方案，促进相关技术的孵化，推动 5G 在各行业的标准制定和推广，推动产业链的发展与应用的推广，实现与广大合作方的互惠互利和战略共赢，为经济社会各领域的数字转型、智能升级、融合创新提供坚实支撑。

8.2.1　5G 规模化应用进入关键期

5G 既是新一轮科技革命和产业变革的代表性、引领性技术，也是赋能经济社会数字化转型的关键基础设施，具有极强溢出效应 5G 可通过稳投资、促消费、增就业、调结构等方式推动经济社会高质量发展。我国 5G 正式商用两年多以来，在党中央、国务院的决策部署下，在工业和信息化部和产业各方共同努力下，5G 网络发展、产业能力、应用创新等方面已取得全球领先的发展成就。在应用创新方面，2020 年，5GtoB 商用启航，形成大量商用实践，5G+工业互联网、5G+智慧教育、5G+智慧医疗、5G+智慧旅游等应用相继落地，5G 切片+虚拟专网+边缘计算的应用模式表现突出，5G 与新型智慧城市建设深度融合，加速催生新业态、新模式，在工厂、矿山、港口、医疗、电网、交通、安防、教育、文旅及智慧城市等十多个领域已初步形成有望规模商用的 5G 应用场景。

我国 5G 应用实践的广度、深度和技术创新性不断增加，但由于应用标准、商业模式和产业生态等方面不够成熟，现阶段仍以头部企业试点示范为主，尚未实现全行业规模化应用。目前国内 5G 已从网络建设加速步入应用创新的新阶段，关键是聚焦重点行业应用发展方向，发挥各主体协同作用，形成各行业数字化转型升级加速发展的有利态势。工业和信息化部等十部门近日联合印发的《5G 应用"扬帆"行动计划（2021—2023 年）》（下文简称《行动计划》）明确了近三年我国 5G 发展的目标，开创了我国 5G 应用创新发展的新局面。《行动计划》确定了近三年 5G 应用发展路径，提出了八大专项行动 32 个具体任务，对于统筹推进 5G 应用发展、培育壮大经济社会发展新动能、塑造高质量发展新优势具有重要意义。《行动计划》的发布，将加快重点领域特色应用落地，推动基础扎实、模式清晰、前景广阔的重点领域加快推广，为进一步拓展 5G 行业应用蓝海、推动 5G 赋能千行百业营造良好的政策环境。

8.2.2　5G 产业服务平台：做好政策和市场之间的衔接转化

我国 5G 融合应用实现了从无到有、从量到质的突破，但在供给、需求、人才、认证、标准、生态等方面面临诸多挑战，5G 与行业的结合推动行业实现数字化转型具有复杂性和艰巨性，一定会经历一个攻坚克难的创新过程。面向未来，亟须进一步发挥上述《行动计划》政策牵引作用，以技术和市场优势带动应用发展，激发企业投资热情，解决 5G 融合应用发展存在的关键问题，做好政策和市场之间的衔接转化。

截至目前，产业伙伴在各行业做了大量探索，有超过 2000 个项目已商用部署，涉及 20 多个垂直行业，其中钢铁、煤矿、港口、制造、电力等行业已进入 1 到 N 的复制阶段。行业基于在连接、计算、云和行业数字化领域的积累，推出了面向 5GtoB 的"销售、运营、服务"一站式平台解决方案。其中对于关键底座——5GtoB 基础网络行业提出了"1+N"5G 目标网，如图 8-3 所示，基于 1 张普遍覆盖的宽管道基础网，打造极致的用户体验，同时可以匹配各行业需求，实现 N 维能力按需叠加，服务好行业的数字化升级。

5GtoB 规模商用使能各行业数字化转型不仅仅是一个技术问题，还亟须建立统一的行业标准、培养足量优质人才、打造端到端产业生态和商业模式等。5G 在各领域应用的技术特征、需求场景、专业门槛差异性很大，必须有效发挥行业领域与信息通信产业的力量，形成合力、联合推进，形成 IT（信息技术）、CT（通信技术）、OT（运营技术）深度融合的新生态。5G 产业服务平台应运而生，通过充分发挥平台效能，与产业伙伴一起构建多方共赢的产业生态，从四大方面协同发力。

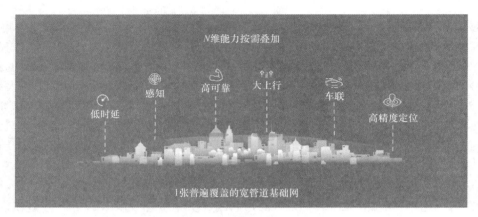

图 8-3　5G 目标网: 1+N

1. 政策标准

政策方面，5G 与社会经济、各行业深度融合，需要政策环境不断优化，需要各级主管部门打破壁垒、发挥合力、推动政策创新。《行动计划》提出加强部门协同和部省联动，做好标准、产业、应用、政策等方面有机衔接，形成跨部门、跨领域、跨行业合力，完善政策体系和推进措施。同时鼓励各级地方政府围绕 5G 应用落地、生态构建、产业培育、网络建设等工作，积极出台并落实政策举措，鼓励和支持各地结合区域特色与行业优势，打造一批 5G 融合应用创新引领区。此外，要实现 5GtoB 规模商用，需要让不同行业、不同领域的企业代表和专家能够坐在一起，共同探讨和定义场景需求、开发解决方案并实现互联互通。在标准化程度高的行业及场景中，在标准的保障下，5G 技术更容易获得事半功倍的推广效果，预计 5G 产业服务平台的行业 IoT 标准研究发布可强化 5G 应用标准的研制与落地，打通 5G 技术在相关行业应用的通道，并为 5G 产品研发和生态应用奠定基础。

2. 人才培养

当前，在"新基建"等政策的推动下，5G 正与各行各业加速融合，结合工业互联网、智能制造、智慧城市等建设发展，市场呼唤海量 5G 人才，亟须加强对行业从业人员 5G 融合应用的培训指导，构建各行业各领域加快数字化、智能化改造的人才基础，为 5G 融合应用提供基础。于此方面，5G 产业服务平台从课程开发与培训认证两大方向发力。新兴技术发展的同时往往伴随着更高的技术门槛和新兴应用领域的出现，对于人才专业技术能力和综合能力均提出更高要求，为此，需要进一步加强校企合作，完善应用型人才的培养体系。这一模式可借助高校的教育底蕴，发挥行业公司的领先技术优势，通过强强联合的产学深度合作模式，从源头上为 5G 人才的输出提供坚实保障。传统上，教材所涉及的都是理论知识框架，而目前急需的是既具备扎实理论基础，又能从事工程实践的优秀应用型人才，所以建立起从理论到工程实践的知识桥梁至关重要。

3. 测试认证

端到端产业生态和商业模式对 5GtoB 的商业成功至关重要，面对 5G 产业的整体迅猛发展，终端产品测试认证对于从性能、互联互通、安全等关键方面把控上市产品的品质有着重要的现实意义。比如，目前 5GtoB 项目快速上线但是 5GtoB 终端能力不足正影响着产业的发展。5G 行业应用的发展，终端是一个不容忽视的问题，不能成为瓶颈。要坚持问题导向，突破模组等制约 5G 规模应用的关键技术与产品，增强模组等关键产业环节的供给能力，提升行业终端模组性能价格比，为 5G 行业应用规模发展奠定基础。为解决这一关键问题，依托行业伙伴共建的 Open Labs，建立测试认证平台，并统一测试规范、测试用例、测试流程、测试方法、测试工具，开展芯片、模组、终端 IoT 测试，并对通过认证的终端模组发放 5G 认证证书，提升端侧能力和端网协同能力，繁荣产业生态。

4．项目联创

赋能各行各业的关键在于不断提升 5G 技术方案与行业应用的适配能力，扩大行业应用的深度和广度。千行百业 5G 应用场景复杂多样，个性化、多样化需求特征明显。以国民经济行业为例，根据我国国家标准《国民经济行业分类》进行分类，主要有农林牧渔业、采矿业、制造业、电力热力燃气及水生产和供应业、交通运输、仓储和邮政业等 20 类左右，每大类可以细分多个行业，这些众多行业都将成为 5G 应用的潜在方向和领域。由于行业信息化程度现状、生产管理运营模式以及未来发展趋势不尽相同，需要根据 5G 在时延、速率、可靠性、移动性等方面的不同能力，立足企业在安全性、灵活性、建网成本等方面的具体需求，因地制宜设计不同解决方案和技术路线适配垂直行业应用差异化需求。实践表明，在拥有较为成熟的行业集成能力及应用开发能力的行业中，5G 作为一种关键的连接能力能够简便、快速地嵌入，更有利于 5G 技术的快速推广。5G 产业服务平台开展的项目联创活动，包括 5G+行业集成方案研究验证、产业孵化项目联合创新等，可打通技术和应用的中间环节，凝聚创新链产业链，丰富供应链，推动 5G 应用商业模式探索，进而推动 5G 技术和应用解决方案成果的规模转移转化。

8.2.3　产业标准持续演进，未来精彩无限

推动 5G 应用规模化发展，是推动经济高质量发展、赋能制造业数字化转型、提升产业链供应链韧性的重要举措，对于把握新发展阶段、贯彻新发展理念、构建新发展格局具有重要意义。5G 融合应用发展具有阶段性、创新性、复杂性等鲜明特点，5G 产业服务平台是多方协同、攻坚克难打硬仗的典范。

3GPP 在 5G Rel-17 针对中速连接将发布一种新技术标准 RedCap（Reduced Capability），它属于 5G mMTC 范畴，应用场景包括可穿戴设备、工业传感器和视频监控等，预计到 2030年连接数将达到数百亿。RedCap 有两大优势，一方面充分利用 5G 的大带宽和大流量的优势获取性价比非常高的流量成本，相比 4G 流量成本降低 5～10 倍；另一方面是大幅降低 5G 终端芯片和模组的成本，预计 RedCap 整体成本只有 eMBB 的十分之一。可以说，RedCap 将是中速连接的最佳无线连接方式，助力打造万物互联的智能世界。

8.3　商业成功携手共建

展望未来，5GtoB 正在迎来规模商用，全行业应携手努力，真正实现 5G 行业应用规模

复制，并最终携手走向商业成功。

5G 拓展了前几代移动通信技术的边界，也就是说，从主要解决的是人与人之间的连接问题，到万物互联，即主战场在行业。凭借 eMMB、URLLC、mMTC 三大特性，它开启了移动通信技术由 toC 向 toB 全面渗透的进程，影响力远远超出 ICT 行业范围。预计到 2035 年，5G 将驱动全球各行业产出增长 13.2 万亿美元，创造 2230 万个就业机会。

5G 专线专网是运营商快速打开 5GtoB 市场的重要手段，通过 SLA 可保障能大幅提升 5G 连接价值，实现 5G 流量的快速变现。5G 生态日趋成熟，随着各种 5G CPE、5G 企业路由器和 5G 摄像机等相关产品的规模商用，5G 专线专网可有效利用 5G 网络，应用于包括中小企业上网、企业互联、媒体直播和视频回传等多种场景。

凡事都有两面性，5G 在行业的应用在带来历史性机会的同时，也对 5G 运营商的能力提出了更高的要求。

5G 拓展行业需要严苛的 SLA 保障，以及边缘计算、切片、云和 AI 等能力，来满足场景化的网络和应用需求。因此运营商需要构建面向 toB 业务的规、建、维、优、营能力。比如结合生产环境进行专网规划的能力，提供满足防尘、防爆、防高温等行业要求的产品和解决方案；同时需要打造业务和生态使能平台，提供标准化的产品和服务，构建健康的商业模式。只有具备了这些能力，才能使 5GtoB 的发展到真正规模商用。

实际上，各行各业都能享受到 5G 的红利。

当前处于数字时代向智能时代的跃迁，行业也在 5G 应用大爆发的前夜。通过每年大量的研发投入在 5G、云、计算、AI 领域的领先，打造了全连接、全感知、全智能的数字化平台。

30 米高空，浙江宁波舟山港的龙门吊驾驶室空无一人，远控作业在环境舒适的操作室中有条不紊地进行着。行业伙伴携手，切入港口痛点，通过 5G 网络实现远程控制、自动控制、自动驾驶、智能监控等技术达到降本增效，以轮胎吊操作为例，90% 的操作由机器辅助完成，司机只需要干预"抓 / 卸"集装箱两个操作，以前一人只能操作一台轮胎吊，现在可以操作 4～6 台。

地下 534 m，山西阳煤集团新元煤矿的作业坑道，通过 5G 专网上传到地面工作间的巡检画面纤毫毕现。行业伙伴采用 SA 组网模式和 MEC 技术，选用适合井下覆盖的分体式 BOOK 基站，同时针对煤炭行业上传数据量大的特点，在全国第一个创新采用 3:1 时隙配比，上传速率 800 Mbps 以上，传输时延小于 20 ms，可充分满足远程超低时延操控、超高清视频同传及工业控制类场景对网络的需求。

从对电气开始科学系统化的研究，到 19 世纪中叶开始全面进入电气时代，人类用了将近百年的时间。5G 智能时代的转型在多种技术理论和全行业实践的加持下，不会像以前那么缓慢，但也不会一蹴而就。

如同电气时代，"铁公基"、工厂和机器的协同将电能转换为光能、热能、动能、化学能、声波、电磁波……，数字时代的"新基建"——5G、云、计算和 AI 的融合——结合行业应用，逐步从数据中转换和"精加工"出更多的应用价值，各种"慢变量"会积量变为质变，最终会以数字溢出的形式加速企业、行业以及供应链等不同层面生产力的提升，成为推动经济增长的引擎。

　　5G 的投资推动力不仅来自运营商自身，更多的是来自千行百业的垂直化的真实需求。5GtoB 的发展不仅需要运营商和 5G 设备商的努力，更需要行业伙伴的共同奋斗。5G 先进技术的红利，首要是给企业带来真正的效益，企业是最终的买单者，另外也要兼顾原有行业生态伙伴的利益，如行业设备合作伙伴、行业集成合作伙伴在行业深耕多年，对于新兴技术的切实落地有很强的技术和商用影响力。值得欣喜的是，跨行业间的协同合作正在积极开展。比如在中国移动、华为、南方电网和电力合作伙伴的合作项目中，产生的电力需求提案被 3GPP 采纳，从标准层面完成了电力和通信的对接。矿山、钢铁等行业也都有积极的成果，成立了多个行业生态联盟，在标准层面已经开始合作。Rel-16 除增强 5G 基础网络能力之外，更重要的是扩展了面向垂直行业的能力，使 5G 从"能用"到"好用"最终到"愿意用"，这将进一步加速 5GtoB 的发展。

　　站在明天看今天，5G 不仅仅是移动通信技术的断代式升级，进入行业后还是实现人与物、物与物、物与人之间的万物互联的解决方案，代表着通信技术的社会角色发生了根本性的变化。5G 的影响跨产业、跨领域，人们的衣食住行等日常生活，都将因 5G 技术而改变，并越来越精彩。

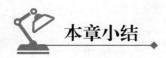

本章小结

　　通过本章可以了解历代移动通信网络发展演进过程，并对 5G 向 5.5G 的演进方向和技术路线进行了展望，最后介绍了 5G 的产业现状和产业各方的发展情况，对后续产业服务平台，从政策标准、政策标准、测试认证和项目联创四大发力方向提出了建议。

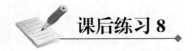

课后练习 8

8-1　5G 技术特性主要包括哪三方面？

8-2　5.5G 的技术特性在 5G 基础上扩展了哪三个方面？

缩　略　语

缩　略　语	英文全称	中　文
3GPP	3rd Generation Partnership Project	第三代移动通信合作伙伴项目
3GPP2	3rd Generation Partnership Project 2	第三代移动通信合作伙伴项目二
5G LAN	5G Local Area Network	5G 局域网
5QI	5G QoS Identifier	5G QoS 标识
AAU	Active Antenna Unit	有源天线单元
ADS	Autonomous Driving Solution	智能驾驶全栈解决方案
AFC	Automatic Fare Collection System	自动售检票系统
AGI	Artificial General Intelligence	强人工智能
AGV	Automatic Guided Vehicle	自动导引运输车
AI	Artificial Intelligence	人工智能
AIoT	Artificial Intelligence of Things	智能物联网
AMF	Access and Mobility Management Function	接入和移动性管理功能
AMPS	Advanced Mobile Phone System	先进移动电话系统
AN	Access Network	无线接入网络
ANI	Artificial Narrow Intelligence	弱人工智能
AOA	Arrival Of Angle	信号到达角度
AP	Application Processor	应用芯片
API	Application Programming Interface	应用编程接口
APN	Access Point Name	接入点名称
APS	Automatic Protection Switching	自动保护倒换
AR	Access Router	接入路由器
AR	Augmented Reality	增强现实
ASG	Aggregation Site Gateway	汇聚侧网关
ATM	Asynchronous Transfer Mode	异步传输模式
ATN	Access Transport Network	接入传输网络
AUSF	Authentication Server Function	认证服务器功能
BBU	Base Band Unit	基带单元
BGP	Border Gateway Protocol	边界网关协议
BIM	Building Information Modeling	建筑信息模型
BP	Baseband Processor	基带芯片
BUM	Broadcast Unknown-unicast and Multicast	广播、未知单播和组播
CA	Carrier Aggregation	载波聚合
CCD	Charge Coupled Device	电荷耦合器件
CCSA	China Communications Standards Association	中国通信标准化协会
CDMA	Code Division Multiple Access	码分多址
cdma2000	Code Division Multiple Access 2000	码分多址接入 2000

（续表）

缩　略　语	英　文　全　称	中　文
CDN	Content Delivery Network	内容分发网络
CE	Customer Edge	用户边缘设备
CMOS	Complementary Metal Oxide Semiconductor	互补金属氧化物半导体
CNN	Convolutional Neural Networks	卷积神经网络
CoMP	Coordinated Multipoint	协作多点
CP	Control Plane	控制面
CP	Content Provider	内容提供商
CPE	Customer Premises Equipment	客户终端设备
CPRI	Common Public Radio Interface	通用公共无线接口
CRAN	Centralized Radio Access Network	集中式无线接入网
CSG	Cell Site Gateway	基站侧网关
CT	Communication Technology	通信技术
CU	Centralized Unit	集中式单元
CUPS	Control and User Plane Separation	控制面和用户面分离
DAG	Directed Acyclic Graph	有向无环图
DAMPS	Digital Advanced Mobile Phone System	先进数字移动电话系统
DAPS	Dual Active Protocol Stack	双激活协议栈
DC	Data Center	数据中心
DDoS	Distributed Denial of Service	分布式拒绝服务
D-MIMO	Distributed Multiple-Input Multiple-Output	分布式 MIMO
DMIS	Dispatch Management Information System	调度生产管理系统
DN	Data Network	数据网络
DNN	Deep Neural Network	深度神经网络
DNN	Data Network Name	数据网络标识
DOU	Dataflow Of Usage	平均每户每月上网流量
DRAN	Distributed Radio Access Network	分布式无线接入网
DTU	Distribution Terminal Unit	配电终端单元
DU	Distributed Unit	分布式单元
EAP-AKA	Extensible Authentication Protocol Method for Third Generation Authentication and Key Agreement	增强认证和密匙协商机制
EDGE	Enhanced Data Rate for GSM Evolution	增强型数据速率 GSM 演进技术
eMBB	enhanced Mobile Broadband	增强型移动宽带
EPC	Evolved Packet Core	演进型分组核心网
ETSI	European Telecommunications Standards Institute	欧洲电信标准化协会
ETL	Extract-Transform-Load	提取、转换、加载
EVPN	Ethernet Virtual Private Network	以太网虚拟专用网
E-UTRAN	Evolved Universal Terrestrial Radio Access Network	演进的通用陆面无线接入网络
FDD	Frequency Division Duplex	频分双工
FlexE	Flexible Ethernet	灵活以太网

（续表）

缩　略　语	英　文　全　称	中　　文
FPS	Frames Per Second	视频帧率
FRR	Fast Reroute	快速重路由
GBR	Guaranteed Bit Rate	保证比特速率
gNB	the next generation NodeB	下一代基站
GNSS	Global Navigation Satellite System	全球导航卫星系统
GPRS	General Packet Radio System	通用分组无线系统
GPSI	Generic Public Subscription Identifier	一般公共订阅标识符
GPU	Graphics Processing Unit	图形处理器
GSA	Global mobile Suppliers Association	全球移动设备供应商协会
GSM	Global System for Mobile Communications	全球移动通信系统
GUTI	Globally Unique Temporary Identity	全球唯一的临时标识
HCS	Harmonized Communication and Sensing	通信感知融合
HDFS	Hadoop Distributed File System	分布式文件系统
HMI	Human Machine Interface	人机界面
IaaS	Infrastructure as a Service	基础设施即服务
ICT	Information and Communications Technology	信息和通信技术
IDC	International Data Corporation	国际数据公司
IEEE	Institute of Electrical and Electronics Engineers	电气和电子工程师协会
IGP	Internal Gateway Protocol	内部网关协议
IGV	Intelligent Guided Vehicle	智能引导运输车
IMSI	International Mobile Subscriber Identity	国际移动用户识别码
IoT	Internet of Things	物联网
IPRAN	IP Radio Access Network	IP 无线接入网
ISDN	Integrated Services Digital Network	综合业务数字网
IS-IS	Intermediate System-to-Intermediate System	中间系统到中间系统
ISV	Independent Software Vendor	独立软件供应商
IT	Information Technology	信息技术
ITU	International Telecommunication Union	国际电信联盟
KPI	Key Performance Indicator	关键绩效指标
LBS	Location Based Service	基于位置的服务
LDPC	Low-Density Parity Check	低密度奇偶校验
LGA	Land Grid Array	平面栅格阵列封装
Li-Fi	Light Fidelity	光照上网技术
LoRa	Long Range Radio	远距离无线电
LPWAN	Low-Power Wide-Area Network	低功耗广域网
LTE	Long Term Evolution	长期演进
M2M	Machine-to-Machine	机器与机器
MAC-I	Message Authentication Code for Integrity	完整性消息认证码
MCS	Modulation and Coding Scheme	调制和编码表

（续表）

缩　略　语	英 文 全 称	中　文
MEC	Multi-access Edge Computing	多接入边缘计算
MEMS	Micro-Electro-Mechanical Systems	微机电系统
MES	Management Execution System	管理执行系统
MgNB	Master gNodeB	主基站
MIMO	Multiple-Input Multiple-Output	多入多出
MIS	Management Information System	管理信息系统
mMTC	massive Machine Type Communications	海量机器类通信
MPP	Massively Parallel Processing	大规模并行处理
MR	Mixed Reality	混合现实
MTBF	Mean Time Between Failure	平均无故障时间
MTS	Mobile Telephone System	移动电话系统
NAS	Non Access Stratum	非接入层
NB-IoT	Narrow Band Internet of Things	窄带物联网
NF	Network Function	网络功能
NFC	Near Field Communication	近场通信
NFV	Network Functions Virtualization	网络功能虚拟化
NFVI	NFV Infrastructure	网络功能虚拟化基础设施
NMT	Nordic Mobile Telephone	北欧移动电话
NOE	Network Operation Engine	网络编排引擎系统
NREN	National Research and Education Network	国家教育科研网
NRF	Network Repository Function	网络注册功能
NSA	Non-Standalone	非独立组网
NSSF	Network Slice Selection Function	网络切片选择功能
OA	Office Automation	办公自动化系统
OAM	Operation Administration and Maintenance	操作、管理和维护
OBM	Original Brand Manufacturer	原始品牌制造商
OCR	Optical Character Recognition	光学字符识别
ODM	Original Design Manufacturer	原始设计制造商
OECD	Organisation for Economic Co-operation and Develop	国际经济合作与发展组织
OEM	Original Equipment Manufacturer	原始设备生产商
OFDM	Orthogonal Frequency Division Multiplexing	正交频分复用
OSPF	Open Shortest Path First	开放最短路径优先
OTN	Optical Transport Network	光传送网
OXC	Optical Cross-Connect	光交叉连接
P2P	Peer to Peer	点对点
PaaS	Platform as a Service	平台即服务
PCB	Printed Circuit Board	印制电路板
PCF	Policy Control Function	策略控制功能
PCG	Project Coordination Group	3GPP 项目合作组

（续表）

缩　略　语	英　文　全　称	中　文
PDC	Personal Digital Cellular	个人数字蜂窝系统
PDN	Public Data Network	公用数据网
PE	Provider Edge	供应商边缘设备
PHS	Personal Handy-phone System	个人手持电话系统
PIS	Passenger Information System	乘客信息系统
PGW	PDN GateWay	PDN 网关
PLC	Power Line Communication	电力线通信
PLC	Programmable Logic Controller	可编程逻辑控制器
PMU	Power Management Unit	封装电源管理单元
PMU	Phasor Measurement Unit	同步相量测量单元
POE	Power Over Ethernet	有源以太网
pRRU	pico Remote Radio Unit	微型射频拉远模块
PTN	Packet Transport Network	分组传送网
QoS	Quality of Service	服务质量
RB	Resource Block	资源块
RDD	Resilient Distributed Dataset	弹性分布式数据集
RFID	Radio Frequency Identification	无线射频识别
RHUB	Radio HUB	射频汇聚单元
RIP	Routing Information Protocol	路由信息协议
RLFA	Remote Loop-free Alternate	远端无环备份路径
RNN	Recurrent Neural Network	循环神经网络
RRC	Radio Resource Control	无线资源控制
RRU	Remote Radio Unit	射频单元
RSG	Radio Service Gateway	无线业务侧网关
RTT	Round-Trip Time	实测双向往返时延
RTBC	Real-Time Broadband Communication	实时宽带交互
SA	Stand-alone	独立组网
SaaS	Software as a Service	软件即服务
SBA	Service Based Architecture	服务化架构
SCI	Slot Cycle Index	间隙周期指数
SDH	Synchronous Digital Hierarchy	同步数字体系
SEPP	Security Edge Protection Proxy	安全边缘保护代理
SFN	Single Frequency Network	单频网
SGW	Serving GateWay	服务网关
SgNB	Secondary gNodeB	辅基站
SLA	Service Level Agreement	服务等级协议
SLAM	Simultaneous Localization And Mapping	同步定位与地图构建
SMF	Session Management Function	会话管理功能
SMP	Symmetrical Multi-Processing	对称多处理

（续表）

缩　略　语	英　文　全　称	中　文
SMSF	Short Message Service Function	短消息服务功能
S-NSSAI	Single Network Slice Selection Assistance Information	单网络切片选择支撑信息
SoC	System on Chip	系统级芯片
SP	Service Provider	服务提供商
SPN	Slicing Packet Network	切片分组网络
SRH	Segment Routing Header	段路由扩展头
SUCI	Subscription Concealed Identifier	用户隐藏标识
SUL	Supplementary Uplink	补充上行链路
SUPI	Subscription Permanent Identifier	用户永久标识
TACS	Total Access Communications System	全接入通信系统
TCMS	Train Control and Management System	列车控制和管理系统
TDD	Time Division Duplex	时分双工
TDMA	Time Division Multiple Access	时分多址
TD-SCDMA	Time Division-Synchronous Code Division Multiple Access	时分同步码分多址接入
TEU	Twenty-feet Equivalent Unit	国际标准集装箱长度单位
TI-LFA	Topology-Independent Loop-free Alternate	拓扑无关的无环替换路径
TLS	Transport Layer Security	传输层安全性协议
TMSI	Temporary Mobile Subscriber Identity	临时移动用户识别码
TOA	Time Of Arrival	信号到达时间
TOS	Terminal Operating System	码头操作系统
TSG	Technical Specifications Groups	技术规范组
UCBC	Uplink Centric Broadband Communication	上行超宽带
UDM	Unified Data Management	统一数据管理功能
ULCL	Uplink Classifier	上行分类器
UMB	Ultra Mobile Broadband	超移动宽带
UP	User Plane	用户面
UPF	User Plane Function	用户面功能
URLLC	Ultra Reliable and Low Latency Communications	超高可靠低时延通信
UWB	Ultra Wide Band	超宽带
VLAN	Virtual Local Area Network	虚拟局域网
VMM	Virtual Machine Monitor	虚拟机监视器
VR	Virtual Reality	虚拟现实
VIMS	Virtual Image Management System	虚拟镜像管理系统
VoLTE	Voice over LTE	高清数字语音
VPN	Virtual Private Network	虚拟专用网
WCDMA	Wideband Code Division Multiple Access	宽带码分多址
WDM	Wavelength Division Multiplexing	波分复用
WMS	Warehousing Management System	库存管理系统
WTTx	Wireless To The x	无线宽带到户

反侵权盗版声明

电子工业出版社依法对本作品享有专有出版权。任何未经权利人书面许可，复制、销售或通过信息网络传播本作品的行为；歪曲、篡改、剽窃本作品的行为，均违反《中华人民共和国著作权法》，其行为人应承担相应的民事责任和行政责任，构成犯罪的，将被依法追究刑事责任。

为了维护市场秩序，保护权利人的合法权益，我社将依法查处和打击侵权盗版的单位和个人。欢迎社会各界人士积极举报侵权盗版行为，本社将奖励举报有功人员，并保证举报人的信息不被泄露。

举报电话：（010）88254396；（010）88258888

传　　真：（010）88254397

E-mail：　dbqq@phei.com.cn

通信地址：北京市万寿路 173 信箱

　　　　　电子工业出版社总编办公室

邮　　编：100036